U0215176

教育部高等学校电子信息类专业教学指导委员会规划教材

高等学校电子信息类专业系列教材

DSP Principle and Application

DSP原理与应用

基于TMS320F2833x的实践

杨家强 编著

Yang Jiaqiang

清华大学出版社

北京

内 容 简 介

本书介绍了 TI 公司最新推出的 TMS320F2833x 系列 DSP 的开发和应用,以 TMS320F28335 为代表详细介绍其基本结构、工作原理、应用配置以及实例程序等。

全书共 13 章,首先简要介绍 F28335 DSP＋FPU 的架构特点,然后基于 CCS 软件阐述了软件基本使用方法和 F28335 软硬件开发环境。在详细介绍了 F28335 存储器以及外部接口之后,针对 F28335 具有众多功能强大的外设的特点,重点分析了时钟和中断控制的流程,并详细描述了电机控制中常用的外设和接口,包括通用输入/输出端口 GPIO、模数转换器 ADC、增强型脉宽调制器 ePWM、增强型正交编码脉冲单元 eQEP、增强型捕捉模块 eCAP、异步串行通信接口 SCI、同步串行外围接口 SPI 等的使用方法。最后给出了以 F28335 为处理器的电机控制工业和并联型有源电力滤波的应用实例,提供了最直观的技术参考。

本书可作为从事 DSP 开发及应用的初、中级读者学习使用 TMS320F2833x 系列 DSP 的教材,也可为其他层次的 DSP 开发人员提供参考。

图书在版编目(CIP)数据

DSP 原理与应用:基于 TMS320F2833x 的实践/杨家强编著.—北京:清华大学出版社,2019
(2025.3重印)
(高等学校电子信息类专业系列教材)
ISBN 978-7-302-53613-0

Ⅰ.①D… Ⅱ.①杨… Ⅲ.①数字信号处理 Ⅳ.①TN911.72

中国版本图书馆 CIP 数据核字(2019)第 173914 号

责任编辑:曾 珊
封面设计:李召霞
责任校对:李建庄
责任印制:杨 艳

出版发行:清华大学出版社
      网　　址:https://www.tup.com.cn,https://www.wqxuetang.com
      地　　址:北京清华大学学研大厦 A 座　　　　　邮　编:100084
      社 总 机:010-83470000　　　　　　　　　　邮　购:010-62786544
      投稿与读者服务:010-62776969,c-service@tup.tsinghua.edu.cn
      质量反馈:010-62772015,zhiliang@tup.tsinghua.edu.cn
      课件下载:https://www.tup.com.cn,010-83470236

印 装 者:北京同文印刷有限责任公司
经　销:全国新华书店
开　本:185mm×260mm　印　张:18.75　　　　字　数:450 千字
版　次:2019 年 10 月第 1 版　　　　　　　　　印　次:2025 年 3 月第 7 次印刷
定　价:56.00 元

产品编号:081990-01

高等学校电子信息类专业系列教材

前　言
PREFACE

数字信号处理是当今嵌入式系统开发中最为热门的关键技术之一。DSP(Digital Signal Processor,数字信号处理器)作为一种功能强大的特种微处理器,自20世纪80年代诞生以来,在短短几十年里得到了飞速发展。DSP主要应用于数据、语音、视像信号的高速数学运算和磁盘驱动器、数控机床、高精度伺服系统控制等的实时控制,目前已经成为最具发展潜力的产业和市场之一,在国际和国内都有着广泛的应用群体。美国德州仪器(Texas Instruments,TI)公司是DSP研发和生产的领先者,也是世界上最大的DSP供应商,目前TI公司新推出的TMS320F28335是一款极具影响力的浮点型数字信号处理器。

TMS320F28335在已有的DSP平台上增加了浮点运算内核,既保持了原有DSP芯片的优点,又能够进行复杂的浮点运算,可以节省代码执行时间和存储空间,具有精度高、成本低、功耗小、外设集成度高、数据及程序存储量大和A/D转换更精确快速等优点。

TMS320F28335 DSP的主频高达150MHz,CPU采用32位定点并包含单精度浮点运算单元(Float Point Unit,FPU)。片内集成了众多资源:18路PWM输出端口;存储资源Flash、RAM;标准通信接口SCI、SPI、eCAN;两个8通道12位ADC;6路DMA;高达88个独立可编程的通用GPIO引脚等。另外还有众多的资源可供用户开发利用。

现有的关于TMS320F28335的学习资料大多是对数据手册的翻译,不便于读者学习使用TMS320F28335。为了更好地帮助读者理解,作者在长期的DSP开发实践的基础上编写了此书。本书汇集了TI公司DSP开发技术的最新资料,综合介绍了TMS320F28335芯片的功能特点、工作原理,重点介绍了片内外资源的应用开发和寄存器配置等内容,并结合实际应用,给出了以TMS320F28335为处理器的电气平台的硬件设计和软件开发。另外,本书还提供了工程应用实例的C语言开发程序,为读者提供更直观的技术参考。

全书由杨家强编写。在书稿的录入过程中,许加凯、曾争、俞年昌、高健、彭丹、陈诗澜、张翔、朱洁、王亭、张明晖、杨磊、邓镕峰、高敏、张晓军、郑仕达、张希扬、陈同有、李晓庆、汪俊杰、李文远等做了许多不可或缺的辅助工作。另外,在全书的编写中,还参阅了一些优秀的图书和杂志,并引用了一些参考文献的相关内容,在此一并对文章的作者表示诚挚的感谢!

由于时间仓促,编者水平有限,书中错误和欠妥之处恳请各位读者和同行批评指正。

编　者

2019年7月于浙江大学

目 录
CONTENTS

## 第 1 章

DSP 概述

1.1 DSP 名称解释

DSP 可以代表数字信号处理技术(Digital Signal Processing),同时也可以代表数字信号处理器(Digital Signal Processor)。前者是理论和计算方法上的技术,后者是指实现这些技术的通用或专用的可编程微处理器芯片。在本书中,DSP 指的是数字信号处理器,主要研究如何把数字信号处理技术应用于数字信号处理器中,从而对数字信号进行分析、处理。

1982 年世界上诞生了首枚 DSP 芯片,标志着 DSP 应用系统由大型系统向小型化迈进了一大步。随着 CMOS 技术的进步与发展,第 2 代基于 CMOS 工艺的 DSP 芯片应运而生,其存储容量和运算速度成倍提升,成为语音处理、图像硬件处理技术的基础。20 世纪 80 年代后期,第 3 代 DSP 芯片问世,运算速度进一步提高,应用方向逐渐扩大到通信、计算机领域。到了 20 世纪 90 年代,随着哈佛结构对复杂数字信号处理能力的提升,DSP 迅猛发展,相继出现了第 4 代和第 5 代 DSP 器件。现在的 DSP 属于第 5 代产品,与第 4 代相比,它的系统集成度更高,将 DSP 内核及外围组件综合集成在单一芯片上,应用前景非常可观。

数字信号处理器作为集成专用计算机的一种芯片,其主要应用是实时快速地实现各种数字信号处理算法,它将接收到的模拟信号转换为 0 或 1 的数字信号,再对数字信号进行修改、删除、强化,并在其他系统芯片中把数字数据解译回模拟数据或实际环境格式。它不仅具有可编程性,而且其实时运行速度可达每秒数以千万条复杂指令程序,远远超过通用微处理器,是数字化电子世界中日益重要的计算机芯片。它的强大数据处理能力和高运行速度,是最值得称道的两大特色。

DSP 作为一种功能强大的特种微处理器,具有灵活、准确、抗干扰能力强、设备尺寸小、速度快、性能稳定、易于升级、扩展性强、外设丰富和性价比高等特点,主要应用在通信、家用电器、航空航天、工业测量、工业控制、生物医学工程及军事等领域。尤其在运动控制方面,DSP 以其高速的运算能力和面向电机的高效控制能力,能对一个或多个机电设备进行高效、可靠、经济、精密的控制。

1.2　DSP 的功能特点

数字信号处理相对于模拟信号处理有很大的优越性,表现在精度高、灵活性大、可靠性好、易于大规模集成等方面。随着人们对实时信号处理要求的不断提高和大规模集成电路技术的迅速发展,数字信号处理技术也发生着日新月异的变革。实时数字信号处理技术的核心和标志是数字信号处理器。自微处理器问世以来,微处理器技术水平得到了十分迅速的提高,而快速傅里叶变换(FFT)等实用算法的提出,促进了专门实现数字信号处理的一类微处理器的分化和发展。

数字信号处理有别于普通的科学计算与分析,它强调运算处理的实时性,因此 DSP 除了具备普通微处理器所强调的高速运算和控制功能外,针对实时数字信号处理,在处理器结构、指令系统、指令流程上具有许多新的特征,其特点如下。

1. 算术单元

DSP 具有硬件乘法器和多功能运算单元。

硬件乘法器可以在单个指令周期内完成乘法操作,这是 DSP 区别于通用的微处理器的一个重要标志。

多功能运算单元可以完成加减、逻辑、移位、数据传送等操作。新一代的 DSP 内部甚至还包含多个并行的运算单元,以提高其处理能力。

针对滤波、相关、矩阵运算等需要大量乘和累加运算的特点,DSP 的算术单元的乘法器和加法器,可以在一个时钟周期内完成相乘、累加两个运算。近年出现的 TI 公司的很多DSP(如 C28xDSP),能够在一个周期内完成 32×32 位乘法累加运算,或两个 16×16 位乘法累加运算,大大加快了 FFT 的蝶形运算速度。

2. 总线结构

传统的通用处理器采用统一的程序和数据空间、共享的程序和数据总线结构,即所谓的冯·诺依曼结构。DSP 普遍采用了数据总线和程序总线分离的哈佛结构或者改进的哈佛结构,极大地提高了指令执行速度。片内的多套总线可以同时进行取指令和多个数据存取操作,许多 DSP 内嵌有 DMA 控制器,配合片内多总线结构,使数据块传送速度大大提高。

如 TI 公司的 C28xDSP 采用改进的哈佛总线结构,内部有 3 组地址总线和 3 组数据总线,并采用 8 级流水线,在某一时刻,流水线上最多可以运行 8 条指令,大大加快了指令的执行速度,实现了指令的执行在单机器周期内完成。

3. 专用寻址单元

DSP 面向数据密集型应用,伴随着频繁的数据访问,数据地址的计算也需要大量时间。DSP 内部配置了专用的寻址单元,用于地址的修改和更新,它们可以在寻址访问前或访问后自动修改内容,以指向下一个要访问的地址。地址的修改和更新与算术单元并行工作,不需要额外的时间。

DSP 的地址产生器支持直接寻址、间接寻址操作,大部分 DSP 还支持位反转寻址(用于FFT 算法)和循环寻址(用于数字滤波算法)。

4. 片内存储器

针对数字信号处理的数据密集运算的需要,DSP 对程序和数据访问的时间要求很高,为了减小指令和数据的传送时间,许多DSP内部集成了高速程序存储器和数据存储器,以提高程序和数据访问存储器的速度。

如TI公司的TMS320F2812DSP内部集成有128K×16位的Flash存储器,18K×16位的单口随机存储器(SARAM),1K×16位的OTP(一次性可编程)ROM;TMS320F28335DSP内部集成有256K×16位的Flash存储器,34K×16位的SARAM;1K×16位的OTP ROM。

5. 流水处理技术

DSP大多采用流水处理技术,即将一条指令的执行过程分解成取指、译码、取数、执行等若干个阶段,每个阶段称为一级流水。每条指令都由片内多个功能单元分别完成取指、译码、取数、执行等操作,从而在不提高时钟频率的条件下减少了每条指令的执行时间。

6. DSP与其他处理器的差别

DSP、通用微处理器(Micro Processor Unit,MPU)、微控制器(Micro Control Unit,MCU)三者的区别在于:DSP面向高性能、重复性、数值运算密集型的实时处理;MPU大量应用于计算机;MCU则适用于以控制为主的处理过程。

DSP的运算速度比其他处理器要高得多,以FFT为例,高性能DSP不仅处理速度是MPU的4~10倍,而且可以连续不断地完成数据的实时输入/输出。DSP结构相对单一,普遍采用汇编语言编程,其任务完成时间的可预测性相对于结构和指令复杂(超标量指令)、严重依赖于编译系统的MPU强得多。以一个FIR滤波器实现为例,每输入一个数据,对应每阶滤波器系数需要一次乘、一次加、一次取指、二次取数,还需要专门的数据移动操作,DSP可以单周期完成乘加并行操作以及3~4次数据存取操作,而普通MPU完成同样的操作至少需要4个指令周期。因此,在相同的指令周期和片内指令缓存条件下,DSP的运算速度可以超过MPU运算速度的4倍以上。

1.3　TI-DSP系列概述

目前市场上主要的DSP生产商包括TI、ADI、Motorola、Lucent和Zilog等,其中TI占有最大市场份额。TI公司是全球领先的半导体公司,为现实世界的信号处理提供创新的数字信号处理及模拟器件技术,生产了世界上第1片DSP产品TMS32010。随着TI公司的不断发展,TI公司的产品包括从低端的低成本、低速度DSP到高端大运算量DSP的各类产品。

TI公司现在主推以下四大系列DSP。

1. C2000系列:C20x,F20x,C24x,C28x

C2000系列是一个控制器系列,该系列芯片除了有一个DSP核以外,还具有大量外设资源,如A/D、定时器、各种串口(同步和异步)、WATCHDOG、CAN总线/PWM发生器、数字I/O脚等。它是针对控制应用最佳化的DSP,在TI所有的DSP产品中,只有C2000有Flash,也只有该系列有异步串口可以和PC的UART相连。

TI公司C2000系列产品发展路线图如图1-1所示,TI公司最早推出的16位定点C2xx系列获得了巨大的成功。1996年TI又推出了第一款带有Flash的DSP。随后TI在C24xx系列的基础上,又推出了F/C281x系列。为了适应市场的专业化需要,TI公司又推出Piccolo F280xx系列,其中TMS320F28335DSP作为新推出的浮点型数字信号处理器,在已有的 DSP 平台上增加了浮点运算内核，能够执行复杂的浮点运算。

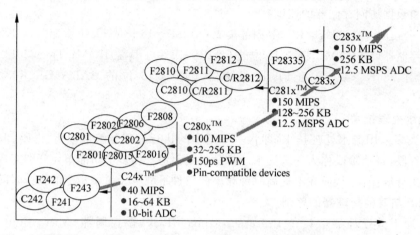

图 1-1　TI 公司 C2000 系列产品发展路线图

C2000 系列 DSP 专为实时控制应用而设计，如今进入市场已超过 15 年，主要应用于自动控制领域，提供数字控制优化的 DSP 解决方案系统和电机控制应用，包括感应电机、直流无刷电机、永磁同步电机和开关磁阻。C2000 具体分为 Concerto 系列、Delfino 系列、Piccolo 系列、24x16 位系列和 28x32 位系列。

2. C5000 系列（定点、低功耗）：C54x，C54xx，C55xx

该系列的主要特点是低功耗，适合用于个人与便携式上网以及无线通信应用，如手机、PDA、GPS 等应用。处理速度在 80～400MIPS 之间。C54xx 和 C55xx 一般只具有 McBSP 同步串口、HPI 并行接口、定时器、DMA 等外设。值得注意的是：C55xx 提供了 EMIF 外部存储器扩展接口，可以直接使用 SDRAM，而 C54xx 则不能直接使用。两个系列的数字 I/O 都只有两条。

该系列的 DSP 主要用于比较复杂的算法、语音处理等领域。

3. C6000 系列：C62xx，C67xx，C64x

该系列以高性能著称，最适合于宽带网络和数字影像应用。其中：C62xx 和 C64x 是定点系列，C67xx 是浮点系列。该系列提供 EMIF 扩展存储器接口。该系列只提供 BGA 封装，只能制作多层 PCB，且功耗较大。同为浮点系列的 C3x 中的 VC33 现在虽然不是主流产品，但也仍在广泛使用，但其处理速度较低，最高仅为 150MIPS。

4. OMAP 系列

OMAP 处理器集成 ARM 的命令及控制功能，另外还提供 DSP 的低功耗实时信号处理能力，最适合移动上网设备和多媒体家电。

习题与思考

1-1　请谈一谈你对 DSP 的认识。

1-2　试总结一下 DSP 芯片的特点。

1-3　DSP 和 51 系列单片机相比，有什么区别？

## 第 2 章

TMS320F2833x 的特点、结构及其性能

2.1 TMS320F2833x 的特点

TMS320F2833x 由 C2000 系列 DSP 发展而来,是 Delfino 系列中的一员,它是 TI 公司新推出的一款 TMS320C28x 系列浮点数型数字信号处理器。它在已有的 DSP 平台上增加了浮点运算内核,在保持了原有 DSP 芯片优点的同时,能够执行复杂的浮点运算,可以节省代码执行时间和存储空间,具有精度高、成本低、功耗小、外设集成度、数据及程序存储量大和 A/D 转换更精确快速等优点,为嵌入式工业应用提供更加优秀的性能和更加简单的软件设计。不仅具有强大的数字信号处理功能,又集成了大量的外设,供控制使用,并且具有MCU 的功能,兼有 RISC 处理器的代码密度和 DSP 的执行速度。

TMS320F2833x 包括 3 款芯片: TMS320F28335、TMS320F28334、TMS320F28332,它们是针对要求严格的控制应用的高级程度、高性能解决方案。在本书中,这 3 款芯片分别缩写为 F28335、F28334、F28332。

TMS320F2833x 具有以下主要特性。

- 高性能静态 CMOS 技术:主频可达 150MHz,指令周期为 6.67ns;内核电压为 1.9V,I/O 引脚电压为 3.3V。
- 高性能的 32 位 CPU:单精度浮点运算单元(FPU),16×16 位和 32×32 位乘法累加操作,两个 16×16 位乘法累加器;采用哈佛流水线总线结构;能够快速执行中断响应;具有统一的寄存器编程模式;可用 C/C++ 和汇编语言进行高效编程。
- 六通道嵌入式处理器(DMA)控制器。
- 16 位或 32 位的外部接口(XINTF):超过 2M×16 位的地址空间。
- 片载存储器:F28335 有 256K×16 位的 Flash 存储器,34K×16 位的 SARAM; 1K×16 位的 OTP(一次性可编程)ROM。F28334 有 128K×16 位的 Flash 存储器, 34K×16 位的 SARAM;1K×16 位的 OTP(一次性可编程)ROM。F28332 有 64K×16 位的 Flash 存储器,26K×16 位的 SARAM;1K×16 位的 OTP(一次性可编程)ROM。
- 引导 ROM(8K×16 位):带有软件引导模式和标准的数学表。
- 时钟与系统控制:支持动态改变锁相环(Phase Locked Loop,PLL)的倍频系数;片

上振荡器；看门狗定时器模块。

- GPIO0～GPIO63 可以与 8 个外部内核中断的任一个相连。
- 外围中断扩展模块(PIE)支持全部 58 个外围中断。
- 128 位安全密码：保护 Flash/OTP/RAM 存储器；防止系统固件被盗取。
- 增强的控制外设：18 个 PWM 输出端口；6 个高分辨率脉宽调制模块(HRPWM)；6 个事件捕捉输入端口；2 个正交编码器通道(QEP)。
- 3 个 32 位 CPU 定时器：定时器 0 和定时器 1 用做一般的定时器，定时器 0 接至 PIE 模块，定时器 1 接至中断 INT13，定时器 2 用做 DSP/BIOS 的片上实时系统，连接到中断 14，若系统不用 DSP/BIOS，定时器 2 可用做一般定时器。
- 串行接口外围为 2 个通道 CAN 模块、3 个 SCI(UART)模块、2 个多通道缓冲串行接口 McBSP 模块(可配置为串行外围接口 SPI)、1 个 SPI 模块、1 个集成电路(I^2C)总线。
- 1 个 12 位 A/D 转换器具有 16 个转换通道：80ns 的快速转换时间；2×8 通道的多路输入选择器；2 个采样保持器；具有单/连续通道转换模式；内部或外部参考电压。
- 多达 88 个独立可编程的复用通用输入/输出(GPIO)引脚。
- 支持 JTAG 边界扫描。
- 先进的仿真功能：具有分析和断点功能；硬件实时调试。
- 支持工具包括：ANSIC/C++编译/汇编/连接器；代码设计师工作室(CCS)IDE 平台；基于 DSP 的基本输入/输出系统(DSP/BIOS)；数字化电动机控制和数字化电源软件库。
- 低功耗模式和节电模式：支持 IDLE、STANDBY 及 HALT 模式；禁止外设独立时钟。
- 温度范围：A：−40～85℃(PGF,ZHH,ZJZ)；S：−40～125℃(PTP,ZJZ)；Q：−40～125℃(PTP,ZJZ)。

2.2　TMS320F2833x 的引脚功能说明

TMS320F2833x 176 引脚 PGF/PTP 薄形四方扁平封装(LQFP)的引脚分配如图 2-1 所示。

表 2-1 对这些引脚进行了说明。需要注意的是，有些外设功能并不在所有器件上提供，复用引脚的 GPIO 功能在复位时为默认值，列出的外设信号是供替代的功能。所有能够产生 XINTF 输出功能的引脚都有 8mA(典型)的驱动强度，而其他引脚只有 4mA 的驱动能力。所有 GPIO 引脚都可配置为 3 种状态(I/O/Z)，且有一个内部上拉电阻器，可以选择性地启用或者禁用。其中 GPIO0～GPIO11 引脚上的上拉电阻器在复位时并不启用，GPIO12～GPIO87 引脚上的上拉电阻器复位时启用。

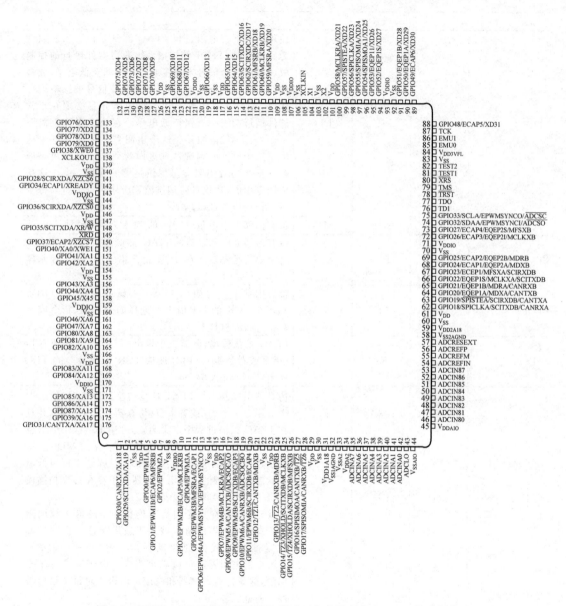

图 2-1　F2833x 176 引脚 PGF/PTP 薄型四方扁平封装(LQFP)的引脚分配

表 2-1　引脚说明

名　　称	引脚编号			说　　明
	PGF PTP 封装	ZHH BALL 封装	ZJZ BZLL 封装	
JTAG				
$\overline{\text{TRST}}$	78	M10	L11	使用内部下拉电阻进行 JTAG 测试复位。当被驱动为高电平时，TRST 使扫描系统获得器件运行的控制权。如果这个信号未连接或者被驱动至低电平，此器件在功能模式下运转，并且测试复位信号被忽略。注释：是一个高电平有效测试引脚并且必须在正常器件运行期间一直保持低电平。在这个引脚上需要一个外部下拉电阻器。这个电阻器的值应该基于适用于这个设计的调试器推进源代码的驱动强度。通常一个 2.2kΩ 电阻器可提供足够的保护。由于这是应用专用的，建议针对调试器和应用正确运行对每个目标板进行验证(I,↓)
TCK	87	N12	M14	带有内部上拉电阻(I,↑) 的 JTAG 测试时钟
TMS	79	P10	M12	带有内部上拉电阻器的 JTAG 测试模式选择(TMS)。这个串行控制输入在 TCK 上升沿上的 TAP 控制器中计时(I,↑)
TDI	76	M9	N12	带有内部上拉电阻的 JTAG 测试数据输入(TDI)。TDI 在 TCK 的上升沿上所选择的寄存器(指令或者数据)内计时(I,↑)
TDO	77	K9	N13	JTAG 扫描输出，测试数据输出(TDO)。所选寄存器(指令或者数据)的内容被从 TCK 下降沿上的 TDO 移出(O/Z 8mA 驱动)
EMU0	85	L11	N7	仿真器引脚 0。当 TRST 被驱动至高电平时，这个引脚被用做一个到(或者来自)仿真器系统的中断，并且在 JTAG 扫描过程中定义为输入/输出。这个引脚也被用于将器件置于边界扫描模式中。在 EMU0 引脚处于逻辑高电平状态并且 EMU1 引脚处于逻辑低电平状态时，引脚的上升沿将把器件锁存在边界扫描模式(I/O/Z,8mA 驱动强度↑)。请注意：建议在这个引脚上连接一个外部上拉电阻器。这个电阻器的值应该基于适用于这个设计的调试器推进源代码的驱动强度。通常一个 2.2～4.7kΩ 的电阻器就可以满足要求。由于这是应用专用的，建议针对调试器和应用正确运行对每个目标板进行验证
EMU1	86	P12	P8	仿真引脚 1。当 TRST 为高电平时，该引脚作为中断输入或中断来自仿真系统，并通过 JTAG 扫描定义为 I/O。当 EMU0 为逻辑高而 EMU1 为逻辑低时，TRST 的上升沿会将设备锁存至边界扫描模式(I/O/Z 8mA 驱动,↑)，外接上拉电阻同 EMU0

续表

名　　称	引　脚　编　号			说　　明
	PGF， PTP 封装	ZHH BALL 封装	ZJZ BZLL 封装	
闪存				
V_{DD3VFL}	84	M11	L9	3.3V闪存内核电源引脚。这个引脚应该一直被连接 至3.3V
TEST1	81	K10	M7	测试引脚。为TI预留。必须被保持为未连接(I/O)
TEST2	82	P11	L7	测试引脚。为TI预留。必须被保持为未连接(I/O)
时钟				
XCLKOUT	138	C11	A10	取自SYSCLKOUT的输出时钟。XCLKOUT的频 率与SYSCLKOUT的频率相同，或者为其一半，或为 其四分之一。这是由位18：16（XTIMCLK）和在 XINTCNF2寄存器中的位2（CLKMODE）控制的。 复位时，XCLKOUT ＝ SYSCLKOUT/4。通过将 XINTCNF2[CLKOFF]设定为1，XCLKOUT信号可 被关闭。与其他GPIO引脚不同，复位时，不将 XCLKOUT引脚置于一个高阻抗状态(O/Z,8mA驱动)
XCLKIN	105	J14	G13	外部振荡器输入。这个引脚被用于从一个外部3.3V 振荡器馈入一个时钟。在这种情况下，X1引脚必须 连接到GND。如果使用到了晶振/谐振器（或1.9V 外部振荡器被用来把时钟馈入X1引脚），此引脚必 须连接到GND
X1	104	J13	G14	内部/外部振荡器输入。为了使用这个振荡器，一个 石英晶振或者一个陶瓷电容器必须被连接在X1和 X2上。X1引脚以1.9V内核数字电源为基准。一个 1.9V外部振荡器也可被连接至X1引脚，在这种情况 下，XCLKIN引脚必须接地。如果一个3.3V外部振 荡器与XCLKIN引脚一起使用的话，X1必须接至 GND(I)
X2	102	J11	H14	内部振荡器输出。可将一个石英晶振或者一个陶瓷 电容器连接在X1和X2。如果X2未使用，它必须保 持在未连接状态(O)
复位				
X̄R̄S̄	80	L10	M13	器件复位(输入)和安全装置复位(输出)。 器件复位导致器件终止执行。PC将指向包含在位置 0x3FFFC0中的地址。当被置为高电平时，在PC指 向的位置开始执行。 当一个安全装置复位发生时，这个引脚被DSC驱动 至低电平。安全装置复位期间，在512个OSCCLK 周期的安全装置复位持续时间内,引脚被驱动为低电 平(I/OD,↑)。 这个引脚的输出缓冲器是一个有内部上拉电阻的开 漏器件,建议由一个开漏器件,驱动这个引脚

名　　　称	引　脚　编　号			说　　　明
	PGF， PTP 封装	ZHH BALL 封装	ZJZ BZLL 封装	
ADC 信号				
ADCINA7	35	K4	K1	ADC 组 A，通道 7 输入（I）
ADCINA6	36	J5	K2	ADC 组 A，通道 6 输入（I）
ADCINA5	37	L1	L1	ADC 组 A，通道 5 输入（I）
ADCINA4	38	L2	L2	ADC 组 A，通道 4 输入（I）
ADCINA3	39	L3	L3	ADC 组 A，通道 3 输入（I）
ADCINA2	40	M1	M1	ADC 组 A，通道 2 输入（I）
ADCINA1	41	N1	M2	ADC 组 A，通道 1 输入（I）
ADCINA0	42	M3	M3	ADC 组 A，通道 0 输入（I）
ADCINB7	53	K5	N6	ADC 组 B，通道 7 输入（I）
ADCINB6	52	P4	M6	ADC 组 B，通道 6 输入（I）
ADCINB5	51	N4	N5	ADC 组 B，通道 5 输入（I）
ADCINB4	50	M4	M5	ADC 组 B，通道 4 输入（I）
ADCINB3	49	L4	N4	ADC 组 B，通道 3 输入（I）
ADCINB2	48	P3	M4	ADC 组 B，通道 2 输入（I）
ADCINB1	47	N3	N3	ADC 组 B，通道 1 输入（I）
ADCINB0	46	P2	P3	ADC 组 B，通道 0 输入（I）
ADCLO	43	M2	N2	低基准（连接至模拟接地）（I）
ADCRESEXT	57	M5	P6	ADC 外部电流偏置电阻器。将一个 22kΩ 电阻器接至模拟接地
ADCREFIN	54	L5	P7	外部基准输入（I）
ADCREFP	56	P5	P5	内部基准正输出。要求将一个低等效串联电阻（ESR）（阻值低于 1.5Ω）的 $2.2\mu F$ 陶瓷旁通电容器接至模拟接地。 注释：使用 ADC 时钟速率从系统使用的电容器数据表中提取 ESR 技术规范
ADCREFM	55	N5	P4	内部基准中输出。要求将一个低等效串联电阻（ESR）（低于 1.5Ω）的 $2.2\mu F$ 陶瓷旁通电容器接至模拟接地。 注释：使用 ADC 时钟速率从系统使用的电容器数据表中提取 ESR 技术规范
CPU 和 I/O 电源引脚				
V_{DDA2}	34	K2	K4	ADC 模拟电源引脚
V_{SSA2}	33	K3	P1	ADC 模拟电源引脚
V_{DDAIO}	45	N2	L5	ADC 模拟 I/O 电源引脚
V_{SSAIO}	44	P1	N1	ADC 模拟 I/O 电源引脚
V_{DD1A18}	31	J4	K3	ADC 模拟电源引脚
$V_{SS1AGND}$	32	K1	L4	ADC 模拟电源引脚
V_{DD2A18}	59	M6	L6	ADC 模拟电源引脚
$V_{SS2AGND}$	58	K6	P2	ADC 模拟电源引脚

续表

名　　称	引 脚 编 号			说　　明
	PGF， PTP 封装	ZHH BALL 封装	ZJZ BZLL 封装	
V_{DD}	4	B1	D4	
V_{DD}	15	B5	D5	
V_{DD}	23	B11	D8	
V_{DD}	29	C8	D9	
V_{DD}	61	D13	E11	
V_{DD}	101	E9	F4	
V_{DD}	109	F3	F11	CPU 和逻辑数字电源引脚
V_{DD}	117	F13	H4	
V_{DD}	126	H1	J4	
V_{DD}	139	H12	J11	
V_{DD}	146	J2	K11	
V_{DD}	154	K14	L8	
V_{DD}	167	N6		
V_{DDIO}	9	A4	A13	
V_{DDIO}	71	B10	B1	
V_{DDIO}	93	E7	D7	
V_{DDIO}	107	E12	D11	
V_{DDIO}	121	F5	E4	数字 I/O 电源引脚
V_{DDIO}	143	L8	G4	
V_{DDIO}	159	H11	G11	
V_{DDIO}	170	N14	L10	
V_{DDIO}			N14	
V_{SS}	3	A5	A1	
V_{SS}	8	A10	A2	
V_{SS}	14	A11	A14	
V_{SS}	22	B4	B14	
V_{SS}	30	C3	F6	
V_{SS}	60	C7	F7	
V_{SS}	70	C9	F8	
V_{SS}	83	D1	F9	
V_{SS}	92	D6	G6	数字接地引脚
V_{SS}	103	D14	G7	
V_{SS}	106	E8	G8	
V_{SS}	108	E14	G9	
V_{SS}	118	F4	H6	
V_{SS}	120	F12	H7	
V_{SS}	125	G1	H8	
V_{SS}	140	H10	H9	
V_{SS}	144	H13	J6	

名　　称	引　脚　编　号			说　　明
	PGF， PTP 封装	ZHH BALL 封装	ZJZ BZLL 封装	
V_{SS}	147	J3	J7	
V_{SS}	155	J10	J8	
V_{SS}	160	J12	J9	
V_{SS}	166	M12	P13	数字接地引脚
V_{SS}	171	N10	P14	
V_{SS}		N11		
V_{SS}		P6		
V_{SS}		P8		
GPIO 和外设信号				
GPIO0 EPWM1A	5	C1	D1	通用输入/输出 0 (I/O/Z)。 增强型 PWM1 输出 A 和 HRPWM 通道(O)
GPIO1 EPWM1B ECAP6 MFSRB	6	D3	D2	通用输入/输出 1 (I/O/Z)。 增强 PWM1 输出 B (O)。 增强型捕捉 6 输入/输出(I/O)。 McBSP-B 接收帧同步(I/O)
GPIO2 EPWM2A	7	D2	D3	通用输入/输出 2 (I/O/Z)。 增强型 PWM2 输出 A 和 HRPWM 通道(O)
GPIO3 EPWM2B ECAP5 MCLKRB	10	E4	E1	通用输入/输出 3 (I/O/Z)。 增强 PWM2 输出 B (O)。 增强型捕捉 5 输入/输出(I/O)。 McBSP-B 接收帧同步(I/O)
GPIO4 EPWM3A	11	E2	E2	通用输入/输出 4 (I/O/Z)。 增强型 PWM3 输出 A 和 HRPWM 通道(O)
GPIO5 EPWM3B MFSRA ECAP1	12	E3	E3	通用输入/输出 5 (I/O/Z)。 增强 PWM3 输出 B (O)。 McBSP-B 接收帧同步(I/O)。 增强型捕捉输入/输出 1(I/O)
GPIO6 EPWM4A EPWMSYNCI EPWMSNCO	13	E1	F1	通用输入/输出 6(I/O/Z)。 增强型 PWM4 输出 A 和 HRPWM 通道(O)。 外部 ePWM 同步脉冲输入(I)。 外部 ePWM 同步脉冲输出(O)
GPIO7 EPWM4B MCLKRA ECAP2	16	F2	F2	通用输入/输出 7 (I/O/Z)。 增强 PWM4 输出 B (O)。 McBSP-B 接收时钟(I/O)。 增强型捕捉输入/输出 2(I/O)
GPIO8 EPWM5A CANTXB ADCSOCAO	17	F1	F3	通用输入/输出 8 (I/O/Z)。 增强型 PWM5 输出 A 和的 HRPWM 通道(O)。 增强型 CAN-B 传输(O)。 ADC 转换启动 A (O)

续表

名 称	引 脚 编 号			说 明
	PGF，PTP 封装	ZHH BALL 封装	ZJZ BZLL 封装	
GPIO9 EPWM5B SCITXDB ECAP3	18	G5	G1	通用输入/输出 9 (I/O/Z)。 增强 PWM5 输出 B (O)。 SCI-B 发送数据(I/O)。 增强型捕捉输入/输出 3 (I/O)
GPIO10 EPWM6A CANRXB $\overline{ADCSOCBO}$	19	G4	G2	通用输入/输出 10 (I/O/Z)。 增强型 PWM6 输出 A 和的 HRPWM 通道(O)。 增强型 CAN-B 接收(O)。 ADC 转换启动 B (O)
GPIO11 EPWM6B SCIRXDB ECAP4	20	G2	G3	通用输入/输出 11 (I/O/Z)。 增强型 PWM6 输出 B (O)。 SCI-B 接收数据(I)。 增强型 CAP 输入/输出 4 (I/O)
GPIO12 $\overline{TZ1}$ CANTXB MDXB	21	G3	H1	通用输入/输出 12 (I/O/Z)。 触发区输入 1(I)。 增强型 CAN-B 传输(O)。 McBSP-B 串行数据传输(O)
GPIO13 $\overline{TZ2}$ CANRXB MDRB	24	H3	H2	通用输入/输出 13 (I/O/Z)。 触发区输入 2(I)。 增强型 CAN-B 接收(O)。 McBSP-B 串行数据接收(O)
GPIO14 $\overline{TZ3}$/XHOLD SCITXDB MCLKXB	25	H2	H3	通用输入/输出 14 (I/O/Z)。 触发区输入 3/外部保持请求。当有效时(低电平)，请求外部接口 XINIF 释放外部总线并将所有总线和选通脉冲置于一个高阻抗状态。为阻止该事件的发生，当信号变为有效，通过写入 XINTCNF2［HOLD］=1 来禁用此功能。如果没有这样做，XINTF 总线将在变为低电平时随时进入高阻抗状态。在 ePWM 端，信号在默认情况下被忽略，除非它们由代码启用。当任一当前的访问完成并且在 XINIF 上没有等待的访问时，XINIF 将释放总线(I)。 SCI-B 传输(O)。 McBSP-B 传输时钟(I/O)
GPIO15 $\overline{TZ4}$/XHOLDA SCIRXDB MFSXB	26	H4	J1	通用输入/输出 15 (I/O/Z)。 触发区输入 4/外部保持确认。在 GPADIR 寄存器中，此选项的引脚功能基于所选择的方向。如果此引脚被配置为输入，则功能就会被选择。如果此引脚被配置为输出，则 XHOLDA 功能就会被选择。当 XININ 已经准予一个请求时，被驱动至有效(低电平)。所有 XINIF 总线和选通闸门将处于高阻抗状态。当信号被释放时，被释放。当为有效(低电平)时，外器件应该只驱动外部总线(I/O)。 SCI-B 接收(I)。 McBSP-B 传输帧同步(I/O)

续表

名　称	引脚编号			说　明
	PGF, PTP 封装	ZHH BALL 封装	ZJZ BZLL 封装	
GPIO16 SPISIMOA CANTXB $\overline{TZ5}$	27	H5	J2	通用输入/输出 16 (I/O/Z)。 SPI 从器件输入，主器件输出(I/O)。 增强型 CAN-B 发送(O)。 触发区输入 5 (I)
GPIO17 SPISOMIA CANRXB $\overline{TZ6}$	28	J1	J3	通用输入/输出 17 (I/O/Z)。 SPI-A 从器件输出，主器件输入(I/O)。 增强型 CAN-B 接收(I)。 触发区输入 6 (I)
GPIO18 SPICLKA SCITXDB CANRXA	62	L6	N8	通用输入/输出 18 (I/O/Z)。 SPI-A 时钟输入/输出(I/O)。 SCI-B 传输(O)。 增强型 CAN-A 接收(I)
GPIO19 $\overline{SPISTEA}$ SCIRXDB CANTXA	63	K7	M8	通用输入/输出 19 (I/O/Z)。 SPI-A 从器件发送使能输入/输出(I/O)。 SCI-B 接收(I)。 增强型 CAN-A 传输(O)
GPIO20 EQEP1A MDXA CANTXB	64	L7	P9	通用输入/输出 20 (I/O/Z)。 增强型 QEP1 输入 A(I)。 McBSP-A 串行数据传输(O)。 增强型 CAN-B 传输(O)
GPIO21 EQEP1B MDRA CANRXB	65	P7	N9	通用输入/输出 21 (I/O/Z)。 增强型 QEP1 输入 B(I)。 McBSP-A 串行数据接收(I)。 增强型 CAN-B 接收(I)
GPIO22 EQEP1S MCLKXA SCITXDB	66	N7	M9	通用输入/输出 22 (I/O/Z)。 增强型 QEP1 选通脉冲(I/O)。 McBSP-A 传输时钟(I/O)。 SCI-B 传输(O)
GPIO23 EQEP1I MFSXA CIRXDB	67	M7	P10	通用输入/输出 23 (I/O/Z)。 增强型 QEP1 索引(I/O)。 McBSP-A 传输帧同步(I/O)。 SCI-B 接收(I)
GPIO24 ECAP1 EQEP2A MDXB	68	M8	N10	通用输入/输出 24 (I/O/Z)。 增强型捕获 1(I/O)。 增强型 QEP2 输入 A(I)。 McBSP-B 串行数据传输 (O)

续表

名　称	引 脚 编 号			说　明
	PGF， PTP 封装	ZHH BALL 封装	ZJZ BZLL 封装	
GPIO25 ECAP2 EQEP2B MDRB	69	N8	M10	通用输入/输出 25 (I/O/Z)。 增强型捕获 2(I/O)。 增强型 QEP2 输入 B(I)。 McBSP-B 串行数据接收(I)
GPIO26 ECAP3 EQEP2I MCLKXB	72	K8	P11	通用输入/输出 26 (I/O/Z)。 增强型捕获 3(I/O)。 增强型 QEP2 索引 A(I/O)。 McBSP-B 传输时钟(I/O)
GPIO27 ECAP4 EQEP2S MFSXB	73	L9	N11	通用输入/输出 27 (I/O/Z)。 增强型捕获 4(I/O)。 增强型 QEP2 选通脉冲(I/O)。 McBSP-B 传输帧同步(I/O)
GPIO28 SCIRXDA $\overline{\text{XZCS6}}$	141	E10	D10	通用输入/输出 28(I/O/Z)。 SCI 接收数据(I)。 外部接口区域 6 芯片选择(O)
GPIO29 SCITXDA XA19	2	C2	C1	通用输入/输出 29(I/O/Z)。 SCI 传输数据(O)。 外部接口地址线路 19(O)
GPIO30 CANRXA XA18	1	B2	C2	通用输入/输出 30(I/O/Z)。 增强型 CAN-A 接收(I)。 外部接口地址线路 18(O)
GPIO31 CANTXA XA17	176	A2	B2	通用输入/输出 31(I/O/Z)。 增强型 CAN-A 传输(I)。 外部接口地址线路 17(O)
GPIO32 SDAA EPWMSYNCI $\overline{\text{ADCSOCAO}}$	74	N9	M11	通用输入/输出 32(I/O/Z)。 I^2C 时钟开漏双向端口(I/OD)。 增强型 PWM 外部同步脉冲输入(I)。 ADC 转换启动 A(O)
GPIO33 SCLA EPWMSYNCO $\overline{\text{ADCSOCBO}}$	75	P9	P12	通用输入/输出 33(I/O/Z)。 I^2C 时钟开漏双向端口(I/OD)。 增强型 PWM 外部同步脉冲输出(O)。 ADC 转换启动 B(O)
GPIO34 ECAP1 XREADY	142	D10	A9	通用输入/输出 34(I/O/Z)。 增强型捕捉输入/输出 1(I/O)。 外部接口就绪信号
GPIO35 SCITXDA XR/$\overline{\text{W}}$	148	A9	B9	通用输入/输出 35(I/O/Z)。 SCI 传输数据(O)。 外部接口读取,不能写入选通脉冲

名 称	引脚编号			说 明
	PGF, PTP 封装	ZHH BALL 封装	ZJZ BZLL 封装	
GPIO36 SCIRXDA $\overline{XZCS0}$	145	C10	C9	通用输入/输出 36(I/O/Z)。 SCI 接收数据(I)。 外部接口 0 区芯片选择(O)
GPIO37 ECAP2 $\overline{XZCS7}$	150	D9	B8	通用输入/输出 37 (I/O/Z)。 增强型捕捉输入/输出 2(I/O)。 外部接口 7 区芯片选择(O)
GPIO38 $\overline{XWE0}$	137	D11	C10	通用输入/输出 38 (I/O/Z)。 外部接口写入使能 0(O)
GPIO39 XA16	175	B3	C3	通用输入/输出 39 (I/O/Z)。 外部接口地址线路 16(O)
GPIO40 XA0/$\overline{XWE1}$	151	D8	C8	通用输入/输出 40 (I/O/Z)。 外部接口地址线路 0/外部接口写入使能 1(O)
GPIO41 XA1	152	A8	A7	通用输入/输出 41 (I/O/Z)。 外部接口地址线路 1 (O)
GPIO42 XA2	153	B8	B7	通用输入/输出 42 (I/O/Z)。 外部接口地址线路 2(O)
GPIO43 XA3	156	B7	C7	通用输入/输出 43 (I/O/Z)。 外部接口地址线路 3(O)
GPIO44 XA4	157	A7	A6	通用输入/输出 44 (I/O/Z)。 外部接口地址线路 4(O)
GPIO45 XA5	158	D7	B6	通用输入/输出 45 (I/O/Z)。 外部接口地址线路 5(O)
GPIO46 XA6	161	B6	C6	通用输入/输出 46 (I/O/Z)。 外部接口地址线路 6(O)
GPIO47 XA7	162	A6	D6	通用输入/输出 47 (I/O/Z)。 外部接口地址线路 7(O)
GPIO48 ECAP5 XD31	88	P13	L14	通用输入/输出 48 (I/O/Z)。 增强型捕捉输入/输出 5(I/O)。 外部接口数据线路 31 (I/O/Z)
GPIO49 ECAP6 XD30	89	N13	L13	通用输入/输出 49 (I/O/Z)。 增强型捕捉输入/输出 6(I/O)。 外部接口数据线路 30 (I/O/Z)
GPIO50 EQEP1A XD29	90	P14	L12	通用输入/输出 50 (I/O/Z)。 增强型 QEP1 输入 A(I)。 外部接口数据线路 29 (I/O/Z)
GPIO51 EQEP1B XD28	91	M13	K14	通用输入/输出 51 (I/O/Z)。 增强型 QEP1 输入 B(I)。 外部接口数据线路 28 (I/O/Z)

续表

名 称	引脚编号			说 明
	PGF， PTP 封装	ZHH BALL 封装	ZJZ BZLL 封装	
GPIO52 EQEP1S XD27	94	M14	K13	通用输入/输出 52（I/O/Z）。 增强型 QEP1 选通脉冲（I/O）。 外部接口数据线路 27（I/O/Z）
GPIO53 EQEP1I XD26	95	L12	K12	通用输入/输出 53（I/O/Z）。 增强型 QEP1 索引（I/O）。 外部接口数据线路 26（I/O/Z）
GPIO54 SPISIMOA XD25	96	L13	J14	通用输入/输出 54（I/O/Z）。 SPI-A 从器件输入，主器件输出（I/O）。 外部接口数据线路 25（I/O/Z）
GPIO55 SPISOMIA XD24	97	L14	J13	通用输入/输出 55（I/O/Z）。 SPI-A 从器件输出，主器件输入（I/O）。 外部接口数据线路 24（I/O/Z）
GPIO56 SPICLKA XD23	98	K11	J12	通用输入/输出 56（I/O/Z）。 SPI-A 时钟（I/O）。 外部接口数据线路 23（I/O/Z）
GPIO57 $\overline{\text{SPISTEA}}$ XD22	99	K13	H13	通用输入/输出 57（I/O/Z）。 SPI-A 从器件发送使能（I/O）。 外部接口数据线路 22（I/O/Z）
GPIO58 MCLKRA XD21	100	K12	H12	通用输入/输出 58（I/O/Z）。 McBSP-A 接收时钟（I/O）。 外部接口数据线路 21（I/O/Z）
GPIO59 MFSRA XD20	110	H14	H11	通用输入/输出 59（I/O/Z）。 McBSP-A 接收帧同步（I/O）。 外部接口数据线路 20（I/O/Z）
GPIO60 MCLKRB XD19	111	G14	G12	通用输入/输出 60（I/O/Z）。 McBSP-B 接收时钟（I/O）。 外部接口数据线路 19（I/O/Z）
GPIO61 MFSRB XD18	112	G12	F14	通用输入/输出 61（I/O/Z）。 McBSP-B 接收帧同步（I/O）。 外部接口数据线路 18（I/O/Z）
GPIO62 SCIRXDC XD17	113	G13	F13	通用输入/输出 62（I/O/Z）。 SCI-C 接收数据（I）。 外部接口数据线路 17（I/O/Z）
GPIO63 SCITXDC XD16	114	G11	F12	通用输入/输出 63（I/O/Z）。 SCI-C 发送数据（O）。 外部接口数据线路 16（I/O/Z）
GPIO64 XD15	115	G10	E14	通用输入/输出 64（I/O/Z）。 外部接口数据线路 15（O）

续表

名 称	引 脚 编 号			说 明
	PGF，PTP 封装	ZHH BALL 封装	ZJZ BZLL 封装	
GPIO65 XD14	116	F14	E13	通用输入/输出 65 (I/O/Z)。 外部接口数据线路 14 (I/O/Z)
GPIO66 XD13	119	F11	E12	通用输入/输出 66 (I/O/Z)。 外部接口数据线路 13 (I/O/Z)
GPIO67 XD12	122	E13	D14	通用输入/输出 67 (I/O/Z)。 外部接口数据线路 12 (I/O/Z)
GPIO68 XD11	123	E11	D13	通用输入/输出 68 (I/O/Z)。 外部接口数据线路 11 (I/O/Z)
GPIO69 XD10	124	F10	D12	通用输入/输出 69 (I/O/Z)。 外部接口数据线路 10 (I/O/Z)
GPIO70 XD9	127	D12	C14	通用输入/输出 70 (I/O/Z)。 外部接口数据线路 9 (I/O/Z)
GPIO71 XD8	128	C14	C13	通用输入/输出 71 (I/O/Z)。 外部接口数据线路 8 (I/O/Z)
GPIO72 XD7	129	B14	B13	通用输入/输出 72 (I/O/Z)。 外部接口数据线路 7 (I/O/Z)
GPIO73 XD6	130	C12	A12	通用输入/输出 73(I/O/Z)。 外部接口数据线路 6 (I/O/Z)
GPIO74 XD5	131	C13	B12	通用输入/输出 74 (I/O/Z)。 外部接口数据线路 5 (I/O/Z)
GPIO75 XD4	132	A14	C12	通用输入/输出 75 (I/O/Z)。 外部接口数据线路 4 (I/O/Z)
GPIO76 XD3	133	B13	A11	通用输入/输出 76 (I/O/Z)。 外部接口数据线路 3 (I/O/Z)
GPIO77 XD2	134	A13	B11	通用输入/输出 77 (I/O/Z)。 外部接口数据线路 2 (I/O/Z)
GPIO78 XD1	135	B12	C11	通用输入/输出 78 (I/O/Z)。 外部接口数据线路 1 (I/O/Z)
GPIO79 XD0	136	A12	B10	通用输入/输出 79 (I/O/Z)。 外部接口数据线路 0 (I/O/Z)
GPIO80 XA8	163	C6	A5	通用输入/输出 80 (I/O/Z)。 外部接口地址线 8 (I/O/Z)
GPIO81 XA9	164	E6	B5	通用输入/输出 81 (I/O/Z)。 外部接口地址线 9 (I/O/Z)
GPIO82 XA10	165	C5	C5	通用输入/输出 82 (I/O/Z)。 外部接口地址线 10 (I/O/Z)
GPIO83 XA11	168	D5	A4	通用输入/输出 83 (I/O/Z)。 外部接口地址线 11 (I/O/Z)

名　　　称	引脚编号			说　　　明
	PGF, PTP 封装	ZHH BALL 封装	ZJZ BZLL 封装	
GPIO84 XA12	169	E5	B4	通用输入/输出 84（I/O/Z）。 外部接口地址线 12（I/O/Z）
GPIO85 XA13	172	C4	C4	通用输入/输出 85（I/O/Z）。 外部接口地址线 13（O）
GPIO86 XA14	173	D4	A3	通用输入/输出 86（I/O/Z）。 外部接口地址线 14（O）
GPIO87 XA15	174	A3	B3	通用输入/输出 87（I/O/Z）。 外部接口地址线 15（O）
XRD	149	B9	A8	外部接口读取使能

注：I＝输入（Input），O＝输出（Output），Z＝高限抗（High impedance），OD＝开漏（Open drain），↑＝上拉电阻（Pullup），↓＝下拉电阻（Pulldown）。

2.3　TMS320F2833x 的功能

TMS320F2833x 的完整功能框图如图 2-2 所示。从整体的系统功能来看，可以划分成 4 部分：CPU、总线、存储器和外设。

2.3.1　CPU

F2833x（C28x＋FPU）/F2823x（C28x）系列都属于 TMS320C2000TM 数字信号控制器（Digtal Signal Controller，DSC）平台。基于 C28x＋FPU 的控制器和 TI 现有的 C28xDSC 具有相同的 32 位定点架构，但是还包括一个单精度（32 位）的 IEEE-754 浮点单元（FPU）。这是一个非常高效的 C/C++引擎，它能使用户用高层次的语言开发系统控制软件，也可以使用 C/C++开发算术算法。此器件在处理 DSP 算术任务时与处理系统控制任务时同样有效，而系统控制任务通常由微控制器器件处理，从而并不需要第 2 个处理器。32×32 位 MAC64 位处理能力使得控制器能够有效地处理更高的数字分辨率问题。它还添加了带有关键寄存器自动环境保存的快速中断响应，使得一个器件能够用最小的延迟处理很多异步事件。此器件有一个具有流水线式存储器访问的 8 级深受保护管道。这个流水线式操作使得此器件能够在高速执行时无须求助于昂贵的高速存储器。特别分支超前硬件大大减少了条件不连续而带来的延迟。特别存储条件操作也进一步提升了性能。

2.3.2　总线

F2833x 的总线有内存总线和外设总线两种。与很多 DSC 类型器件一样，在内存和外设以及 CPU 之间使用多总线来移动数据。C28x 内存总线架构包含一个程序读取总线、数据读取总线和数据写入总线。此程序读取总线由 22 条地址线路和 32 条数据线路组成。数据读取和写入总线由 32 条地址线路和 32 条数据线路组成。32 位宽数据总线可实现单周

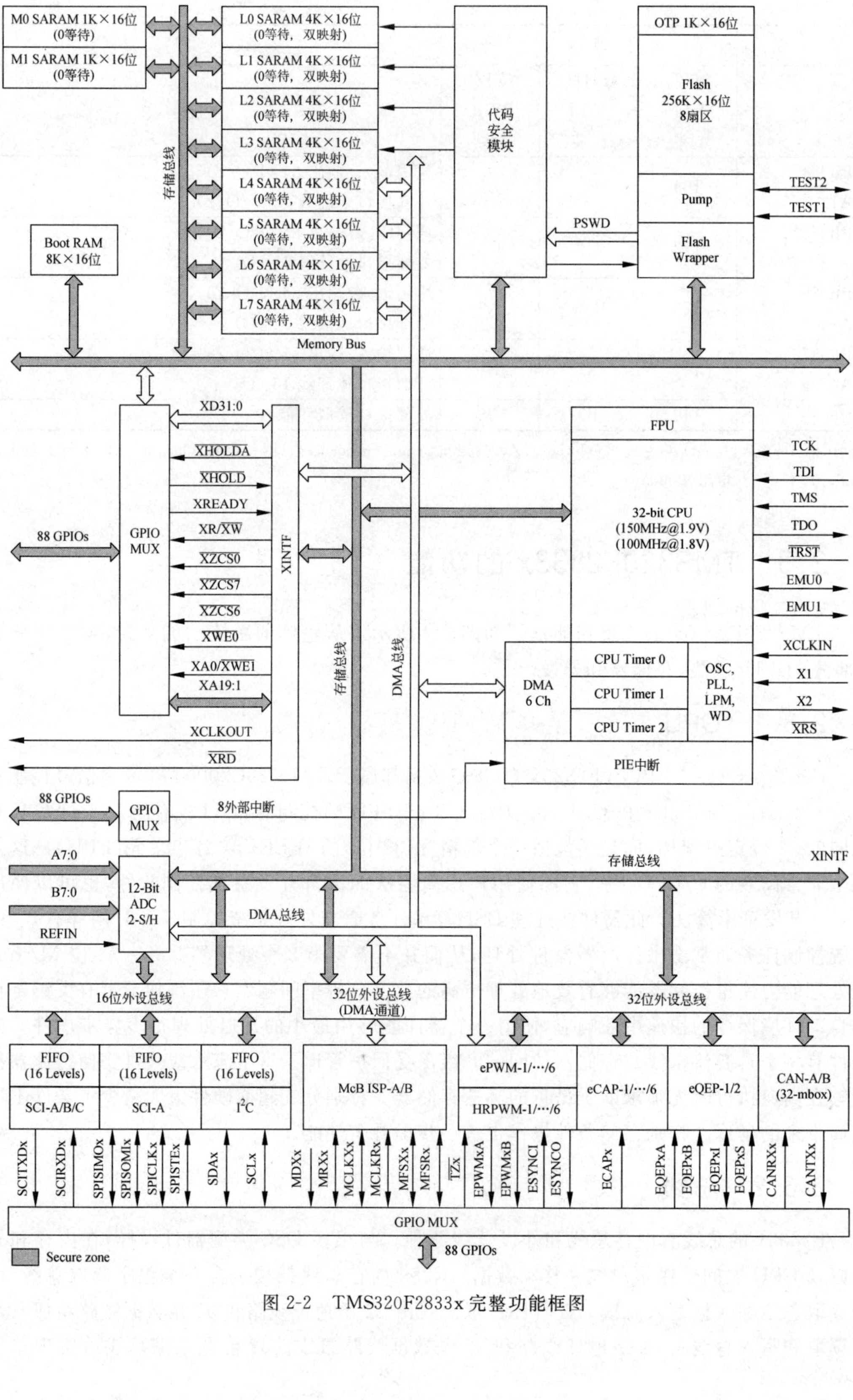

图 2-2 TMS320F2833x 完整功能框图

期32位运行。多总线结构,通常称为哈佛总线结构,使得C28x能够在一个单周期内取一个指令、读取一个数据值和写入一个数据值。所有连接在内存总线上的外设和内存对内存访问进行优先级设定,内存总线的访问优先级按照最高到最低依次是:数据写入、程序写入、数据读取、程序读取、取指令。

为了实现TI公司不同DSC系列器件间的外设迁移,2833x/2823x器件采用一个针对外设互连的外设总线标准。外设总线桥复用了多种总线,此总线将处理器内存总线组装进一个由16条地址线路、16条(或者32条)数据线路和相关控制信号组成的单总线中。支持外设总线有三个版本,它们分别是:只支持16位访问(称为外设帧2),支持16位和32位访问(称为外设帧1),支持DMA访问和16位以及32位访问(称为外设帧3)。

2.3.3 存储器

F2833x的存储器空间分成了程序存储与数据存储,其中一些存储器既可以用于存储程序,也可以用于存储数据。一般而言,F2833x的存储介质上有以下几种。

(1) Flash存储器。一般可以把程序烧写到Flash中,以避免带着仿真器调试。F28335/F28235器件包含256K×16位的嵌入式闪存存储器,被分别放置在8个32K×16位扇区内。

(2) 单周期访问RAM(Single Access RAM,SARAM)。所有2833x/2823x器件均包含单一访问存储器的两个区块,每个为1K×16位大小。

(3) 一次编程(One Time Programmable,OTP)存储器。

(4) Boot ROM。是厂家预先固化好的程序,与计算机上的BIOS的功能有点类似。

(5) 片外存储。如果片内资源不够用,可以外扩Flash和RAM,此类产品的型号很多,选择余地较大;与DSP的连接方式可以采用直接连接地址线、数据线,也可以用CPLD来辅助完成片选等操作。

F2833x的CPU本身不包含专门的大容量存储器,但是DSP内部本身继承了片内的存储器,CPU可以读取片内集成与片外扩展的存储。F2833x使用32位数据地址线及22位程序地址线,从而寻址4G字的数据存储器与4M字的程序存储器。F2833x的存储器模块都是统一映射到程序和数据空间的,如图2-3所示就是F28335的内存映射。其中,M0、M1、L0~L7为用户可以直接使用的SARAM,可以将定义的数据、变量、常量等存在其地址范围内。地址0x004000~0x005000针对XINTF区域这样的空间,是专门映射到某一区域的,这一点类似于PC中的外设占用地址。保留空间是为今后推出的有着更高性能、更大容量的DSP使用的可用存储器空间,不能对它们进行操作。此外,还有一些空间是被密码保护的,包括L0、L1、L2、L3、OTP Flash、ADC CAL、Flash Regsin PF0。L4、L5、L6、L7、XINTF区域0/6/7这些空间是可以被DMA进行存取的。L0、L1、L2、L3是双映射的,该模式主要是与F281x系列的DSP兼容使用。

从图2-3可以明显看出,F28335的内存中数据空间和程序空间是分开的,程序存储器和数据存储器是两个独立的存储器,每个存储器独立编码、独立访问。中央处理器首先到程序指令存储器中读取程序指令内容,解码后得到数据地址,再到相应的数据存储器中读取数据,并进行下一步的操作(通常是执行)。因为可以同时读取指令和数据,大大提高了数据吞吐率,具有较高的执行效率。

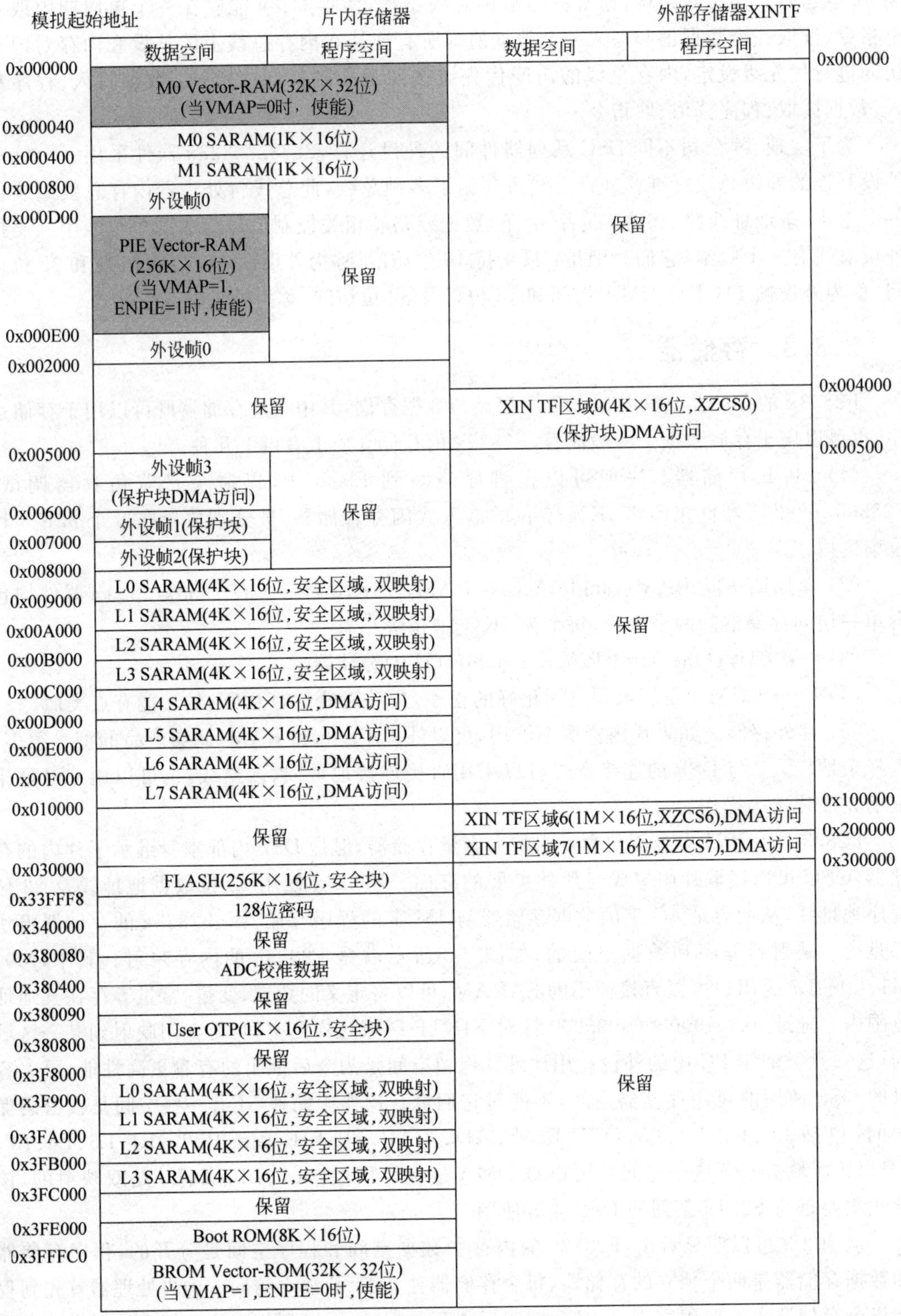

模拟起始地址	片内存储器		外部存储器XINTF	
	数据空间	程序空间	数据空间	程序空间

0x000000	M0 Vector-RAM(32K×32位)(当VMAP=0时，使能)
0x000040	M0 SARAM(1K×16位)
0x000400	M1 SARAM(1K×16位)
0x000800	外设帧0
0x000D00	PIE Vector-RAM(256K×16位)(当VMAP=1,ENPIE=1时,使能)
0x000E00	外设帧0
0x002000	
	保留
0x005000	外设帧3
	(保护块DMA访问)
0x006000	外设帧1(保护块)
0x007000	外设帧2(保护块)
0x008000	L0 SARAM(4K×16位,安全区域,双映射)
0x009000	L1 SARAM(4K×16位,安全区域,双映射)
0x00A000	L2 SARAM(4K×16位,安全区域,双映射)
0x00B000	L3 SARAM(4K×16位,安全区域,双映射)
0x00C000	L4 SARAM(4K×16位,DMA访问)
0x00D000	L5 SARAM(4K×16位,DMA访问)
0x00E000	L6 SARAM(4K×16位,DMA访问)
0x00F000	L7 SARAM(4K×16位,DMA访问)
0x010000	保留
0x030000	FLASH(256K×16位,安全块)
0x33FFF8	128位密码
0x340000	保留
0x380080	ADC校准数据
0x380400	保留
0x380090	User OTP(1K×16位,安全块)
0x380800	保留
0x3F8000	L0 SARAM(4K×16位,安全区域,双映射)
0x3F9000	L1 SARAM(4K×16位,安全区域,双映射)
0x3FA000	L2 SARAM(4K×16位,安全区域,双映射)
0x3FB000	L3 SARAM(4K×16位,安全区域,双映射)
0x3FC000	保留
0x3FE000	Boot ROM(8K×16位)
0x3FFFC0	BROM Vector-ROM(32K×32位)(当VMAP=1,ENPIE=0时,使能)

程序空间: 保留 (0x000040–0x010000区域)

外部存储器部分:
0x000000	保留
0x004000	XIN TF区域0(4K×16位,XZCS0)(保护块)DMA访问
0x005000	保留
0x100000	XIN TF区域6(1M×16位,XZCS6),DMA访问
0x200000	XIN TF区域7(1M×16位,XZCS7),DMA访问
0x300000	保留

注：▓▓▓ 每次只能使能M0向量、PIE向量、BROM向量其中的一个。

图 2-3　F28335 内存映射

2.3.4　外设

外设就是芯片上除了处理单元(CPU)、存储单元之外可以实现一些与外部信号进行交互的单元；如果芯片内部没有这些外设，那么在实现相应功能时，就需要在芯片外使用额外的芯片来处理。作为一款面向高性能控制的 DSP，F2833x 集成了控制系统中所必需的所有外设，其片上的主要外设如下。

(1) ePWM：有 6 个增强型 PWM 模块，包括 ePWM1、ePWM2、ePWM3、ePWM4、ePWM5、ePWM6。增强型 PWM 支持针对前缘和后缘边沿、被锁存的和逐周期触发机制的独立的和互补的 PWM 生成，可调节死区生成。某些 PWM 引脚支持 HRPWM 特性。ePWM 寄存器由 DMA 支持以便减少处理该外设的开销。

(2) eCAP：有 6 个增强的捕捉模块，包括 eCAP1、eCAP2、eCAP3、eCAP4、eCAP5、eCAP6。增强型捕捉模块使用一个 32 位时基并在连续/单次捕捉模式中记录多达 4 个可编程事件。

(3) eQEP：有 2 个增强的正交编码模块，包括 eQEP1 和 eQEP2。增强型 QEP 使用一个 32 位位置计数器，使用捕捉单元和一个 32 位单元定时器分别支持低速测量和高速测量，使测速更加方便。

(4) ADC：增强的模数转换模块，它具有 12 位精度，16 个专用通道，80ns 的转换时间，包含两个用于同步采样的采样保持单元。

(5) eCAN：有 2 个增强的控制局域网功能，包括 eCAN-A 和 eCAN-B。它支持 32 个邮箱、消息时间戳，并与 CAN 2.0B 兼容。

(6) McBSP：有 2 个多通道缓冲串行端口(Multichannel Buffered Serial Port，McBSP)，包括 McBSP-A 和 McBSP-B。全双工通信，可以连接到 E1/T1 线路、语音质量编解码器，以实现最新应用或者高质量立体声音频 DAC 器件。

(7) SPI：有 1 个串行通信接口(Serial Peripheral Interface，SPI)，即 SPI-A。SPI 是一个高速、同步串行 I/O 端口，此端口可在设定的位传输速率上将一个设定长度(通常为 1～16 位)的串行比特流移入和移出器件。通常，SPI 用于 DSC 和外部外设或者其他处理器之间的通信。典型应用包括外部 I/O 或者从诸如移位寄存器、显示驱动器、和 ADC 等器件的外设扩展。多器件通信由 SPI 的主控/受控操作支持。在 2833x/2823x 上，SPI 包含一个 16 级接收和发送 FIFO 来减少中断处理开销。

(8) SCI：有 3 个串行通信接口(Serial Communications Interface，SCI)，包括 SCI-A、SCI-B、SCI-C。SCI 是一个两线制异步串行端口，支持 CPU 与其他异步外设之间使用标准非归零码格式的数字通信，主要完成 UART 功能。

(9) I^2C：内部集成电路(Inter-integrated Circuit，I^2C)，包含一个 I^2C 串行端口，可以连接具有 I^2C 接口的芯片，只需要两根线就可以连接，方便操作。

(10) GPIO：增强的通用 I/O 接口，F2833x 的 GPIO 通过选择功能，可以在一个引脚上分别切换到 3 种不同的信号模式。

(11) DMA：6 通道直接存储器存取(Direct Memory Access，DMA)，6 个具有独立 PIE 中断的通道，不经过 CPU，直接在外设、存储器间进行数据交换，减轻了 CPU 的负担，同时也提高了效率。

（12）定时器：有3个32位CPU定时器，包括CPU定时器0、CPU定时器1、CPU定时器2。可以预置时间，有16位时钟预分频。CPU定时器2是被系统保留并为实时操作系统或BIOS准备的，它与CPU的INT14相连。如果DSP/BIOS不再使用，CPU定时器2作为普通定时器使用。CPU定时器1作为普通定时器使用，它与CPU的INT13相连。CPU定时器0也是普通定时器，它与PIE模块相连。

2.4 TMS320F2833x 与 TMS320F2812 的对比

将F28335与F2812进行比较，其性能对比如表2-2所示。

表 2-2 TMS320F28335 与 TMS320F2812 的性能对比

性　　能	TMS320F28335	TMS320F2812
CPU	32位定点，单精度浮点单元(FPU)	32位定点CPU
系统频率	150MHz	150MHz
片内Flash	256K×16位	128K×16位
Boot ROM	8K×16位	4K×16位
OTP	1K×16位	1K×16位
32位CPU定时器	3个	3个
SRAM	34K×16位	18K×16位
128位密码保护	有	有
系统外部接口(XNTF)	有	有
通用IO口	88个(可配置4种工作模式)	56个(可配置2种工作模式)
ADC	12位，16通道，12.5MSPS	12位，16通道，12.5MSPS
电机控制外设	ePWM	EVA,EVB
SPI	1个	1个
SCI	3个	2个
eCAN	2个	1个
I²C	1个	无
McBSP/SPI	2个	1个
外部中断	8个	3个
PIE	支持58个外设中断	支持45个外设中断

通过以上对比，可以看出与TMS320F2812定点DSP相比，TMS320F28335增加了单精度浮点运算单元(FPU)和高精度PWM，且Flash增加了一倍(256K×16位)，同时增加了DMA功能，可将ADC转换结果直接存入DSP的任一存储空间。此外，它还增加了CAN通信模块、SCI接口和SPI接口。TMS320F28335的主频最高为150MHz，同时具有外部存储扩展接口、看门狗、3个定时器、18个PWM输出和16通道的12位A/D转换器。

F28335拥有类似F2812的XINTF（即External Interface，外部接口），但其功能更为强大，是16/32位数据位宽可配置，DMA可控制的。在系统设计时，可以通过该接口很方便地扩展片外存储器和其他外设，独立设置它们的控制时对于电力电子变流装置的控制十分重要。因为片上外设往往并不能满足系统全部的控制要求，这就需要系统具有良好的可扩展性。F28335的可扩展性相比于F2808上了一个台阶。

TMS320F28335 DSP 具有 150MHz 的高速处理能力,具备 32 位浮点处理单元,6 个 DMA 通道支持 ADC、McBSP 和 EMIF,有多达 18 路的 PWM 输出,其中有 6 路为 TI 公司特有的更高精度的 PWM 输出(HRPWM),12 位 16 通道 ADC。与前一代 DSC 相比,平均性能提升 50%,并与定点 C28x 控制器软件兼容,从而简化软件开发,缩短开发周期,降低开发成本。

习题与思考

2-1 请根据你的理解,简要说明 TMS320F28335 的基本性能。

2-2 结合功能框图,概述 TMS320F28335 的外设功能。

2-3 什么是哈佛结构? 阐述 TMS320F28335 的总线结构。

2-4 分析 TMS320F28335 的存储器分布。

2-5 比较 TMS320F28335 与 TMS320F2812 的性能,分析 TMS320F28335 的优点。

## 第3章

TMS320F2833x 软硬件开发环境及调试

3.1 TMS320F2833x 软硬件开发环境及调试

本节首先主要介绍 F2833x 的最小系统设计,对构成最小系统的基本模块(电源、复位、时钟、JTAG 口等)进行了详细的介绍,给出了设计的基本思路和参考电路,最后对 PCB 的分层、布线设计和调试进行了讨论。

F2833xDSP 具有高性能的 CPU 时钟和高速的外设,这对 DSP 电路设计提出了挑战。本章节将对 DSP 的最小系统和一些典型的外设进行探讨,使读者能够对电路板的设计调试有进一步的认知。

如图 3-1 所示,一个完整的 TMS320F2833xDSP 硬件系统设计包括最小系统以及外围电路的设计。其中,最小硬件系统主要包括电源电路、复位电路、时钟电路及 JTAG 仿真烧写口,外围电路则可以根据实际工程的需要进行选择。

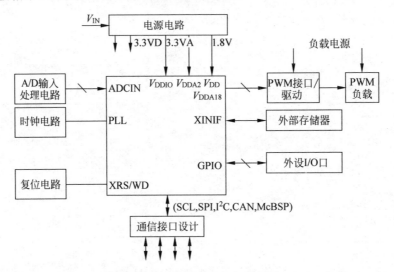

图 3-1 典型的 TMS320F2833x DSP 硬件系统

下面将给出最小硬件系统的设计,希望通过本章的学习,读者可以对 F2833x 系列的 DSP 硬件系统有一个直观的了解,可以自行设计一款最小硬件系统。

3.1.1　电源电路

电源电路的设计是硬件系统的基础和核心，F2833x采用3.3V和1.8V双电源供电。本系统采用数字模拟地分离设计，下面详细介绍电源系统设计的具体步骤。

1. 设计要求和原则

对于电源电路的设计首先要了解芯片的电气规范。F2833x芯片有多种电源引脚，它们包括：

- CPU核的电源(V_{DD})；
- I/O电源(V_{DDIO})；
- ADC模拟电源引脚(V_{DDA2}，V_{DDAIO})；
- ADC核电源(V_{DD1A18}，V_{DD2A18})；
- Flash程序电源(V_{DD3VFL})；
- 地电源引脚(V_{SS}，V_{SSIO})；
- ADC模拟地(V_{SSA2}，V_{SSAIO})；
- ADC模拟/内核地($V_{SS1AGND}$，$V_{DD2AGND}$)。

说明：所有的电源引脚都必须连接正确，所有这些芯片具有多个给内核、I/O和ADC/模拟供电引脚，所有的这些引脚都必须连接正确的供电电压，不能让任何引脚悬空。I/O引脚的电压是3.3V，然而内核的供电电压是1.8V或者1.9V，更多的信息可以参考具体芯片数据操作手册的电气部分，具有可编程的Flash，对其供电的引脚必须连接3.3V上，部分在电路闪存中使用。

为了使系统能够可靠运行，一般而言系统电源应满足F2833x的推荐值范围，不能超过最大的可承受电压，F2833x电源推荐值范围如表3-1所示，在进行电源电路设计时一般首先根据推荐值进行设计。

表 3-1　**F2833x电源推荐值范围**

电 气 参 数	参 考 条 件	最小值	标称值	最大值	单位
I/O电源(V_{DDIO})		3.135	3.3	3.465	V
CPU核的电源(V_{DD})	工作频率为150MHz	1.805	1.9	1.995	V
	工作频率为100MHz	1.71	1.8	1.89	V
电源地(V_{SS}、V_{SSIO}、V_{SSA2}、V_{SSAIO}、$V_{SS1AGND}$、$V_{DD2AGND}$)			0		V
ADC模拟电源(V_{DDA2}，V_{DDAIO})		3.135	3.3	3.465	V
ADC核电源(V_{DD1A18}，V_{DD2A18})	工作频率为150MHz	1.805	1.9	1.995	V
	工作频率为100MHz	1.71	1.8	1.89	V
Flash程序电源(V_{DD3VFL})		3.135	3.3	3.465	V

除了保证系统的电源电压满足要求以外，还需要考虑电源芯片的最大输出电流，电源芯片的最大输出电流是由DSP的最大电流损耗以及外围电路的电流损耗所决定的。

由于每一个外围设备都有一个独立的时钟使能位，因此关闭指定模块中闲置的时钟可以减少电流的损耗，同样也可以利用3种低功耗的模式中的任意一个来进一步减少电流的损耗，在不影响系统的功能的前提下实现低功耗。表3-2给出了关闭时钟所减少的外设电流损耗典型值。

表 3-2　外设电流损耗典型值(SYSCLKOUT＝150MHz)[1]

外 设 模 块	电流 $I_{DD}^{(2)}$(mA)	外 设 模 块	电流 I_{DD}(mA)
ADC	8[3]	eCAN	8
I²C	2.5	McBSP	7
eQEP	5	CPUtimer	2
ePWM	5	XINTF	10[4]
CAP	2	DMA	10
SCI	5	FPU	15
SPI	4		

说明：

(1) 复位时,所有外设时钟被禁用。只有在外设时钟被打开后,才可对外设寄存器进行写入/读取操作。

(2) 对于具有多个实例的外设,按照模块引用电流。例如,为 ePWM 所引出的 5mA 电流数是用于一个 ePWM 模块。

(3) 这个数字代表了 ADC 模块数字部分汲取的电流。关闭到 ADC 模块的时钟也将消除取自 ADC(IDDA18)模拟部分汲取的电流。

(4) 运行 XINTF 总线对 IDDIO 电流有明显的影响。电流量的增加与下面的因素有关:

* 多少个地址/数据引脚从一个周期切换到另一个。
* 它们切换的速度有多快。
* 使用的接口是 16 位还是 32 位,同时考虑这些引脚上的负载。

如果要进一步减少损耗,还可以使用下述几种方法:

* 如果代码运行在 SARAM 中,闪存模块可以断电,这可以减少 35mA 的电流损耗。
* 关闭 XCLKOUT,I_{DDIO} 减少 15mA 的损耗。
* 禁用输出功能引脚上的上拉电阻以及 XINTF 引脚的上拉电阻,I_{DDIO} 可以减少 35mA。

注意：以上减少损耗值均为典型值。

2. 上电下电时序

对于所有的 F2833x 芯片,为了确定所有模块的正确复位,对于不同电源引脚的加电/断电序列无特别要求。然而,如果在 I/O 引脚的电平移动的输出缓冲中的 3.3V 晶体在 1.8/1.9V 晶体管之前加电,那么就有可能使输出缓冲有效,在上电期间,就有可能产生一个假信号,为了避免这种情况的发生,对 V_{DD} 引脚的加电要先于或者同时于对 V_{DDIO} 引脚加电,这样可以确保在 V_{DD} 引脚到达 0.7V 之前,V_{DDIO} 引脚已经到达 0.7V。

说明：如果读者计划给处理内核的供电引脚 V_{DD} 加 3.3V 电压,就必须确定这 3.3V 还没有加给处理芯片。读者必须使用场效应晶体管开关来实现。

另外,电压小于二极管压降的芯片输入引脚都应该先上电,没有电压引脚的芯片会产生一个内部 PN 节,这将产生一个不可预料的结果。

对于 F2833x 芯片而言,如果 1.8V(或 1.9V)引脚落后于 3.3V 引脚上电,GPIO 引脚的状态就将 1.8V 引脚电压变为 1V。而 C281x 芯片不需要加电顺序,下面简单描述加电的顺序：先让所有的 3.3V 电源引脚上电(V_{DDIO},V_{DD3VFL},$V_{DDA1}/V_{DDA2}/V_{DDAIO}/V_{DDREFBG}$),然后调到 1.8V(或 1.9V)($V_{DD}/V_{DD1}$)引脚上电,1.8 V 或 1.9V 在 V_{DDIO} 到达 2.5V 之后才能到达 0.3V,这也确保复位信号从 I/O 引脚传到 I/O 缓冲中,主要是为了给设备中的所有的模式提供复位电源。

下电时,F2833x 芯片也需要按照下面的关电顺序来进行：在电源关闭期间,芯片的复位在 V_{DD} 到达 1.5V 之前应该设置为低电平(最小时间为 $8\mu s$),这样有助于片上的 Flash 逻辑复位优先于 V_{DDIO}/V_{DD} 电压的下降,最好是采用芯片复位控制芯片或者是电压管理芯片来实现这个功能。低信号调整器对上电顺序非常方便,再加上外部附加芯片器件,就能够更好地满足加电顺序。

3. 具体方案实例

考虑到 F2833x 采用 3.3V 和 1.8V 双电源供电,本系统采用数字模拟地分离设计,电路如图 3-2 所示。设计电源电路时需要特别注意散热和电容匹配问题。本次设计使用 TPS767D301 电源转换芯片,它带有使能端的 3.3V 和一个可调输出通道,每路输出最大电流可达 1A。5V 输入电源经过 TPS676D301 后经滤波器输出 CPU 内核电源(V_{DD})1.9V、I/O 电源(V_{DDIO})3.3V 以及 Flash 程序电源(V_{DD3VFL})3.3V。

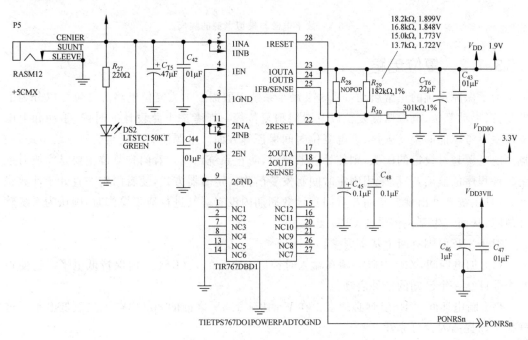

图 3-2　TMS320F28xx/F28xxx 电源电路图

由于模拟电路会引入各种高频干扰信号,会对数字电源产生干扰,所以在设计中应对信号滤波处理,模拟电源与数字电源要进行隔离。在设计中通常使用磁珠作为隔离器件。磁珠全名为铁氧体磁珠滤波器。它的特点在于对于高频信号抑制能力很强,对高频电流会产生很大的衰减,而在低频段对于电流几乎不提供阻抗,因此可以有效地抑制高频信号。如图 3-3 所示,本章设计选用 BLM21P221SN 的铁氧体磁珠作为数字电源和模拟电源的隔离器件。

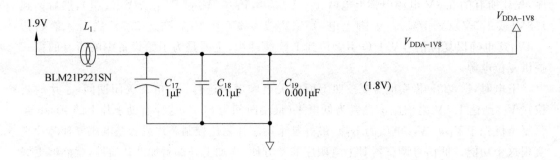

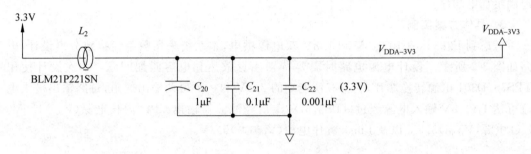

图 3-3　数字电源与模拟电源的隔离

3.1.2　复位电路

为了保障系统的正常启动，F2833x 最小系统一般需要加入复位电路。复位可以分为上电复位、手动复位、电源监测复位以及看门狗复位等。在考虑电路设计的时候，手动和上电复位主要考虑能够手动去抖、上电复位时间保证等方面。电源监测主要是监测系统电源，一旦系统电源超过设定的阈值，则使处理器复位，防止系统跑飞。看门狗复位主要是完成对系统软件程序的监测，一般采用固定时间触发看门狗的定时器方式，使看门狗一直处于计数状态，一旦系统软件出现异常而在看门狗计数周期内没有对其进行清零操作时，则认为系统软件故障，从而产生复位信号使 CPU 复位。

对于$\overline{\text{XRS}}$引脚有两个基本要求：

(1) 加电期间，$\overline{\text{XRS}}$引脚必须在输入时钟稳定之后的 t_w(RSL1)内保持低电平。这使得整个器件从一个已知的条件启动。

(2) 断电期间，$\overline{\text{XRS}}$引脚必须至少在 V_{DD} 达到 1.5V 之前的 $8\mu s$ 内被下拉至低电平。这样做可以提高闪存可靠性。

具体的参考推荐值可以参考表 3-3。加电复位见图 3-4。

说明：在为器件加电之前，不应将 V_{DDIO} 之上大于二极管压降(0.7V)的电压应用于任何数字引脚上(对于模拟引脚，这个值是比 V_{DDA} 高 0.7V 的电压值)。此外，V_{DDIO} 和 V_{DDA} 之间的差距应一直保持在 0.3V 之内。应用于未加电器件的引脚上的电压会以一种无意的方式偏置内部 PN 接头，并产生无法预料的结果。

说明：另外，t_w(RSL1)要求，$\overline{\text{XRS}}$ 必须在 V_{DD} 达到 1.5V 后的 1ms 内为低电平。

表 3-3　复位(XRS)序要求

时　　间	最 小 值	标称值	最大值	单位
t_w(RSL1)脉冲持续时间,稳定输入时钟至 XRS 高电平的时间	$32t_c$(OSCCLK)			周期
t_w(RSL2)脉冲持续时间,XRS 低电平的时间热复位 32 t_c(OSCCLK)		$32t_c$(OSCCLK)		周期
t_w(WDRS)脉冲持续时间,由安全装置生成复位脉冲的时间		$512t_c$(OSCCLK)		周期
t_d(EX)延迟时间,XRS 高电平后,地址/数据有效时间		$32t_c$(OSCCLK)		周期
振荡器启动时间	1	10		ms
t_h(引导模式)引导模式引脚的保持时间	$200t_c$(OSCCLK)			周期

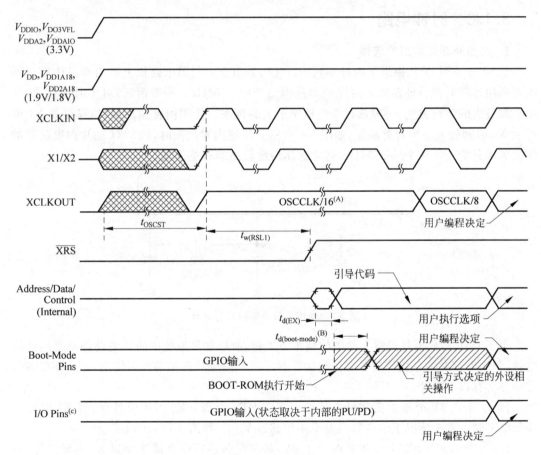

图 3-4　加电复位

图 3-5 给出了上电复位和手动复位的电路图,电源和看门狗复位将在后续章节详述。复位电路的基本工作原理是:上电期间,一旦 V_{DD} 电压超过 1.1V,$\overline{RESET}$ 端将从不确定状态进入低电平状态。之后芯片将持续监测 V_{DD} 电压,直到 V_{DD} 电压超过芯片内部设定的阈值 V_T 时,TPS3823-33 的内部定时器将开始启动,经过 t_d 延迟后将 $\overline{RESET}$ 重新拉到高电

平,完成整个上电复位过程。如果在定时器启动后,V_{DD}的电压跌落到阈值电压V_T以下,那么定时器将清零,继续监测V_{DD}电压。手动复位清零时,$\overline{MR}$出现低电平,$\overline{RESET}$也将变为低电平,手动复位按键S_1可以直接进行一次复位,对于调试和测试十分方便。

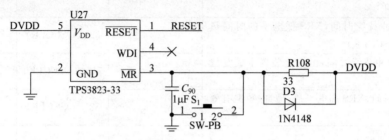

图 3-5 上电复位和手动复位电路图

3.1.3 时钟电路

1. 内部外部振荡器的选择

F2833x 系列 DSP 提供了两种不同的产生时钟方案:利用电路板上的内部晶体振荡器或者利用外部时钟。外部输入时钟频率范围是 20～35MHz。一般而言,对于时钟信号,为了获取最大的运行速度,一般选择发生概率最大的频率。使用内置振荡器时,只需要 X1 引脚和 X2 引脚接入一个石英晶振,如图 3-6 所示。使用内置晶振时,F2833x 的片内振荡器的输出频率只能工作在 20～35MHz,通常选用精度较高的石英晶振。

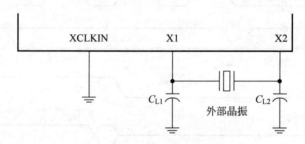

图 3-6 使用内部晶振的时钟电路

由于 DSP 芯片不是经常在晶体的频率下工作,所以如果系统中的其他设备需要同样的时钟,利用外部时钟是比较简单和流行的一种方法。如果片载振荡器未使用,那么外部振荡器的接法有以下两种:

(1) 1 个 3.3V 外部振荡器可直接接至 XCLKIN 引脚。X2 引脚应悬空,而 X1 引脚应在低电平时。这个情况下的逻辑高电平不用超过V_{DDIO},如图 3-7(a)所示。

(2) 1 个 1.9V(100MHz 器件时为 1.8V)外部振荡器可以直接连接到 X1 引脚。X2 引脚应悬空,而 XCLKIN 引脚应在低电平时。这个情况下的逻辑高电平不应超过V_{DD},如图 3-7(b)所示。

说明:30MHz 外部石英晶振的典型技术规范如下:

- 基本模式、并联谐振;
- C_L(负载电容)=12pF;
- $C_{L1}=C_{L2}=24\,pF$;

- $C_{并联} = 6\text{pF}$；
- ESR 范围为 $25 \sim 40\Omega$。

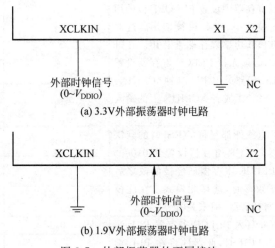

(a) 3.3V外部振荡器时钟电路

(b) 1.9V外部振荡器时钟电路

图 3-7 外部振荡器的不同接法

当使用外部振荡器时，只需将外部振荡器产生的时钟脉冲输入到相应的引脚，外部振荡时钟脉冲通常由有源晶振产生。一般要求外部振荡器的脉冲要大于或等于30MHz。

2. PLL 的时钟模块设置

图 3-8 给出了系统的时钟通道，时钟通道由 OSC 和 PLL 构成。PLL 由一个 4 位比率控制 PLLCR[DIV]来选择不同的 CPU 时钟速率。在写入 PLLCR 寄存器之前，安全装置模块应该禁用。输入时钟和 PLLCR[DIV]位应该在 PLL(VCOCLK)的输出频率不超过300MHz 时选择。

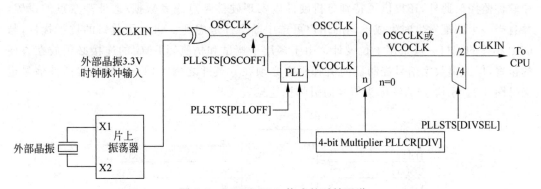

图 3-8 OSC 和 PLL 构成的时钟通道

通过设定 PLLCR[DIV]值可以对 PLL 的模式进行选择，0000 为 PLL 被旁路，0001～1010 为外部时钟倍频值缺省情况下，PLLSTS[DIVSEL]被配置为/4。(引导 ROM 将这个配置改为/2。)在写入 PLLCR 前，PLLSTS[DIVSEL]必须为 0，而只有当 PLLSTS[PLLOCKS]=1 时才应改变。具体的配置可以参考表 3-4。

以配置 150MHz 的时钟为例，系统初始化时，将 PLLCR[DIV]配置为 1010(转化为十进制为 10)，PLLSTS[DIVSEL]配置为 2，那么在外部晶振时钟频率为 30MHz 时，SYSCLKOUT(CLKIN)为 150MHz。

表 3-4　PLL 的配置

PLL 模式	说明	PLLSTS[DIVSEL]	CLKIN 和 SYSCLKOUT
PLL 关闭	由在 PLLSTS 寄存器中设置 PLLOFF 位的用户调用。在此模式中，PLL 块被禁用。这对降低系统噪声和低功率操作非常有用。在进入此模式之前，必须先将 PLLCR 寄存器设置为 0x0000(PLL 旁路)。CPU 时钟(CLKIN)直接源自 X1/X2,X1 或者 XCLKIN 上的输入时钟	0,1	OSCCLK/4
		2	OSCCLK/2
		3	OSCCLK/1
PLL 旁路	PLL 旁路是加电或外部复位(XRS)时的默认 PLL 配置。当 PLLCR 寄存器设置为 0x0000 时或在修改 PLLCR 寄存器已经被修改之后 PLL 锁定至新频率时，选择此模式。在此模式中，PLL 本身被旁路，但未关闭	0,1	OSCCLK/4
		2	OSCCLK/2
		3	OSCCLK/1
PLL 启用	通过将非零值 n 写入 PLLCR 寄存器 PLL 实现。在写入 PLLCR 时，此器件将在 PLL 锁启用之前切换至 PLL 旁路模式	0,1	OSCCLK * n/4
		2	OSCCLK * n/2
		3	OSCCLK * n/1

3.1.4　调试接口/JTAG

　　F2833x 器件使用标准的 IEEE 1149.1 JTAG 接口。此外，器件支持实时运行模式，在处理器正在运行、执行代码并且处理中断时，可修改存储器内容、外设、和寄存器位置。用户也可以通过非时间关键代码进行单步操作，同时可在没有干扰的情况下启用即将被处理的时间关键中断。此器件在 CPU 的硬件内执行实时模式。这是 F2833x 器件的独特功能，无须软件监控。此外，还提供了特别分析硬件以实现硬件断点或者数据/地址观察点的设置，并且当一个匹配发生时生成不同的用户可选中断事件考虑到 JATG 下载口的抗干扰性，与 DSP 相连的端口一般采用上拉设计。由于多用于调试和仿真，JTAG 的连接必须放在方便的位置，但距离数字信号控制器的引脚距离必须在 6 英寸之内。JTAG 标准接插件信号定义见图 3-9。引脚 JTAG 标头信号的引脚描述见表 3-5。

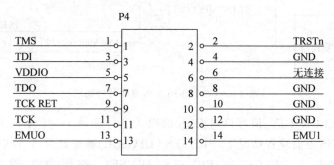

图 3-9　JTAG 标准接插件信号定义

表 3-5 引脚 JTAG 标头信号的引脚描述

信　号	描　述	仿真器状态	目标状态
EMU0	仿真引脚 0	I	I/O
EMU1	仿真引脚 1	I	I/O
GND	地		
PD（V_{CC}）	现场探测。此信号表明仿真使能已经连接,并且目标已经上电。在目标系统中 PD 应该与 V_{CC} 连接	I	I
TCK	T 测试时钟是来自仿真使能端的时钟源,此信号能驱动系统测试时钟	O	
TCK_RET	测试时钟返回测试时钟输入仿真器,此信号可以是有缓冲或无缓冲的 TCK 类型	I	O
TDIT	测试数据输入	O	I
TDO	测试数据输出	I	O
TMS	测试模式选择	O	I
TRST	测试重启	O	O

图 3-10 显示了 DSPMCU 和 JTAG 接头之间针对单处理器配置的连接。如果 JTAG 接头和 DSP 之间的距离大于 6 英寸(注:1 英寸＝2.54 厘米),那么仿真信号必须缓冲。如果距离小于 6 英寸,通常无须缓冲。图 3-10 显示了较简单、无缓冲的情况。

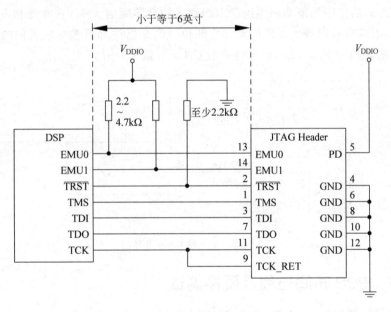

图 3-10 JTAG 引脚的连接(小于 6 英寸)

3.1.5 模数转换电路设计

F2833x 系列 DSP 的 A/D 转换模块可处理的电压范围为 0～3V,但实际使用中,待测电压可能是负电压,比如系统交流采样的情况下就不能直接将电压接入到 A/D 输入口上,否则将损坏 A/D 采样模块,与此同时,为了得到更为纯净的输入信号,需要对信号进行滤波和抬高处理。如图 3-11 所示是一种经典电路。

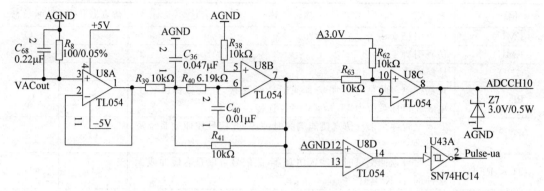

图 3-11 A/D 前端处理电路图

图 3-11 中,电流信号经过 C_{68} 滤波后经 R_8 变成电压信号,经过运算放大器 U8A 跟随电路进入中间的滤波电路,最后经过偏置电路将 $-2.5 \sim 2.5V$ 的交流信号偏置成 $0 \sim 3V$ 范围内。

3.1.6 串行通信端口电路设计

TMS320F2833x DSP 有 3 个异步串行通信接口(SCI)模块。SCI 模块支持 CPU 与其他异步外设之间的使用标准非归零码(NRZ)格式的数字通信。SCI 接收器和发射器是双缓冲的,并且它们都有其自身独立的使能和中断位。两个器件都可独立或者同时地运行在全双工模式。图 3-12 和图 3-13 给出了经典的 CAN 电路和 RS232 电路图。

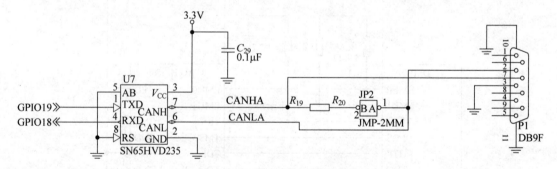

图 3-12 经典的 CAN 电路图

3.1.7 PCB 布局布线及硬件调试

1. 板子层数与分割

板子层数多是针对信号层而言,对于简单的且对于成本控制比较严格的场合可以使用单层板或者双层板。当板上器件较多时,信号与电源走线较为复杂,且对电磁兼容性要求较高时可以使用多层板。现在普遍使用的一种设计方法就是在普通的双层板中内嵌两层铜模,这两层铜模分别用来布置系统的电源与地,即通常所说的四层板,事实上,这个四层板包括的是两个信号层、一个电源层以及一个地层。

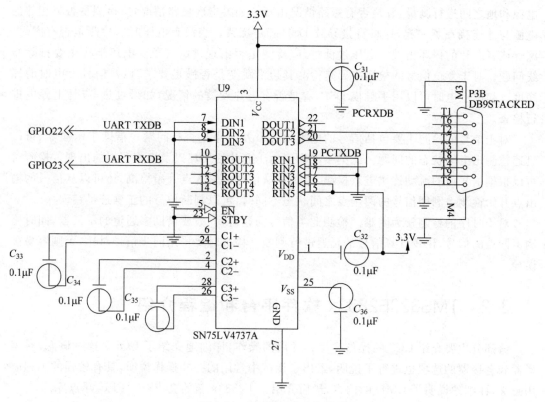

图 3-13 经典 RS-232 电路图

2. 信号探测点

为了便于测试,需要将一些重要的信号点引出:

- XCLKOUT 测试点应紧靠芯片引脚;
- DGND 数字地与示波器相连;
- AGND 模拟地;
- 3.3V;
- 1.8V;
- 跳线和拨码开关;
- 旁路电容;
- 电源供电;
- 时钟振荡器。

3. 硬件调试方法

通常对于系统硬件的调试是较为复杂的,需要借助各种仪器通过不同的方法来查找问题的可能原因,本文介绍一些常用的方法。

- 系统电源与复位信号的监测;
- 完成硬件系统的设计后,一般要对硬件进行检测和调试。

对硬件进行检测和调试时,首先要进行检测的是电源系统和复位电路。电源信号可能存在的故障有:短路故障、过压欠压以及电压的波动。首先在系统上电前,可以用万用表对电源和地之间进行测量,看是否有短路情况出现。如果出现短路情况,应检测是否将相邻的电源与地连接在了一起,这将直接导致 DSP 芯片烧毁。当没有电压时应检测是否有虚焊、漏焊或者芯片的损坏出现。电压过低时,应检测是否出现过载现象。电压干扰主要排除布线问题。对于复位信号的检测主要是检测其边沿跳变是否满足要求,以及信号上电时的纯净度。初次上电时可以用手触摸 DSP,看是否有过热发烫的情况,如果过热,应马上停电进行检查。

对于信号的检测主要包括信号的电平状态以及时序是否有问题。借助于示波器,可以迅速检测出电平状态的问题。此类错误大多由于芯片的损坏以及虚焊漏焊的出现。检测时可以根据信号源的流动逐次进行检测,也可以从信号的输入点开始检测,还可以从信号的输出点开始检测。利用信号的两个点之间状态不同时,可以判断信号的正确还是错误。

对于时序的检测较为困难。检测此类信号问题时,一般要借助多通道的示波器,同时检测不同点的信号,比较计算信号的延迟进行判断。检查时要采用同步信号对比,否则容易被误导。

3.2   TMS320F2833x 软件平台和编程介绍

该部分主要介绍 CCS 的操作环境和常用的操作,详细地介绍了 COFF 这一概念,对编译器和链接器的选项也进行了说明,给出了调试中常用的一些操作说明,具有较强的工程应用意义,详细地说明了 CMD 的内容,最后介绍了 F2833x 新的亮点——FPU 浮点库。

3.2.1   CCS 3.3 简介

TI 公司提供了高效的 C 编译器和集成开发环境 CCS(Code Composer Studio),学习 DSP 编程就应该从学习 CCS 的使用开始。CCS 提供了配置、建立、调试、跟踪和分析程序等工具,它便于实时、嵌入式信号处理程序的编制和测试,它能够加速开发程,提高工作效率。大部分基于 DSP 的应用程序开发包括 4 个基本阶段:设计、编程和编译、调试、分析,如图 3-14 所示。

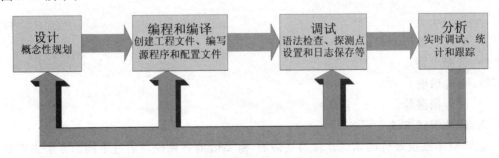

图 3-14   简单的 CCS 开发流程

CCS 包括:CCS 代码生成工具;CCS 集成开发环境 IDE;DSP/BIOS 控件程序;RTDX 控件、主机接口和 API。CCS 代码生成工具中需要理解的是 C 编译器(C compiler)、汇编器(assembler)和链接器(linker)。C 编译器是将 C 语言形式程序代码转成汇编语言源代码;汇编器是将汇编语言文件翻译成 CPU 可执行的机器语言的目标文件;链接器就是将多个目标文件组成单个可执行的目标文件,它一边创建可执行文件,一边完成重定位以及决定外部参考。链接器的输入是可重定位的目标文件和目标库文件。

链接器的作用如下:

(1) 根据链接命令文件(.cmd文件)将一个或多个COFF文件链接起来,生成存储映象文件(.map)和可执行的输出文件(.out文件)。

(2) 将段定位于实际系统的存储器中,给段、符号指定实际地址。

(3) 解决输入文件之间未定义的外部符号引用。

CCS集成开发环境IDE:它具有允许编辑、编译和调试DSP目标程序等功能。

CCS允许编辑C源程序和汇编语言源程序,同样可以在C语句显示汇编指令的方式来查看C源程序。

3.2.2 TI COFF 详解

在DSP的编程介绍中,常常会遇到的一个概念——COFF(Common Object File Format,通用目标文件格式),它是一种很流行的二进制可执行文件格式。二进制可执行文件包括了库文件(以后缀.lib结尾)、目标文件(以后缀.obj结尾)、最终的可执行文件(以后缀.out结尾)等。平时烧写程序时使用的就是.out结尾的文件。

COFF的一个优势就在于一个开发任务可以分解为多个子任务,并由多个人员分别进行开发,这大大提高了开发效率,简而言之就是将大程序模块化分解,模块之间互相独立,从而提高了编程与调试的效率。

段(Sections)是COFF文件中最重要的概念。一个段就是最终在存储器映象中占据连续空间的一个数据或代码块。目标文件中的每一个段都是相互独立的。一般COFF目标文件包含3个缺省的段:text段、data段、bss段。段可以分为两大类,即已初始化段和未初始化段。如图3-15所示为目标文件中的段与目标系统中存储器的关系。

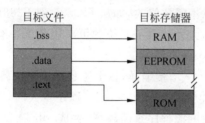

图 3-15 目标文件中的段和目标系统中存储器的关系

(1) 未初始化段,主要用来在存储器中保留空间,通常将它们定位到RAM中。这些段在目标文件中没有实际内容,只是保留空间而已。程序可以在运行时利用这些空间建立和存储变量。未初始化段是通过使用.bss和.usect汇编伪指令建立的。

(2) 已初始化段,包含可执行代码或已初始化数据。这些段的内容存储在目标文件中,加载程序时再放到TMS320F2833x存储器中。

(3) 命名段是程序员自己定义的段,它与缺省的.text、.data和.bss段一样使用,但与默认段分开汇编。data段不同的存储器中,将未初始化的变量汇编到与.bss段不同的存储器中。

(4) 子段(Subsections)是大段中的小段。链接器可以像处理段一样处理子段。采用子段可以使存储器图更加紧密。子段也有两种——用.sect命令建立的是已初始化段;用.usect命令建立的是未初始化段。

(5) 段程序计数器(SPC)。汇编器为每个段安排一个独立的程序计数器,即段程序计数器(SPC)。SPC表示一个程序代码段或数据段内的当前地址。开始时,汇编器将每个SPC置0,当汇编器将程序代码或数据加到一个段内时,相应的SPC增加。如果汇编器再次遇到相同段名的段,继续汇编至相应的段,且相应的SPC在先前的基础上继续增加。

详细的COFF文件格式包括段头、可执行代码、初始化数据、可重定位信息、行号入口、符号表、字符串表等,当然这些属于编写操作系统和编译器人员关心的范畴。从应用的角度来看,大家只需掌握两点就可以了:一是通过伪指令定义段;二是给段分配空间。至于二进制文件到底如何组织分配,则交由编译器来完成。

使用段的好处是鼓励模块化编程,提供更强大而又灵活的方法来管理代码和目标系统的存储空间。模块化编程是指:程序员可以自由决定愿意把哪些代码归属到哪些段,然后加以不同的处理。例如,把已经初始化的数据放到一个段里,未初始化的数据放到另一个段里,而不是混杂地放在一起。

编译器处理段的过程如下。

(1) Compile:把每个源文件都编译成独立的h标文件(以后缀.obj结尾),每个目标文件都含有自己的段。

(2) Linker:链接器把这些目标文件中相同段名的部分链接在一起,生成最终的可执行文件(以后缀.out结尾)。

CCS软件中编写完程序需要编译时,使用Compile file和Build操作有区别:Compile file操作只是执行了上述过程的第1步;而Build操作执行了上述完整的第1步和第2步。

多模块化是COFF的一大特点,为了使得文件达到更好的可移植性,需要做到尽量使每个模块与硬件"独立"。这对于庞大的工程而言,无疑是具有重要意义的。此外,遇到器件升级时,很多的子模块就可以不需要修改,如从F28335到F28346时,坐标变换等与硬件无关的程序就可以直接应用了,大大扩大了系统的可应用范围。有关COFF的概念和详细介绍可以参考TI公司的spraao8.pdf文档。

COFF还涉及另一概念——增量编译,各个源程序编译成各自的.obj文件,然后进行链接,生成.out文件下载到芯片中。当源文件较多、程序量大时,完全编译一次耗时很长。此时使用增量编译,只需对修改的源程序重新编译,生成.obj文件然后链接,这大大缩短了编译链接时间,提高了系统的效率。

3.2.3 CCS 编程环境

首先需要安装TI DSP的软件开发环境CCS。虽然目前的CCS版本已经升级到了7.0以上的版本,但考虑到各个厂家提供的仿真盒的兼容性,本文还是采用使用最为广泛的CCS 3.3版本,它可以支持TI公司之前所有的DSP产品。CCS 3.3的安装在很多的资料上都有详细的介绍,一般而言,用户根据提示安装即可(安装完后可以升级CCS的补丁,以优化CCS的性能)。

在安装完CCS 3.3软件后,桌面会出现Setup和CCS studio V3.3的图标。Setup应用程序主要用来配置所要开发的处理器类型、硬件设备;CCS studio V3.3主要用来启动开发环境,进行编写、调试以及优化代码。

　　完成 CCS 的安装后,需要进行仿真盒驱动的安装,一般仿真器厂商都会提供详细的安装步骤说明,本文不再赘述。

3.2.4　CCS 3.3 的配置

　　在完成 CCS 3.3 的安装和仿真器驱动的安装后,需要对 CCS 进行配置,选取合适的开发板。一般仿真器的厂家都会提供配置文件,并有详细的步骤说明。本文以合众达公司的 XDS510 仿真盒为参考,选择 DSP 系列、仿真器的型号,如图 3-16 和图 3-17 所示。

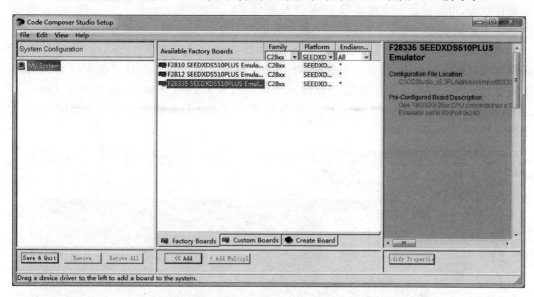

图 3-16　在 CCS 中配置开发板

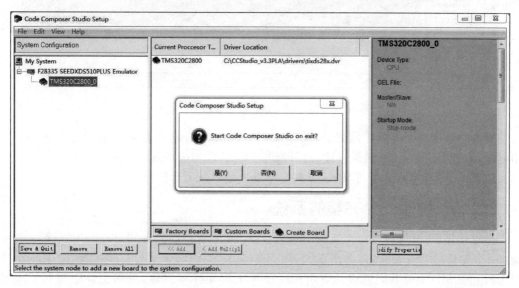

图 3-17　设置完成保存页面

设置 CCS 软件时,在桌面上双击"Setup CC Studio V3.3"图标,将弹出"Code Composer Studio Setup"对话框。如图 3-16 所示。在"Family Series"标签页中选择 C28xx 系列,在"Platform Series"标签页中选择"SEEDXDS510PLUS emulator"。在"Available Factory Board"标签页中,将所需要的仿真驱动拖拉至左栏"System Configuration"中,用以存储已配置好的仿真驱动,即可退出。如图 3-17 为设置完成保存页面。

3.2.5　平台搭建测试

根据前面的操作,在完成了 CCS 的安装和配置、仿真盒驱动的安装以后,基于前面的最小硬件系统,可以构建一个简单的 DSP 开发平台了。

为了保证系统的稳定正常运行,一般推荐使用以下的上电和下电顺序:

在没有给最小硬件系统供电的情况下,用所提供的 JTAG 线缆将 SEED-XDS510PLUS 仿真器与目标系统相连,然后再用所提供的 USB 连接线将仿真器与计算机主机相连,此时仿真盒的 power 灯亮。将仿真器和目标板上电。打开 CCS 3.3 软件,分别单击 Debug 和 connect,此时仿真盒 target 灯亮。CCS 软件显示 connected,系统链接成功。此时 CPU 处于暂停状态,如图 3-18 所示。

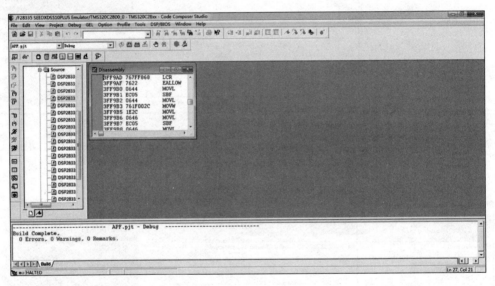

图 3-18　系统链接成功

下电的顺序与上电顺序刚好相反,单击 Disconnected,断开 DSP 与仿真盒的连接。关闭电源,断开 USB 与计算机的连接,然后断开 JTAG 口与仿真盒的连接。

注意:JTAG 口禁止带电插拔,否则会导致意想不到的故障。

3.2.6　构建一个完整的系统

完成连接后,开始构建一个新的工程。打开 TI 公司提供例程(如图 3-19 所示)可以发现:一个完整的 DSP 工程需要由头文件(.h)(见图 3-20)、库文件(.lib)、源文件(.c)(见图 3-21)和CMD 文件共同组成。应用程序通过工程文件来创建,工程文件中包括 C 源程序、汇编源程序、目标文件、库文件、连接命令文件和包含文件。编译、汇编和连接文件时,可以分别选定它们的选项。在 CCS 中,可以选择完全编译增量编译,可以编译单个文件,可以扫描出工程文件的全部包含文件从属,也可以利用传统的 make files 文件编译。

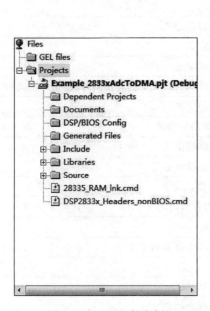

图 3-19　工程文件实例

图 3-20　头文件

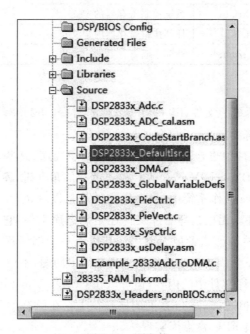

图 3-21　源文件

1. 头文件

头文件是以.h 为后缀的文件,h 即为"head"的缩写。F2833x 的头文件主要定义了芯片内部的寄存器结构、中断服务程序等内容,为 F2833x 的开发提供了很大的便利。表 3-6 给出了各个头文件的定义。

表 3-6　F2833x 头文件的定义

序　号	文　件　名	主　要　内　容
1	DSP2833x_Adc.h	模数转换器寄存器的定义
2	DSP2833x_CpuTimers.h	定时器寄存器的定义
3	DSP2833x_DevEmu.h	硬件仿真寄存器的定义
4	DSP2833x_.Device.h	包含所有的头文件,目标 CPU 的类型,常用标量的定义的内容
5	DSP2833x_.DMA.h	直取内存寄存器的定义
6	DSP2833x_Ecan.h	增强型 CAN 寄存器的定义
7	DSP2833x_Ecap.h	增强型捕获寄存器的定义
8	DSP2833x_Epwm.h	增强型 PWM 寄存器的定义
9	DSP2833x_EQep.h	增强型 Qep 寄存器的定义
10	DSP2833x_Gpio.h	通用输入/输出寄存器的定义
11	DSP2833x_I2c.h	I^2C 寄存器的定义
12	DSP2833x_Mcbsp.h	多通道缓冲串行口寄存器的定义
13	DSP2833x_PieCtrl.h	Pie 控制寄存器的定义
14	DSP2833x_PieVect.h	Pie 矢量寄存器的定义
15	DSP2833x_Sci.h	串行通信接口寄存器的定义
16	DSP2833x_Spi.h	串行外围设备接口寄存器的定义
17	DSP2833x_SysCtrl.h	系统控制寄存器的定义
18	DSP2833x_Xintf.h	外部接口寄存器的定义
19	1DSP2833x_XIntrupt.h	外部中断寄存器的定义

2. 库文件

库文件是以.lib 为后缀的文件,lib 即"library"的缩写。F2833x 的库文件不仅包含了寄存器的地址和对应标示符的定义,还包含了标准的 C/C++ 运行支持库函数,如系统启动程序 c_int00 等。这些库文件中也包括了由汇编实现的子程序,这些子程序可以在汇编编程时调用,如除法子程序 FD＄＄DIV 等。从 C 语言编程的角度讲,库文件分为静态库文件和动态库文件。在 Windows 操作系统中,静态库文件就是以.lib 为后缀的文件,而动态库文件是以.dll 为后缀的文件。无论是静态库文件还是动态库文件,它们的作用都是将函数封装在一起经过编译之后供自己或者他人调用。其优点在于编译后的库文件是看不到源码的,保密性很好,同时也不会因为不小心修改了函数而出问题,不便于维护。因此,通常无法看到 lib 文件夹下的这些库文件中的内容,但可以在 CCS 中双击 lib 文件看到。

与之前系列的 DSP 相比,F2833x 系列的核心在于它在原有的 DSP 平台上增加了浮点运算内核这一点可以通过 FPU 浮点库实现。

3. 源文件

源文件是以.c 为后缀的文件。开发工程时所编写的代码通常都是写在各个源文件中的,也就是说源文件是整个工程的核心部分,它包含了所有需要实现的功能的代码。TI 为 F2833x 的开发已经准备好了很多源文件,通常只要往这些源文件里添加代码以实现所期望的功能就可以。

4. CMD 文件

F2833x 工程中的 CMD 文件分成两种。一种用于分配 RAM 空间,用来将程序下载到 RAM 内进行调试,因为在开发过程中,大部分时间都是在调试程序,所以多用这类 CMD(如 Gpio 工程中的 SRAM)来分配 RAM 空间。另一种用于分配 Flash 空间,当程序调试完毕后,需要将其烧写到 Flash 内部进行固化,这个时候就需要使用这类 CMD 文件了。

5. 通用扩展语言 GEL

在 F2833x 进行开发的时候,还会遇到后缀名为 .gel 的文件,即 GEL(General Extended Language,通用扩展语言)文件,它是一种类似于 C 语言的解释性语言。用户可以通过在文件中使用 GEL 语言来创建函数,从而扩展 CCS 的功能。通过 GEL 可以访问目标板的存储器,并为 CCS 的 GEL 菜单添加选项。

3.2.7　CCS 常用操作

在完成最小硬件系统的搭建的基础上,连接成功以后就可以对程序进行进一步的编辑和调试了。完成编辑保存后,单击菜单栏的编译按钮,如图 3-22 所示。就可以将编译工程生成输出文件(.out),并下载到 DSP 中了。

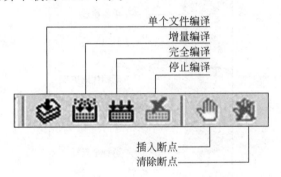

图 3-22　编译选项按钮说明

如果在编译中有错误,会显示在 CCS 的调试窗口里面,如图 3-23 所示。选中相应的错误就可以直接定位到相应的代码中,进行修改、调试。

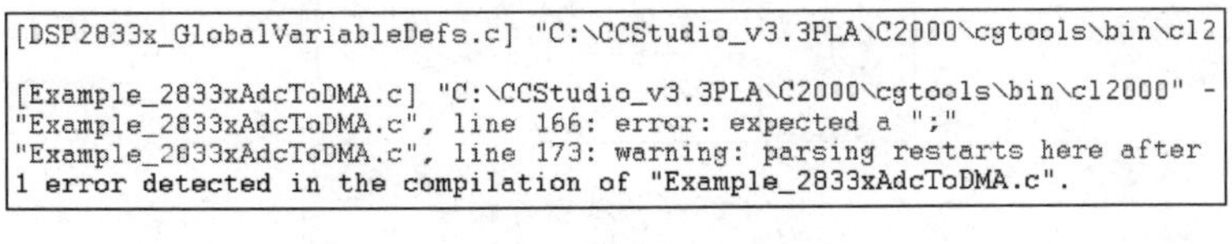

```
[DSP2833x_GlobalVariableDefs.c] "C:\CCStudio_v3.3PLA\C2000\cgtools\bin\cl2

[Example_2833xAdcToDMA.c] "C:\CCStudio_v3.3PLA\C2000\cgtools\bin\cl2000" -
"Example_2833xAdcToDMA.c", line 166: error: expected a ";"
"Example_2833xAdcToDMA.c", line 173: warning: parsing restarts here after
1 error detected in the compilation of "Example_2833xAdcToDMA.c".
```

图 3-23　调试窗口

编译完成结束后就可以把程序下载到 DSP 中了,可以在 CCS 的菜单栏里面选择 File→Load Program 命令,选择生成的输出(.out)文件下载,如图 3-24 所示。

下载完成后单击左侧的菜单栏"运行",就可以开始运行程序了。图 3-25 为对其中一些操作的说明。

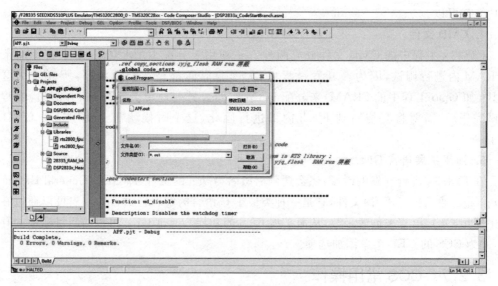

图 3-24   编译完成下载页面

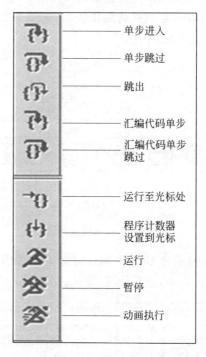

图 3-25   一些操作说明

3.2.8 CCS 调试的一些相关操作

本节介绍在调试过程中常用到的一些实用操作。

1. 变量观测

在调试中常需要对一些变量进行观测，这时候可以选取需要观测的变量，右击选取 Add to watch window 命令、在窗口的右下方会出现观测窗口，如图 3-26 所示。

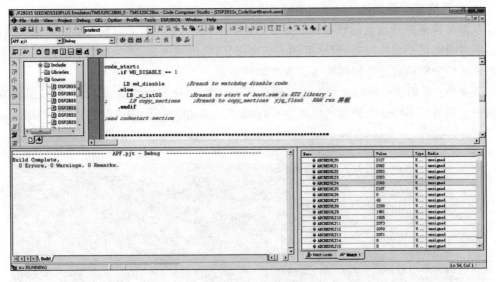

图 3-26　变量观测

2. 图形观测

此外选择 View→Graph 命令可以选择多种类型的图片方式来观测变量值,分析频谱、生成眼图等。例如选择 TIME/Frequency 这个类型,输入变量的地址、配置缓冲区的大小之后,就可以在运行中观测变量的变化趋势了。

3. 内存观测

如果希望观测一段时间连续内存的值(程序空间和数据空间都可以),那么选择 VIEW→memory 命令,输入起始地址,会出现内存观测窗口。CCS 提供了显示格式的设置,可以把存储器中的二进制格式转换为各种格式的数据,方便理解与调试,如图 3-27 所示。

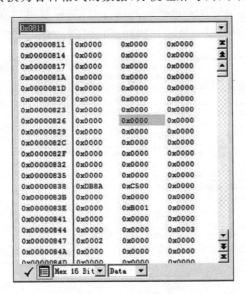

图 3-27　内存观测

4. 中断响应时间测试

在载波频率较高的电机控制和电力电子控制中,对于中断的及时响应是非常重要的,如果中断时间超过了载波时间,程序可能无法执行完,将出现失控,甚至导致事故的发生,那么怎么来评估中断的响应时间呢? 本文提供两种方法。

方法一:采用在中断的开始选用闲置的 GPIO 置 1,代码结束后,GPIO 置 0,用示波器观测一个周期内 GPIO 引脚输出的高电平时间,即可评估中断的响应时间,见图 3-28。

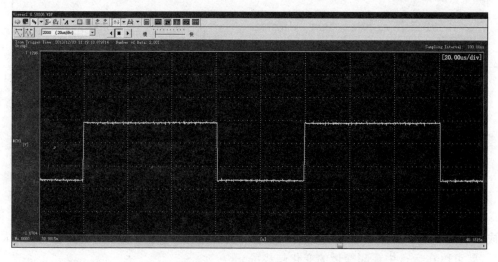

图 3-28　中断响应时间

测量结果表明运行这段程序所需的时间约为 $61\mu s$(系统开关周期为 $100\mu s$)。

方法二:采用 CCS 的代码运行时间评估功能。选择 VIEW→CLOCK→ENNABLE 命令,将启用代码评估功能。选择 VIEW 命令,就可以在 CCS 的右下角看到每次运行所耗费的时钟周期了。为了精确地评估一堆代码的运行时间,一般可以在所需要评估的代码两端添加断点,它们之间的时间差就是这段代码的运行时间,如图 3-29 及图 3-30 所示。

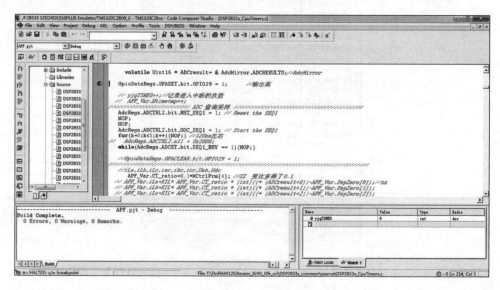

图 3-29　评估时间(1)

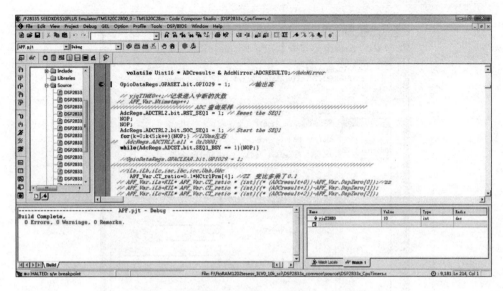

图 3-30 评估时间(2)

图中两个断点之间的时钟周期数计算如下：在 150MHz 的时钟频率下，指令周期为 6.67ns，那么这段代码的运行时间为：$6.67\text{ns} \times 9181 = 61.2\mu s$。

比较方法二与方法一的测试结果，两者时间基本上是一致的，从而也验证了该评估方法的准确性。考虑到插入处理断点以及 JTAG 通信时间，所以代码实际在 DSP 中运行所花费的时间比测得的数据略微小一些。

3.2.9 CCS 的编译选项

在工程文件较多、需要更改优化级别、需要制定工程所使用的库和变量初始化等情况下，就需要修改编译器的选项了。CCS 的编译以及连接选项可以通过 CCS 菜单栏 Project→ Build option 命令打开。一般情况下，只需对编译选择和连接选项进行修改，如图 3-31 和图 3-32 所示。

图 3-31 编译器选项

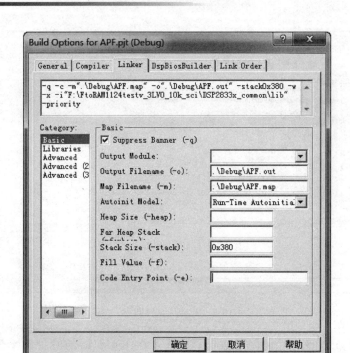

图 3-32　链接器选项修改

3.2.10　CMD 文件详解

1. CMD 文件的重要性

在 TI COFF 格式下,程序的不同部分可以划分为不同的段(. section)。各个存储空间就像物流公司的仓库一样,有的用来存放程序代码,有的用来存放数据。DSP 对各个存储单元进行了统一的编址,确定了各个存储单元在存储空间中的绝对位置,在放置代码或者数据的时候,根据它们的类型进行分配,决定存放的区域,并记录下了它们的地址。这样需要用到的时候只要根据这些地址就能很方便地找到所需的内容,而记录下如何分配存储空间内容的就是 CMD 文件。

首先通过一小段代码,看看为何要使用 CMD 文件,如图 3-33 所示。

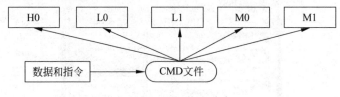

图 3-33　CMD 指向分布

在前面提到的 TI COFF 格式下,程序的不同部分被划分为不同的段(. section),如表 3-7 中的全局变量(. ebss)、初始值(. cinit)、局部变量(. stack)、代码(. text)等。这样划分的好处在于,对不同的段在存储空间中(不管是存在 RAM 中还是 Flash 中)的放置十分方便,易于管理。CMD 文件中所有段的名称、类型、描述如表 3-7 所示。

表 3-7 不同变量意义

名 称	描 述	连 接 位 置
初始化的段		
. text	代码	Flash
. cinit	全局与静态变量的初始值	Flash
. econst	常数	Flash
. switch	Switch 表达式的数据表	Flash
. pinit	全局构造函数表(C++里面的 constructor)	Flash
未初始化的段		
. ebss	全局与静态变量	RAM
. stack	堆栈空间	低 64K 字的 RAM
. esysmem	far malloc 函数的存储空间	RAM

说明:使用仿真器的情况下,初始化的部分可以链接到 RAM 中。因为仿真器可以加载在 RAM 中(在用仿真器调试的情况下,. cinit 这样的段可以读取到 CCS 上位环境中)。

通过上面的方法,C 程序的不同段在目标系统中放置在不同的存储区域中,这样很容易区分代码、常量、变量,因为不同的段都可以放在恰当的内存位置,方便观测与调试。就像在整理实验室时,把同类的物品归类放置在同个抽屉里,这就是某种程度上的"条理"。下面结合图 3-34 解释各个段的具体含义。

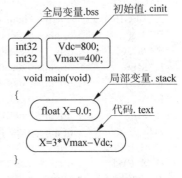

图 3-34 不同段说明

(1)程序代码(. text 初始化的数据)。

DSP 中的程序代码是指由指令程序组成来进行数据操作、初始化系统设置等操作。一般把代码存储在非易失性的存储器(如 Flash)中。

(2)常量(. cinit,全局与静态变量的初始值)。

与程序代码一样,常量也一般存储在非易失性的存储器(如 Flash)中,这样系统复位以及上电之前的常量和初值就有效了。

(3)变量(. ebss,全局与静态变量)。

变量是未初始化的数据,与前面的程序代码和常量不同的是,变量必须存储在易失性的存储器之中,如 RAM,因为易失性的存储单元可以修改和更新,从而使得变量可以用高级的数学表达式等来描述。注意到变量需要提前声明,这样才能为它们提供一个存储空间,变量只有在被程序调用时才会分配响应的值。图 3-33 中的一段简单的程序里分别定义了变量(全局变量和局部变量)、初值、代码。读者可以对照理解。

2. CMD 文件的配置

需要说明的是:这里描述存储空间大小时,使用 KW 单位,即 Kilo-word(千字),与通常 32 位 PC 上一个"字"(即 8 位)不同,32 位 DSP 里一个 word 是 32 位。理解起来不会有难度,因为目前的 F2833x DSP 都是 32 位字长的。

描述目标系统中存储空间的格式如下:

Name: origin=0x????,length=0x????;

例如定义 RAM 空间的划分，M0SARAM 和 M1SARAM，则有：

```
MEMORY
{
M0SARAM：origin＝0x000000,length＝0x0400;
Ml SARAM：origin＝0x000400,length＝0x0400;
}
```

CMD 文件里面有两条链接指令：MEMORY 用来定义目标系统的存储器映射，即指定每个存储块的名字、起始地址和长度。SECTIONS 描述输入段怎样被组合到输出端，并制定了各个段的页类型以及如何将输出端放置在定义的存储器块中。F2833x 的存储空间分为数据空间与程序空间，这样就产生了"页"（PAGE）的概念。按照 TI 公司的规范，一般命名 PAGE 0 为程序空间，PAGE 1 为数据空间。通常用到的 F2833x 的存储空间划分可以如下面的例子所示：

```
MEMORY
{
PAGE 0 :
/ * BEGIN is used for the "boot to SARAM" bootloader mode * /
BEGIN          : origin＝0x000000,length＝0x000002    / * Boot to M0 will go here * /
RAMM0          : origin＝0x000050,length＝0x0003B0
RAML0          : origin＝0x008000,length＝0x001000
RAML1          : origin＝0x009000,length＝0x001000
RAML2          : origin＝0x00A000,length＝0x001000
RAML3          : origin＝0x00B000,length＝0x001000
ZONE7A         : origin＝0x200000,length＝0x00FC00
CSM_RSVD       : origin＝0x33FF80,length＝0x000076
CSM_PWL        : origin＝0x33FFF8,length＝0x000008
ADC_CAL        : origin＝0x380080,length＝0x000009
RESET          : origin＝0x3FFFC0,length＝0x000002
IQTABLES       : origin＝0x3FE000,length＝0x000b50
IQTABLES2      : origin＝0x3FEB50,length＝0x00008c
FPUTABLES      : origin＝0x3FEBDC,length＝0x0006A0
BOOTROM        : origin＝0x3FF27C,length＝0x000D44

PAGE 1 :
BOOT_RSVD      : origin＝0x000002,length＝0x00004E
RAMM1          : origin＝0x000400,length＝0x000400
RAML4          : origin＝0x00C000,length＝0x001000
RAML5          : origin＝0x00D000,length＝0x001000
RAML6          : origin＝0x00E000,length＝0x001000
RAML7          : origin＝0x00F000,length＝0x001000
ZONE7B         : origin＝0x20FC00,length＝0x000400
}
SECTIONS
{
codestart      : ＞ BEGIN,       PAGE＝0
ramfuncs       : ＞ RAML0,       PAGE＝0
. text         : ＞ RAML1,       PAGE＝0
. cinit        : ＞ RAML0,       PAGE＝0
```

```
    . pinit           : > RAML0,        PAGE=0
    . switch          : > RAML0,        PAGE=0
    . stack           : > RAMM1,        PAGE=1
    . ebss            : > RAML4,        PAGE=1
    . econst          : > RAML5,        PAGE=1
    . esysmem         : > RAMM1,        PAGE=1
    IQmath            : > RAML1,        PAGE=0
    IQmathTables      : > IQTABLES,     PAGE=0, TYPE=NOLOAD
    FPUmathTables     : > FPUTABLES,    PAGE=0, TYPE=NOLOAD
    DMARAML4          : > RAML4,        PAGE=1
    DMARAML5          : > RAML5,        PAGE=1
    DMARAML6          : > RAML6,        PAGE=1
    DMARAML7          : > RAML7,        PAGE=1
    ZONE7DATA         : > ZONE7B,       PAGE=1
    reset: > RESET, PAGE=0, TYPE=DSECT / * not used * /
    csm_rsvd          : > CSM_RSVD      PAGE=0, TYPE=DSECT / * not used for SARAM examples * /
    csmpasswds        : > CSM_PWL       PAGE=0, TYPE=DSECT / * not used for SARAM examples * /
    . adc_cal         : load=ADC_CAL, PAGE=0, TYPE=NOLOAD
    }
```

3.2.11 定点和浮点运算

1. 定点、浮点定义和对比

定点数：简而言之，所谓定点数就是小数点固定的数。以人民币为例，日常提到的如 $123.45¥$，$789.34¥$ 等，默认的情况下，小数点后面有两位小数，即角和分。如果小数点在最高有效位的前面，则这样的数称为纯小数的定点数，如 0.12345，0.78934 等。如果小数点在最低有效位的后面，则这样的数称为纯整数的定点数，如 12345，78934 等。

浮点数：简而言之，所谓浮点数就是小数点不固定的数。比较容易的理解方式是，考虑以下日常见到的科学数法，拿上面的数字举例，如 123.45，可以写成以下几种形式：

$$12.345 \times 10^1$$
$$1.2345 \times 10^2$$
$$0.12345 \times 10^3$$
$$\vdots$$

为了表示一个数，小数点的位置可以变化，即小数点不固定。

为了更加简单描述问题，本章将在后续章节以十进制数字举例，详细地分析。下面通过 3 个方面的对比，希望读者可以对定点和浮点有更深刻的认识。

（1）表示的精度与范围不同。

例如，用 4 个十进制数来表达一个数字。对于定点数（这里以定点整数为例），表示区间 $[0000, 9999]$ 中的任何一个数字，但是如果要想表示类似 1234.3 的数值就无能为力了，因为此时的表示精度为 $1/10^0 = 1$；如果采用浮点数来表示（以归整的科学记数法（即小数点前有一位有效位）为例），则可以表示 $[0.000, 9.999]$ 之间的任何一个数字，表示的精度为 $1/10^3 = 0.001$，比上一种方式提高了很多，但是表示的范围却小了很多。也就是说，一般来说，定点数表示的精度较低，但表示的数值范围较大；而浮点数恰恰相反。

（2）计算机中运算的效率不同。

一般说来，定点数的运算在计算机中实现起来比较简单，效率较高；而浮点数的运算在计算机中实现起来比较复杂，效率相对较低。

（3）硬件依赖性。

一般说来，只要有硬件提供运算部件，就会提供定点数运算的支持（不知道说得确切否，没有听说过不支持定点数运算的硬件），但不一定支持浮点数运算，如很多嵌入式开发板就不提供浮点运算的支持。

一般说来，DSP 处理器运算可以分为两大类：定点与浮点。两者相比较而言，定点 DSP 处理器速度快，功耗低，价格也便宜；而浮点 DSP 计算精度高，动态范围大。

2. DSP 中的定点编程和浮点编程运算

1）浮点数的存储格式（IEEE 754 单精度浮点）

浮点数的小数点是不固定的，DSP 中存储这种类型的数字的存储规范是由 IEEE 指定的（即 IEEE Standard 754 for Binary Floating-Point Arithmetic）。下面简要介绍浮点的数据。

单精度（float）数据类型为 32bits，以二进制表示，具体的数据格式为：

31	30	6	23	22		0
S	EEEEEEEE			FFFFFFFFFFFFFFFFFFFFFFF		

整个 32bits 分 3 部分：

（1）Sign：符号位，1 bit，0 为正，1 为负；

（2）Exponent（bias）：指数部分，8bits，存储格式为移码存储（后面还会说明），偏移量为 127；

（3）Mantissa（fraction）：尾数部分。

举例说明，如 3.24×10^3，则对应的部分为，Sign 为 0，3 为指数部分（注意计算机里面存储的不是 3，这里仅仅为了说明），3.24 为尾数。我们知道，计算机只认识 0 和 1，那么到底一个浮点数值在计算机存储介质中是如何存储的呢？

例如，要想"偷窥"浮点类型的值 4.25 在计算机硬盘中存储的庐山真面目，那么首先需要把 4.25 转换成二进制的表达方式，即 100.01，如果再详细点，应变成 1.0001×2^2，对号入座，不同部分为：

Sign＝0；

Exponent（bias）＝2＋127＝129（偏移量为 127，就是直接加上 127）；

Mantissa＝1.0001－1.0＝0001（规格化后，小数点前总是整数 1，由于前面是 1 不是 0，所以省略不写，即尾数部分不包括整数部分；因此 23 bit 的尾数部分可以表示 24 位的精度）。

2）深入理解浮点存储格式

为了更深入地理解浮点数的格式。我们使用 C 语言来做一件事。在 C 语言的世界里，强制类型转换，大家应该都很熟悉了。例如：

float f＝4.6；

int i；

…

```
i=(int)(f+0.5);　//i=5
```

下面不使用强制类型转化，我们自己来计算 f 转换成整型应该等于几。主要的代码
如下：

```
//取 23+1 位的尾数部分
int ival=((*(int*)(&fval)) & 0x07fffff) | 0x800000;        //提取指数部分
int exponent=150 - (((*(int*)(&fval)) >> 23) & 0xff);
if (exponent < 0)
ival=(ival<< -exponent);
else
ival=(ival >> exponent);
//如果小于 0,则将结果取反
if ((*(int*)&fval) & 0x80000000)
ival=-ival;
```

3) 定点数的加减乘除运算

简单地说，各种运算的原则就是先把待运算的数据放大一定的倍数，在运算的过程中使
用的放大的数据在最终需要输出结果的时候再调整回去。

以一个简单的例子来说明：

```
...
//coefs1=0.023423; coefs2=0.2131
float coefs1,coefs2;
int result;
...
result=34 * coefs1+72 * coefs2;
...
```

代码的意思是，该模块需要输出一个整型的结果，但计算的过程中有浮点的运算。在定
点的 DSP 中，这段代码是无法运行的。

为了解决这个问题，可以这样处理：首先，把 coefs1、coefs2 等类似的浮点数据扩大一定
的倍数（具体扩大多少倍，依据精度要求而不同），暂且把小数点向右移动 4 位，也就是扩大
的倍数为 * 10000，在最终输出的时候再缩小相同的倍数。修改后的代码大致如下：

```
//coefs1=234; coefs2=2131
int coefs1,coefs2;
int result;
...
result=34 * coefs1+72 * coefs2;
result /=10000;
...
```

4) 定点编程和浮点编程

在编译程序时，TI 的 COFF 格式可以使用小数、浮点数，但是经过编译器编译之后送给
CPU 的仍然还是整数的形式。

事实上这种转换和电力系统中标幺化这一概念是类似的，以 16 位的有符号整数表示
Q15 格式的小数为例，如图 3-35 所示。

以 y=0.866 为例，可以使用如下的程序代码进行转换：

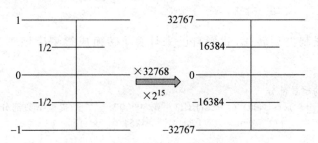

图 3-35　小数和 16 位有符号数的转换

```
Int16 coef＝32768 * 866/1000
Int16 x,y;
y＝(int16)((int32)coef * (int32)x≫15);
…
```

16 位的有符号数采用 Q15 格式,这意味着小数位数是 15 位,是整数位(同时也是符号位),它代表的小数范围是[－1,1),其中 1 对应 32768,－1 对应 32768。因此,在不启用 FPU 进行浮点处理的情况下,如果在编程中直接使用了一个小数,那么编译器编译程序时会首先将这个小数乘以 32768,然后经过四舍五入,近似成整数后送入编译器。

下面以两个例子来说明:

(1) 小数 0.707 的表示方法为:32768×707/1000;

(2) 小数 0.14159 的表示方法:32768×14159/100000。

上述的转换是在编译器中自动完成的,因此定点 DSP 或者未启用 FPU 的浮点 DSP 上使用浮点数直接进行编程,效率与全部用整数编程相比将大大降低,这是因为每次小数到整数的转化都伴随着一次乘法和除法。如果能在自己编程时,预先将所有的浮点数都手动转化为整数,那么运算效率将大大提高。

5) 定点浮点编程应用案例

这是一个对语音信号(0.3～3.4kHz)进行低通滤波的 C 语言程序,低通滤波的截止频率为 800Hz,滤波器采用 19 点的有限冲击响应 FIR 滤波。语音信号的采样频率为 8kHz,每个语音样值按 16 位整型数存放在 insp.dat 文件中。

例 1　语音信号 800Hz 19 点 FIR 低通滤波 C 语言浮点程序为:

```
#include <stdio.h>
const int length＝180;                          /* 语音帧长为 180 点＝22.5ms@8kHz 采样 */
void filter(int xin[],int xout[],int n,float h[]); /* 滤波子程序说明 */
/* 19 点滤波器系数 */
static float h[19]＝{0.01218354,−0.009012882,−0.02881839,−0.04743239,−0.04584568,
−0.008692503,0.06446265,0.1544655,0.2289794,0.257883,
0.2289794,0.1544655,0.06446265,−0.008692503,−0.04584568,
−0.04743239,−0.02881839,−0.009012882,0.01218354};
static int x1[length＋20];                        /* 低通滤波浮点子程序 */
void filter(int xin[],int xout[],int n,float h[])
{
int i,j;
float sum;
for(i＝0;i<length;i++) x1[n+i−1]＝xin[i];
```

```
for (i=0;i<length;i++)
{
sum=0.0;
for(j=0;j<n;j++) sum+=h[j] * x1[i-j+n-1];
xout[i]=(int)sum;
}
for(i=0;i<(n-1);i++) x1[n-i-2]=xin[length-1-i];
}
void main( )                              /* 主程序 */
{
FILE * fp1, * fp2;
int frame,indata[length],outdata[length];
fp1=fopen(insp.dat,"rb");                 /* 输入语音文件 */
fp2=fopen(outsp.dat,"wb");                /* 滤波后语音文件 */
frame=0;
while(feof(fp1)==0)
{
frame++;
printf("frame=%d\n",frame);
for(i=0;i<length;i++) indata[i]=getw(fp1);   /* 取一帧语音数据 */
filter(indata,outdata,19,h);              /* 调用低通滤波子程序 */
for(i=0;i<length;i++) putw(outdata[i],fp2);  /* 将滤波后的样值写入文件 */
}
fcloseall( );                             /* 关闭文件 */
return(0);
}
```

例 2　语音信号 $800Hz$ 19 点 FIR 低通滤波 C 语言定点程序为：

```
#include <studio.h>
const int length=180;
void filter(int xin[ ],int xout[ ],int n,int h[ ]);
static int h[19]={399,-296,-945,-1555,-1503,-285,2112,5061,7503,8450,7503,5061,
2112,-285,-1503,-1555,-945,-296,399};        /* Q15 */
static int x1[length+20];                     /* 低通滤波定点子程序 */
void filter (int xin[ ],int xout[ ],int n,int h[ ])
{
int i,j;
long sum;
for(i=0;i<length;i++) x1[n+i-1]=xin[i];
for (i=0;i<length;i++)
{
sum=0;
for(j=0;j<n;j++) sum+=(long)h[j] * x1[i-j+n-1];
xout[i]=sum>>15;
}
for (i=0;i<(n-1);i++) x1[n-i-2]=xin[length-i-1];
}
```

主程序与浮点的完全一样。

3.2.12　TI浮点库

与之前系列的 DSP 相比,F28335 系列的核心在于它在原有的 DSP 平台上增加了浮点运算内核,既保持了原有 DSP 芯片的优点,又能够执行复杂的浮点运算,可以节省代码执行时间和存储空间。但如果不对浮点库进行合理的调用,将丧失浮点计算的意义。

为了方便用户更高效地进行编程,F2833x 的 BootROM 中固化了常用的 TI 浮点库(FPU)数学表,称为 FPU 的快速实时支持库(fast run-time support library),其运算已经被高度优化,执行效率达到最优化。其中包含了如下 3 类数学函数。

- 三角函数:atan、atan2、sin、cos、sincos(即结果同时输出正弦值和余弦值)。
- 平方根函数:sqrt 和 isqrt(平方根的倒数)。
- 除法运算:在程序中直接使用除法符号"/"即可。

为了正常调用上面的库函数,在程序编译之前首先要完成以下步骤。

① 升级 CCS 的 F2833x Codegen tools 到 v5.0.2 及其以上版本。

② 在 TI 官方网站下载 F2833x Floating Point Unit Fast RTS Library 的相关文件,解压之后包括说明文档、库文件、头文件及一个示例工程。将相关的头文件、库文件加入自己的工程之中。

③ 在需要调用上述数学函数的地方,添加对文件 FPU.h 及 math.h 的引用。

④ 修改 CCS 的编译选项。

与未调用快速实时支持库的工程的主要区别在于,启用了最大程度的优化(-o3),添加了 FPU 的支持(——float_support=fpu32)。

CMD 文件中需要添加 FPU 数学表的地址定义,如下:

```
MEMORY
{
PAGE0:
FPUTABLES: origin=0x3FEBDC, length=0x0006A0
…
}
SECTIONS
{
FPUmathTables: >FPUTABLES, PAGE=0, TYPE=NOLOAD
…
}
```

各个数学函数在调用时的方法与普通的 C 语言程序中直接引用数学函数的方法基本一致,例如:

```
#include<math.h>
#include "F2833x_FPU_FastRTS.h"
Float32 atan2(float32 X, float32 Y);
```

对除法的引用也十分简单,例如:

```
Float32 X, Y, Z;
…
```

...

Z＝Y/X;　　　　　　　　　　//实质是内部调用了 FS＄＄DIV 函数

在调用 FPU 数学表时,各个函数的执行时间是确定的,根据程序存储位置是位于零等待的 SARAM 还是单等待的 BootROM 中,其结果存在一定的差别,如表 3-8 所示。

表 3-8　函数调用时间

数 学 函 数	零等待的 SARAM	单等待 Boot ROM
atan	47	51
atan2	49	53
cos	38	42
division	24	24
isqrt	25	25
sin	37	41
sincos	44	50
sqrt	28	28

具体详细说明可以参考 TI 公司的工程文档：C28x_FPU_FastRTS_v10.pdf。

下面以前面的评估中断响应时间为例,对比加入 FPU 库后的速度和效率。

图 3-36 为未加入 FPU 的系统中断执行时间,图 3-37 为加入 FPU 后的系统执行时间。通过比较不难发现：加入 FPU 前系统的响应时间为 $70\mu s$,加入 FPU 后系统的响应时间缩短为 $58\mu s$,这大大节约了系统的响应时间,提高了系统的运行效率。这对于高性能的电机控制和电力电子技术无疑具有重要的作用,使得系统可以运行在更高的开关频率,能够进行更加复杂的算法计算,特别是需要进行三角函数、除法等计算时,可以十分有效地提高系统的响应速度。

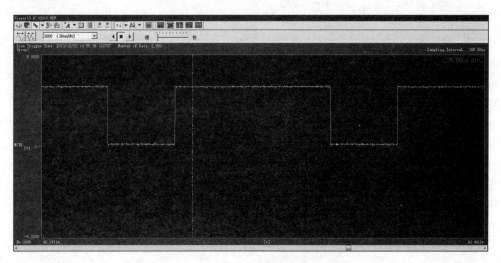

图 3-36　未加 FPU 的程序响应时间

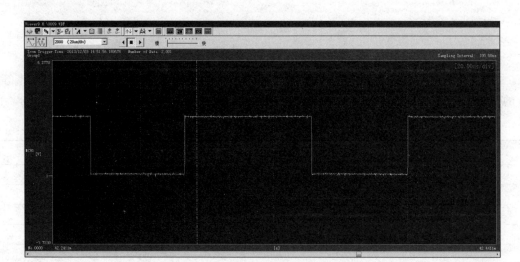

图 3-37　加入 FPU 后的程序响应时间

习题与思考

3-1　最小硬件系统包括什么？每一部分的作用是什么？

3-2　COFF 这一概念是什么？其基本特点是什么？

3-3　CMD 的作用是什么？

3-4　如何测量系统的响应时间？请结合例子说明。

3-5　如何在 CCS 环境里绘制图形？

3-6　FPU 浮点库的作用是什么？如何调用这些函数？

## 第 4 章

存储器及外部接口

4.1 CPU 内部总线

　　TMS320F2833x 的完整功能框图如图 2-2 所示。程序总线和数据总线连接 DSP 芯片的各个模块。F2833x 的存储器空间可分成两大部分：一部分为用于存放程序代码的程序空间；另一部分为用于存放各种数据的数据空间。无论是程序空间还是数据空间，都需要借助于两种总线——地址总线和数据总线来传送相关的信息。一般同时使用多条总线来处理存储器、外设与 CPU 之间的数据。其存储器总线包括程序读总线、数据读总线和数据写总线。F2833x 总线构架分为以下 3 类：

　　(1) 程序读总线：22 位地址线，32 位数据线。

　　(2) 数据读总线：32 位地址线，32 位数据线。

　　(3) 数据写总线：32 位地址线，32 位数据线。

　　这种称为"哈佛结构总线"的多总线结构使得 F2833x 能够在单周期同时实现取指令、读写数据操作。当所有的外设和存储器同时访问存储器总线时，应优先考虑存储器访问。访问存储器总线的优先级如下：

　　　　最高级：数据写（数据和程序的同时写不会发生在存储器总线上）；

　　　　　　　　程序写（数据和程序的同时写不会发生在存储器总线上）；

　　　　　　　数据读；

　　　　　　　程序读（程序的同时读和取指令不会发生在存储器总线上）；

　　　　最低级：取地址（程序的同时读和取指令不会发生在存储器总线上）。

　　为了方便在 TI 公司不同 DSP 系列器件间的外设设置迁移，F2833x 采用了外设总线标准来激活外设的连接。外设总线桥将各种总线整合成单一的总线，此总线由 16 位地址、16/32 位数据和一些控制信号构成。F2833x 支持 3 种外设总线，其中外设帧 1 支持 16/32 位访问；外设帧 2 仅支持 16 位访问；外设帧 3 同时支持 DMA 访问和 16/32 位访问。

4.2 存储器结构

　　TMS320F2833x 的 CPU 中本身不含存储器，但是 DSP 内部本身集成了片内的存储器，CPU 可以读取片内集成与片外扩展的存储。F2833x 的存储器一般可以划分成如下几个部分。

1. 单周期访问 RAM

单周期访问 RAM 包含 M0、M1,L0～L7 存储单元,这些存储单元既可以映射为数据存储器,也可以映射为程序存储器。其中 L0～L3 单元具有代码安全保护功能,L4～L7 可以实现 DMA 访问。

2. Flash 存储器

片内 Flash 存储器统一映射到程序和数据存储器空间,它具有以下特征:①多区段划分;②代码安全保护功能;③低功耗模式;④配置等待状态(为在特定的执行速度下获得最好的性能,可根据 CPU 的工作频率调整等待状态的数量);⑤增强功能(采用流水线模式提高线性代码执行效率)。

3. OTP 存储器

OTP(One Time Programmable)存储器统一映射到程序和数据存储器空间,这样 OTP 存储器可以用来存放数据或代码,与 Flash 存储器不同的是它只能写入一次,不能被再次擦除。一般适合工程批量烧写,普通开发应用者很少用到这部分功能。

4. Boot ROM

Boot ROM 中装载了芯片出厂时的引导程序。当芯片上电复位时,引导模式信号提供给 boot-loader 软件使用某种引导模式。用户可以选择通常的引导模式或从外部连接下载新程序,也可以选择从片内 Flash/ROM 中引导程序。同时 Boot ROM 中也包含一些常用的标准表数据,如数学算法中的 sin/cos 函数表、IQMath 库等,使用这些表能缩短相关算法的执行时间。

5. 片外存储

当 DSP 芯片内部存储资源不够时,可以外扩 Flash 和 RAM,相关独立的 Flash/RAM 产品可供选择的种类很多,与 DSP 的连接方式也很灵活,可以采用直接连接数据线、地址线,也可以采用逻辑芯片辅助完成片选等操作。在选取相应芯片时,要注意相应的读写时间参数,这将影响整个系统算法的运行时间。

4.2.1　存储器映射

F2833x 使用 32 位数据地址线及 22 位程序地址线,从而寻址 4GB 的数据存储与 4MB 的程序存储器。F2833x 的存储器模块都是统一映射到程序和数据空间的,如图 2-3 所示为 F28335 的内存映射。图 2-3 中,M0、M1、L0～L7 是用户可以直接使用的 SARAM 区域。其中 L0～L3 是双映射的,该模式主要是为了方便与 F281x 系列 DSP 的兼容使用。L4～L7、XINTF 区域 0/6/7 这些部分空间可以由 DMA 进行读写存储。图中的外设帧为片内外设寄存器映射到片内数据存储器空间的区域。其中的一些外设寄存器通过 EALLOW 保护机制来防止用户程序中的代码或指针意外地改变这些寄存器的值。如果某个外设寄存器是受 EALLOW 保护的,则对该寄存器进行写操作前,必须先执行指令 EALLOW 取消写保护功能,执行完写操作后通过指令 EDIS 使能写保护,复位时 EALLOW 保护被使能。

4.2.2 代码安全模块

CSM(Code Security Module,代码安全模块)是 F2833x 中非常重要的安全特征。该模块可以阻止对片内存储器任何未经授权的访问,从而可以防止用户代码和数据被非法复制或修改。

代码安全模块限制了 CPU 在没有中断情况下对片内存储器的访问。当一个读取操作发生在被保护的存储器区域时,读指令返回 0 值,CPU 继续执行下一条指令。当 CPU 对片内安全存储区域的访问受到限制时,该芯片是安全的。此时,根据程序计数器的值判定可能有两个级别的保护:如果当前运行的是内部安全存储器的代码,此时通过 JTAG 端口的访问被禁止,这样就允许安全代码对安全数据的访问。

代码安全性是通过一个 128 位(或 8 个 16 位字)的密码数据来实现的,密码被放在 Flash 最后位置 8 个字的存放密码的区域。密码被保存在 Flash 存储器的安全密码单元,存储地址为 0x33 FFF8~0x33 FFFF,当密码单元的所有位均为 1 时,该芯片是不安全的。当密码单元的所有位均为 0 时,无论 KEY 寄存器取什么值,该芯片都是安全的。特别注意的是,不要将全 0 作为密码,也不要在芯片重启时对 Flash 进行清零操作,该操作会导致密码单元全为 0 或不确定的密码。如果重启时密码单元全为 0,那么该芯片将无法进行调试安全代码或重新编程。不受 CSM 影响对片内资源的访问,如表 4-1 所示。

表 4-1 不受 CSM 影响的资源

地 址	区 段
0x00 0A80~0x00 0A87	Flash 配置寄存器
0x00 8000~0x00 8FFF	L0 SARAM (4K×16)
0x00 9000~0x00 9FFF	L1 SARAM (4K×16)
0x00 A000~0x00 AFFF	L2 SARAM (4K×16)
0x00 B000~0x00 BFFF	L3 SARAM (4K×16)
0x30 0000~0x33 FFFF	Flash (64K×16,32K×16 或 16K×16)
0x38 0000~0x38 03FF	TI 一次可编程存储器(OTP) (1K×16 不会被 ECSL 影响)
0x38 0400~0x38 07FF	用户一次可编程存储器(OTP)(1K×16)
0x3F 8000~0x3F 8FFF	L0 SARAM (4K×16),镜像区域
0x3F 9000~0x3F 9FFF	L1 SARAM (4K×16),镜像区域
0x3F A000~0x3F AFFF	L2 SARAM (4K×16),镜像区域
0x3F B000~0x3F BFFF	L3 SARAM (4K×16),镜像区域

代码安全模块不会影响以下片内资源。

(1) 单访问 RAM(SRAM)区域:该区域未被指定为安全存储区域,无论芯片是否在安全模式下,均可以自由地进行访问或执行安全代码。

(2) Boot ROM:Boot ROM 中的内容不受 CSM 的影响。

(3) 片内外设寄存器:无论芯片是否在安全模式下,该存储器都可以通过执行代码进行初始化。

(4) PIE 向量表:无论芯片是否在安全模式下,向量表中的内容都可以被读写。表 4-2 列出了不受 CSM 影响的片内资源。

表 4-2 不受 CSM 影响的片内资源

地　　址	区　　段
0x00 0000～0x00 03FF	M0 SARAM (1K×16)
0x00 0400～0x00 07FF	M1 SARAM (1K×16)
0x00 0800～0x00 0CFF	外设 0 (2K×16)
0x00 0D00～0x00 0FFF	PIE 向量 RAM (256×16)
0x00 6000～0x00 6FFF	外设 1 (4K×16)
0x00 7000～0x00 7FFF	外设 2 (4K×16)
0x00 C000～0x00 CFFF	L4 SARAM (4K×16)
0x00 D000～0x00 DFFF	L5 SARAM (4K×16)
0x00 E000～0x00 EFFF	L6 SARAM (4K×16)
0x00 F000～0x00 FFFF	L7 SARAM (4K×16)
0x3F F000～0x3F FFFF	引导 ROM (4K×16)

根据以上表述,可以不受代码保护模式的影响,通过 JTAG 口将代码写入到表 4-2 中未经保护的片内 SRAM 中。无论该芯片是否处于安全模式,这些代码都可以进行调试和初始化外设寄存器。工程开发阶段一般不使用代码安全功能,直到开发出了可靠的代码,才使用安全代码功能。

4.3　外部扩展接口

F2833x 的外部接口 XINTF 采用异步非复用总线(Non-multiplexed Asynchronous Bus),通常可用于扩展 SRAM、Flash、ADC、DAC 等模块。XINTF 接口是 F28335 与外部设备进行通信的重要接口,这些外部接口分别和 CPU 的某个存储空间相对应,CPU 通过对存储空间进行读/写操作,从而间接控制外部接口。在使用 XINTF 接口同外部设备进行通信时,无论是写操作还是读操作,CPU 都作为主设备,外部设备作为从设备。外部设备不能控制 F2833x 的外部接口信号线,只能通过读取、判断信号线的状态,来实现相应的功能。

4.3.1　外部接口功能描述

F2833x 的外部接口映射到 3 块固定的存储空间,如图 4-1 所示。

连接到 XINTF 区域上的外部存储器或设备可直接通过 CPU 或 CCS 进行访问。XINTF 中的 3 个区域都具有独立的片选信号线,并且同一区域的读访问时序与写访问时序可单独配置。当一个区域被访问时,相应的片选信号线首先被拉到低电平。

XINTF 具有 20 位宽度的地址总线 XA,且被所有区域共用。XINTF 信号说明见表 4-3。XA 总线上的地址由所要访问的区域决定。

(1) 区域 0 使用的外部地址范围为 0x0000～0x00FFF,也就是说,如果要对区域 0 的第一个存储单元进行访问,需要将 0x0000 送到地址总线 XA,并将片选信号$\overline{\text{XZCS0}}$拉低;如果要对区域 0 的最后一个存储单元进行访问,需要将 0x00FFF 送到地址总线 XA,并将片选信号$\overline{\text{XZCS0}}$拉低。

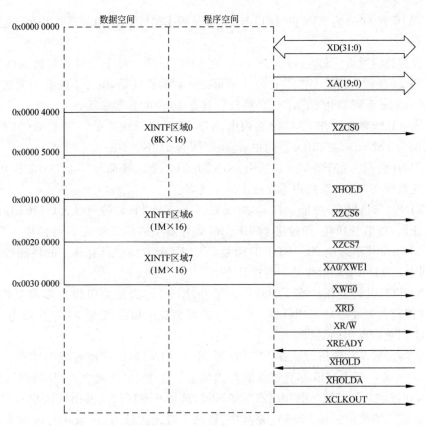

图 4-1　外部接口结构图

表 4-3　XINTF 信号说明

信 号 名 称	输入/输出特性	功 能 描 述
XD[31:0]	I/O/Z	双向数据总线，16 位模式下只使用 XD[15：0]
XA[19:1]	O/Z	地址总线，地址在 XCLKOUT 的上升沿被锁存到地址总线，并保持到下一次访问操作
XA0/$\overline{\text{XWE1}}$	O/Z	在 16 位数据总线模式下，作为地址线的最低位 XA0，在 32 位数据总线模式下，作为低字节的写操作的选通线 $\overline{\text{XWE1}}$
XCLKOUT	O/Z	输出时钟
$\overline{\text{XWE0}}$	O/Z	写操作的选通线，低电平有效
$\overline{\text{XRD}}$	O/Z	读操作的选通线，低电平有效
XR/$\overline{\text{W}}$	O/Z	读/写信号线，高电平时，表明读操作正在进行；低电平时，表明写操作正在进行
$\overline{\text{XZCS0/6/7}}$	O	区域 0/6/7 的片选信号线
XREADY	I	为高电平时，表明外部设备已完成此次访问的相关操作，XINTF 可结束此次访问
$\overline{\text{XHOLD}}$	I	为低电平时，表明有外部设备请求 XIMTF 释放其总线
$\overline{\text{XHOLDA}}$	O/Z	当 XINTF 响应 $\overline{\text{XHOLD}}$ 请求后，将 XHOLDA 驱动到低电平

（2）区域 6 与区域 7 使用的外部地址范围为 0x00000～0xFFFFF，对应的片选信号为 $\overline{\text{XZCS6}}$ 与 $\overline{\text{XZCS7}}$，CPU 访问某个区域，就会拉低相应区域的片选信号。

F2833x 系列 DSP 的 XINTF 接口与 281x 系列 DSP 的 XINTF 基本相似,主要存在如下不同之处。

(1) 数据总线宽度。F2833x 系列 DSP 的 XINTF 接口每个区域的数据总线宽度都可独立配置成 16 位或 32 位。在 32 位模式下可提高数据吞吐量,但并不改变相关区域存储单元的大小。281x 系列 DSP 的 XINTF 接口只具有 16 位的数据总线。

(2) 地址总线宽度。在 F2833x 系列中,XINTF 地址总线扩展到 20 位,区域 6 与区域 7 的寻址范围为 1M×16,在 281x 系列中,地址范围为 512K×16。

(3) DMA 访问。在 F2833x 系列中,XINTF 的 3 个区域都与片上 DMA 模块相连,支持 DMA 读取方式,281x 系列中不支持 DMA 读取。

(4) XINTF 时钟信号使能。在 F2833x 系列中,XINTF 时钟信号 XTIMCLK 默认情况下是被禁止的,以节约功耗,通过将 PCLKCR3 寄存器中的第二位置 1,可使能 XTIMCLK。关闭 XTIMCLK 并不影响 XCLKOUT 信号,XCLKOUT 信号具有独立的使能控制位。在 281x 系列中,XTIMCLK 始终处于使能状态。

(5) XINTF 引脚复用。在 F2833x 系列中,XINTF 的相关引脚是多路复用的,使用 XINTF 功能前首先要通过 GPIO MUX 寄存器将相应引脚配置为 XINTF 状态。在 281x 系列中,XINTF 有专用的引脚。

(6) 访问区域及片选信号。在 F2833x 系列中,XINTF 的存储区域缩减到 3 个:区域 0、区域 6 及区域 7,每个区域都有独立的片选信号。在 281x 系列中,一些存储区域共用同一个片选,如区域 0 与区域 1 共用 XZCS0AND1,区域 6 与区域 7 共用 XZCS6AND7。

(7) 区域 7 的映射。在 F2833x 系列中,区域 7 时刻被映射,区域 7 与区域 6 不存在任何共享地址单元,而在 281x 系列中,输入信号 MPNMC 决定区域 7 是否被映射,区域 7 与区域 6 存在共享的地址单元。

(8) 区域存储映射地址。在 F2833x 系列中,区域 0 的存储空间为 4K×16,起始地址为 0x4000,区域 6 和区域 7 的存储空间都为 1M×16,起始地址分别为 0x100000 和 0x200000。在 281x 系列中,区域 0 的存储空间为 8K×16,起始地址为 0x2000;区域 6 和区域 7 的存储空间分别为 512K×16 和 516K×16。

(9) EALLOW 保护。在 F2833x 系列中,XINTF 相关寄存器都是用 EALLOW 来保护的,而 281x 系列中 XINTF 寄存器没有使用 EALLOW 保护。 F2833x 系列 DSP 的 XINTF 与 2834x 系列 DSP 的 XINTF 接口主要区别如下:① XA0 与 $\overline{WE1}$。在 F2833x 系列中,XA0 与 $\overline{WE1}$ 使用同一引脚,在 2834x 系列中却使用不同的引脚。② XBANK 周期选择。在 F2833x 系列中,用户需要以 XTIMCLK 和 XCLKOUT 为基准信号来配置相应的等待时间,在 2834x 系列中则没有此要求。

4.3.2　XINTF 功能配置简介

实际使用 XINTF 时,需根据 F2833x 系列的器件工作频率、XINTF 时序特性及外部设备或存储器的时序要求进行配置。由于 XINTF 配置参数的改变将会影响相关的访问时序,所以配置代码不能从 XINTF 内部区域执行。

1. XINTF 配置顺序

在对 XINTF 进行配置过程中,不允许 XINTF 的相关操作处于运行状态,包括 CPU 流水线上的指令、对 XINTF 写缓冲器的写访问、区域数据的读/写、预取指令以及 DMA 访问。
为了保证没有上述操作在 XINTF 配置过程中被禁止，可遵循以下步骤。

（1）确保 DMA 访问被禁止；

（2）按照图 4-2 所示步骤修改 XTIMING0/6/7、XBANK 或 XINTCNF2 寄存器。

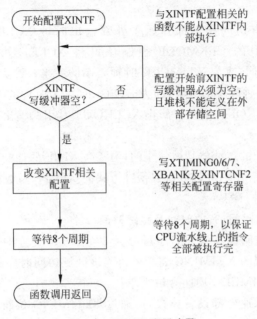

图 4-2　XINTF 配置步骤

2. 时钟信号

XINTF 模块使用两路时钟信号：XTIMCLK 和 XCLKOUT，图 4-3 给出了此两路信号
与系统时钟 SYSCLKOUT 之间的关系。

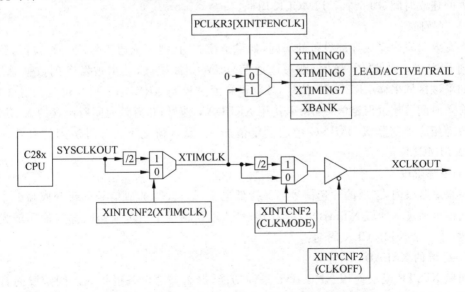

图 4-3　XTMCLK XCLOUT 和 SYSCLKOUT 的关系

XINTF 区域的所有访问操作都是以 XTIMCLK 时钟为基准的,当对 XINTF 模块进行配置时,需配置 XTIMCLK 与系统时钟 SYSCLKOUT 之间的关系。通过 XINTFCNF2 寄存器中的 XTIMCLK 控制位可将 XTIMCLK 时钟频率设定为与 SYSCLKOUT 时钟频率相同或为 SYSCLKOUT 时钟频率的一半;默认情况下,XTIMCLK 时钟频率为 SYSCLKOUT 时钟频率的一半。

XINTF 区域的所有访问操作都开始于外部输出时钟 XCLKOUT 的上升沿,通过 XINTFCNF2 寄存器中的 CLKMODE 控制位可将 XCLKOUT 时钟频率设定为与 XTIMCLK 时钟频率相同,或为 XTIMCLK 时钟频率的一半;默认情况下,XCLKOUT 时钟频率为 XTIMCLK 时钟频率的一半,即为 SYSCLKOUT 时钟的 1/4。为减小系统噪声,通过将 XINTCNF2[CLKOFF]置 1 可禁止 XCLKOUT 从引脚输出。

3. 写缓冲器

默认情况下,写访问的缓冲器是被禁止的,为提高 XINF 的性能,需要使能写缓冲模式。在不中止 CPU 运行的情况下,允许 3 次以缓冲方式向 XINTF 写数据。写缓冲的深度可通过寄存器 XINTCNF2 进行配置。

4. 区域访问的建立时间、有效时间及跟踪时间

XINTF 区域的写访问或读访问时序可分为 3 个部分:建立时间、有效时间及跟踪时间。通过配置,每个区域的 XTIMING 寄存器可为该区域访问时序的 3 个部分设定相应等待时间,等待时间以 XTIMCLK 周期为最小单位,每个区域的读访问时序与写访问时序可独立配置。另外,为与低速外部设备连接,可通过 X2TIMING 位将建立时间、有效时间及跟踪时间延长一倍,分别对应以下 3 个阶段。

1)建立阶段

在建立阶段,所要访问区域的片选信号被拉低,相应存储单元的地址被发送到地址总线 XA 上。建立时间可通过本区域 XTIMING 寄存器进行配置,默认情况下,读/写访问都使用最大的建立时间,即 6 个 XTIMCLK 周期。

2)有效阶段

在有效阶段内完成外部设备的访问,如果是读访问,则读选通信号 $\overline{\text{XRD}}$ 被拉低,数据被锁存到 DSP 中;如果是写访问,则写选通信号 $\overline{\text{XWE0}}$ 被拉低,数据被发送到数据总线 XD 上。如果该区域采样 XREDAY 信号,外部设备通过控制 XREDAY 信号可延长有效时间,此时有效时间可超过设定值;如果未使用 XREDAY 信号,总有效时间所包含的 XTIMCLK 周期数为相应寄存器 XTIMING 中的设定值加 1。默认情况下,读/写访问的有效时间为 14 个 XTIMCLK 周期。

3)跟踪阶段

在跟踪阶段内,区域的片选信号仍保持低电平,但读/写选通信号重新变成高电平。跟踪时间也可通过本区域 XTIMING 寄存器设定,默认情况下,读/写访问都将使用最大的跟踪时间,即 6 个 XTIMCLK 周期。

5. 区域的 XREADY 采样

如果 XINTF 模块使用 XREADY 采样功能,那么外部设备可扩展访问阶段的有效时间。XINTF 的所有区域共用一个 XREADY 输入信号线,但每个区域都可单独配置为使用或不使用 XREADY 采样功能。每个区域的采样方式有两种:

（1）同步采样：同步采样中，XREADY 信号在总的有效时间结束前将保持一个 XTIMCLK 周期时间的有效电平。

（2）异步采样：异步采样中，XREADY 信号在总的有效时间结束前将保持 3 个 XTIMCLK 周期时间的有效电平。

无论是同步采样还是异步采样，如果采样到的 XREADY 信号为低电平，那么访问阶段的有效时间将增加一个 XTIMCLK 周期，并且在下一个 XTIMCLK 周期内将 XREADY 信号重新采样。以上过程重复进行，直到采样到的 XREADY 为高电平。

如果一个区域被配置为使用 XREADY 采样，那么这个区域的读访问与写访问都将使用 XREADY 采样功能。默认情况下，每一个区域都使用异步采样方式。当使用 XREADY 信号时，必须考虑 XINTF 最小等待时间的要求。同步采样方式与异步方式下的最小等待时间要求是不同的，主要取决于以下几点。

（1）XINTF 固有的时序特性；

（2）外部设备的时序要求；

（3）DSP 器件与外部器件之间的附加延时；

（4）PCB 布线对传输线上信号波形质量的影响。

6. 数据总线宽度及连接方式

XINTF 每个区域的数据总线都可单独配置成 16 位或 32 位，XA0/$\overline{\text{XWE1}}$引脚的功能在两种总线宽度下也不同。当一个区域配置成 16 位总线模式时，XA0/$\overline{\text{XWE1}}$引脚的功能为地址的最后一位 XA0，如图 4-4 所示。当一个区域配置成 32 位总线模式时，XA0/$\overline{\text{XWE1}}$引脚的功能为低字段的选通信号线$\overline{\text{XWE1}}$，如图 4-5 所示。

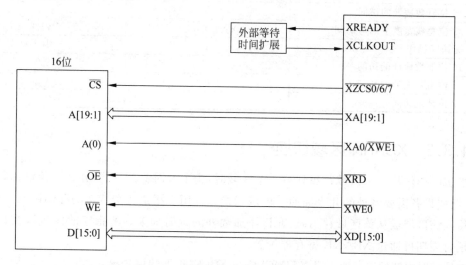

图 4-4　16 位数据总线的典型连接方式

$\overline{\text{XWE0}}$与 XA0/$\overline{\text{XWE1}}$信号线在 16 位数据总线和 32 位数据总线下的具体功能如表 4-4 所列。

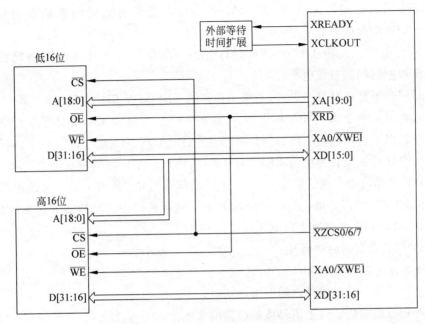

图 4-5   32 位数据总线的典型连接方式

表 4-4   XWE0 与 XA0/XWE1 具体功能

16 位总线宽度下的写访问	XA0/$\overline{\text{XWE1}}$	$\overline{\text{XWE0}}$
无访问操作	1	1
16 位偶数地址的访问	0	0
16 位奇数地址的访问	1	0
32 位总线宽度下的写访问	XA0/$\overline{\text{XWE1}}$	$\overline{\text{XWE0}}$
无访问操作	1	1
16 位偶数地址的访问	1	0
16 位奇数地址的访问	0	1
32 位地址访问	0	0

4.3.3   XBANK 区域切换

当访问操作从一个区域跨越到另一个区域时,为了及时释放总线,并让其他设备获得访问权,低速设备需要额外的几个周期。区域切换允许用户指定一个特定的存储区域,当访问操作移入该区域或从该区域移出时,允许添加额外的延时周期。所指定的区域以及相应的额外延时周期可通过 XBANK 寄存器配置。

额外延时周期的选择要考虑 XTIMCLK 与 XCLKOUT 的信号频率,共有以下 3 种情况。

(1) XTIMCLK=SYSCLKOUT。当 XTIMCLK=SYSCLKOUT 时,额外延时周期的配置位 XBANK[BCYC]无限制。

(2) XTIMCLK = SYSCLKOUT/2,XCLKOUT = XTIMCLK/2。在此情况下,XBANK[BCYC]不能为 4 或 6,其他取值均可。

(3) XTIMCLK = SYSCLKOUT/2,XCLKOUT = XTIMCLK 或者 XTIMCLK =

SYSCLKOUT/4。

当访问操作在两个区域之间切换时,必将有一个区域的访问发生在延时周期之前,一个区域的访问发生在延时周期之后。为了能够添加准确的延时周期,要求第一个区域的总访问时间要大于添加的延时周期总时间。例如,当区域 7 被指定为特定区域,即移入或移出区域 7 的访问操作都将添加延时周期,如果区域 7 的访问操作发生在区域 0 的访问操作之后,则要求区域 0 访问操作的总时间要大于添加的延时周期总时间;如果区域 0 的访问操作发生在区域 7 的访问操作之后,则要求区域 7 访问操作的总时间要大于添加的延时周期总时间。

通过设定建立时间、有效时间及跟踪时间的值,可保证区域的访问时间大于添加的延时周期总时间,由于 XREADY 只扩展有效时间,故这里不予考虑。以下给出具体的配置原则。

(1) X2TIMING=0,则须遵循:

XBANK[BCYC]<XWRLEAD+XWRACTIVE+1+XWRTRAIL
XBANK[BCYC]<XRDLEAD+XRDACTIVE+1+XRDTRAIL

(2) X2TIMING=1,则须遵循:

XBANK[BCYC]<XWRLEAD×2+XWRACTIVE×2+1+XWRTRAIL×2
XBANK[BCYC]<XRDLEAD×2+XRDACTIVE×2+1+XRDTRAIL×2

表 4-5 给出了不同时序配置情况下 XBANK[BCYC]的有效取值。

表 4-5 XBANK[BCYC]的有效取值

XBANK[BCYC]有效取值	总访问时间	XRDLEAD 或 XWRLEAD	XRDACTIVE 或 XWRACTIVE	XRDTRAIL 或 XWRTRAIL	X2TIMING
<5	1+(2+1)+1=5	1	2	1	0
<6	1+(3+1)+1=6	1	3	1	0
<7	2+(3+1)+1=7	2	3	1	0
<5	1×2+0×2+1+1×2=5	1	0	1	1
<5	1×2+1×2+1+0×2=5	1	1	0	1

4.3.4 XINTF 的 DMA 读/写访问

XINTF 支持以 DMA 方式访问片外程序或数据,通过输入信号$\overline{\text{XHOLD}}$与输出信号$\overline{\text{XHOLDA}}$共同完成。当$\overline{\text{XHOLD}}$输入为低电平时,表明有请求发送到 XINTF,以使 XINTF 所有输出引脚保持高阻状态。当完成 XINTF 所有的外部访问后,$\overline{\text{XHOLDA}}$变为低电平,以通知外部设备 XINTF 已将其所有的输出口保持在高阻状态,并且其他设备可访问外部存储器或设备。

通过配置 XINTCNF2 寄存器的 HOLD 模式位,当检测到$\overline{\text{XHOLD}}$的有效信号时,自动产生$\overline{\text{XHOLDA}}$信号并允许对外部总线的访问。在 HOLD 模式下,CPU 仍可正常执行连接到存储总线上的片内存储空间。当$\overline{\text{XHOLDA}}$为低电平时,如果访问 XINTF,将产生未就绪标志,并将处理器挂起,XINTCNF2 寄存器中的状态标志位将显示$\overline{\text{XHOLD}}$与$\overline{\text{XHOLDA}}$信号的状态。

当$\overline{\text{XHOLD}}$为低电平时,CPU 向 XINTF 写数据。由于此时写缓冲器被禁止,所以数据将不会进入写缓冲器,CPU 将停止工作。XINTCNF2 寄存器中的 HOLD 模式优先于$\overline{\text{XHOLD}}$输入信号,从而允许用户使用代码判断是否有$\overline{\text{XHOLD}}$请求。输入信号XHOLD在XINTF 输入端被同步,同步时钟为 XTIMCLK,XINTCNF2 寄存器中的 HOLD 位反映XHOLD 信号的当前同步状态。复位时,HOLD 模式被使能,允许利用 XHOLD 信号从外部存储器加载程序。复位期间,如果输入信号$\overline{\text{XHOLD}}$为低电平,则输出$\overline{\text{XHOLDA}}$也为低电平。在上电期间,XHOLD同步锁存器的确定值将被忽略,并且在时钟稳定后将会被刷新,因此同步锁存器不需要复位。如果检测到$\overline{\text{XHOLD}}$信号为低电平,则只有当所有目前被悬挂的 XINTF 操作完成后,$\overline{\text{XHOLDA}}$才输出低电平。在$\overline{\text{XHOLDA}}$有效信号输出之前要一直保持$\overline{\text{XHOLD}}$处于有效电平状态。在 HOLD 模式下,XINF 接口的所有输出信号都将保持高阻状态。

4.3.5 XINTF 的读/写时序图

图 4-6 给出了 XTIMICLK＝SYSCLKOUT 情况下的读访问时序图。

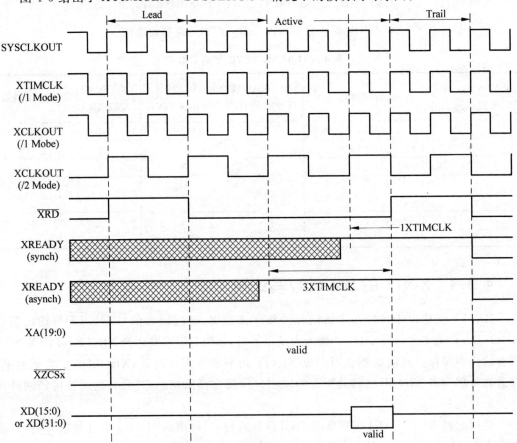

图 4-6 XINTF 读访问时序图

注：XRDLEAD＝2,XRDACTIVE＝4,XRDTRAIL＝2。

图 4-7 给出了 XTIMICLK＝SYSCLKOUT 情况下的写访问时序图。

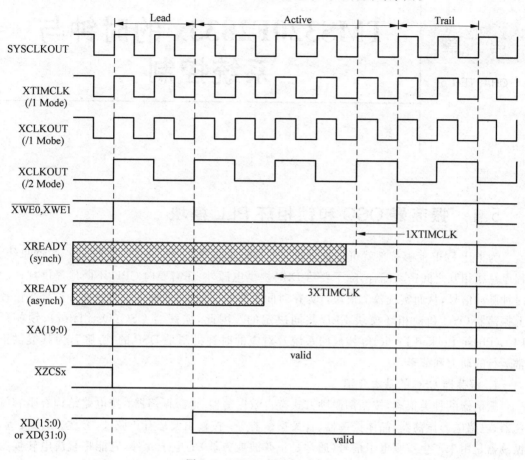

图 4-7　XINTF 写访问时序图

注：XRDLEAD＝2,XRDACTIVE＝4,XRDTRAIL＝2。

习题与思考

4-1　DSP 采用的哈佛总线结构有什么特点和优势？

4-2　程序空间和数据空间在读写操作的时候有什么区别？

4-3　外部扩展接口适合扩展哪些外设芯片？

4-4　DSP 内部存储器可分为哪几种类型？它们分别具有什么特点？

4-5　F2833x 系列在外部扩展功能方面与其他 DSP 芯片相比有哪些特点？

4-6　进行外部存储器扩展时,需要考虑哪些方面的问题？

## 第 5 章

TMS320F2833x 的时钟与系统控制

5.1 振荡器 OSC 和锁相环 PLL 模块

为了让 DSP 能够按部就班地执行相应的代码来实现相应的功能,各个外设、数据总线、程序总线相互之间密切配合,除了要给 DSP 提供电源外,还需要向 CPU 不断地提供规律的时钟脉冲信号,从而实现各个模块行为在时间上的紧密契合,而器件的时钟脉冲信号是由片上振荡器 OSC 和锁相环模块 PLL 共同决定的。因此,振荡器 OSC(Oscillator)、锁相环 PLL(Phase Locked Logic)等构成的系统及对应的时钟机制是 DSP 的"心脏",为其提供正常运行的动力和节奏。

1. 振荡器 OSC 的基本介绍

振荡器的种类很多,按振荡激励方式有自激振荡器、他激振荡器;按电路结构有阻容振荡器、电感电容振荡器、晶体振荡器、音叉振荡器等;按输出波形有正弦波、方波、锯齿波等。振荡器是用来产生重复电子信号(通常是正弦波或方波)的电子元件,它能将直流电转换为具有一定频率交流电信号输出的电子电路或装置。

最常见的振荡电路是由电容器和电感器组成的 LC 回路,通过电场能和磁场能的相互转换产生自由振荡,为了维持振荡,还要有具有正反馈的放大电路。

2. 锁相环 PLL 的基本介绍

目前 DSP 集成芯片上的锁相环主要是通过软件实时地配置片上外设时钟,由于采用软件可编程锁相环,所设计的处理器外部允许较低的工作频率,而片内经过锁相环模块提供较高的系统时钟,这种设计可以有效地降低系统对外部时钟的依赖和电磁干扰,提高系统启动和运行时的可靠性,降低系统对硬件的设计要求。图 5-1 为锁相环方框图,由图可以看出,锁相环由鉴相器、低通滤波器和压控振荡器组成。

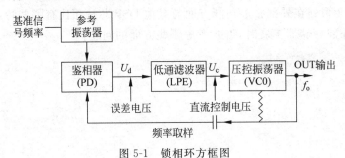

图 5-1 锁相环方框图

鉴相器用来鉴别输入信号 U_i 与输出信号 U_o 之间的相位差,并输出误差电压 U_d。U_d 中的噪声和干扰成分被低通性质的环路滤波器滤除,形成压控振荡器的控制电压 U_c。当输出振荡频率 f_o 与输入信号频率 f_i 相等时,环路被锁定,即相位锁定。相位锁定时,压控振荡使输出信号跟随输入信号的变化。

3. 时钟信号形成

如图 5-2 所示,F2833x 可以通过外部振荡器或连接在芯片上的晶振电路提供时钟脉冲信号,并通过内部的 PLL 锁相环电路倍频后提供给 CPU。

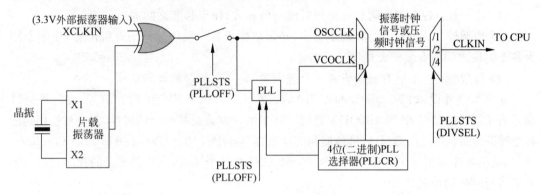

图 5-2 CPU 时钟信号生成框图

产生 OSCCLK 时钟信号的两种方式具体表述如下。

(1) 晶体振荡器工作模式:外部晶体振荡器接在引脚 X1 和 X2 之间,为芯片提供时钟基准。

(2) 外部时钟源工作模式:如果片载振荡器未被使用,那么振荡器可以使用下面配置的任何一个:

- XCLKIN 引脚接 3.3V 外部振荡器,X1 引脚在低电平,X2 引脚悬空;
- X1 引脚接 3.3V 外部振荡器,XCLKIN 引脚在低电平,X2 引脚悬空。

4. PLL 的 3 种配置模式

产生的 OSCCLK 时钟信号要交由 PLL 模块进行倍频控制,PLL 模块具有 3 种工作模式,具体如表 5-1 所示。

表 5-1 外部时钟信号与送至 CPU 时钟信号的关系

PLL 模式	描 述	PLLSTS[DIVSEL]	SYSCLKOUT
PLL 被禁止	用户在 PLLSTS 寄存器中设置 PLLOFF 位可以使锁存环模块在该模式下被禁止。主要用于减少系统噪声和低功耗操作。在进入这种模式之前,PLLCR 寄存器必须被清零(PLL 被旁路),输入到 CPU 的时钟信号直接来自 X1/X2、X1 或 XCLKIN	0,1 2 3	OSCCLK/4 OSCCLK/2 OSCCLK/1
PLL 被旁路	旁路是上电或外部复位后的默认配置。当 PLLCR 寄存器必须被清零或被修改使得 PLL 锁住一个新的频率时,采用该模式。在这种模式下,锁相环自身被旁路,但 PLL 没有被关断	0,1 2 3	OSCCLK/4 OSCCLK/2 OSCCLK/1
PLL 被使能	通过向 PLLCR 寄存器写入一个非零值来实现,直到 PLL 被锁存住,芯片才转换为旁路模式	0,1 2	OSCCLKN/4 OSCCLKN/2

5.2 外设时钟信号

时钟信号产生后送往 CPU,通过 CPU 分配到各个外设,达到对外设动作行为的时间设定控制。DSP 整个系统以及它的各个外设模块从本质上来讲就是一个相对比较复杂的时序逻辑处理电路,各个外设模块的正常工作就需要对应的时钟信号。

使用这种时钟制的模型有以下 3 个优势。

(1) 统一性:各个模块间有一个相对统一的标准,便于相互之间的通信;

(2) 协调性:一个系统要有效地工作,必须依赖于各个模块之间的有机配合,而集中制为各个模块之间的有效配合提供了可能性;

(3) 高效性:集中制有利于资源的合理配置,是一个相对高效的系统。

几乎每个外设(如 SCI、EV、ADC 等)的正常工作都需要相应的时钟信号,各时钟信号都是对系统时钟信号 SYSCLKOUT 处理后产生的。在系统初始化的时候,需要对使用到的各个外设的时钟进行使能,与时钟使能相关的寄存器是 PCLKCR(Peripheral CLocKContRol),例如,某个程序里用到了外设 EVA、SCIA 和 ADC 这 3 个外设,则按照下面的程序对这 3 个外设进行时钟的使能。

```
SysCtrlRegs.PCLKCR.bit.SCIENCLKA=1;    //使能外设 SCIA 的时钟
SysCtrlRegs.PCLKCR.bit.EVAENCLK=1;     //使能外设 EVA 的时钟
SysCtrlRegs.PCLKCR.bit.ADCENCLK=1;     //使能外设 ADC 的时钟
```

SysCtrlRegs 由 System、Control、Register 这 3 个单词的缩写构成,PCLKCR 为与时钟使能相关的寄存器,bit 意味着操作对象是该寄存器对应的某一位,ADCENCLK 中 ADC 对应的是外设名称,而 EN 则对应使能控制功能,CLK 对应的是系统时钟信号,那么ADCENCLK 所代表的含义也就不言而喻了。图 5-3 为外设时钟信号产生的整体框图。

从 CPU 发出的系统时钟信号 SYSCLKOUT 并不直接发送给各个外设,而是经过高低速外设时钟预定标寄存器,然后再分配到各个外设对各个外设进行控制。SYSCLKOUT 信号经过低速外设时钟预定标寄存器 LOSPCP 输出 LSPCLK,提供给低速外设 SCIA、SCIB、SPI 和 McBSP;SYSCLKOUT 信号经过高速外设时钟预定标寄存器 HISPCP 输出HSPCLK,提供给高速外设 EVA、EVB 和 ADC。我们知道高低速时钟预定标寄存器的取值范围都是 0~7,而且二者的取值完全是相互独立的。这样会出现 LSPCLK 时钟信号频率高于 HSPCLK 时钟信号频率的情况(给 LOSPCP 寄存器所赋的值小于给 HISPCP 寄存器所赋的值)理论上的存在,这完全取决于用户对于外设时钟高低速预定标寄存器的初始化设定。但是一般情况下不会出现这样的情况,因为低速外设所需要的时钟要比高速外设所需要的时钟来得慢些。

实际上,各个外设在使用过程中,LSPCLK 或者 HSPCLK 还需要经过各个外设自己的时钟预定标,如果外设自己的时钟预定标的值为 0 的话,则外设实际使用的时候就是LSPCLK 或者 HSPCLK。在实际使用时,为了降低系统功耗,不使用的外设最好将其时钟禁止。

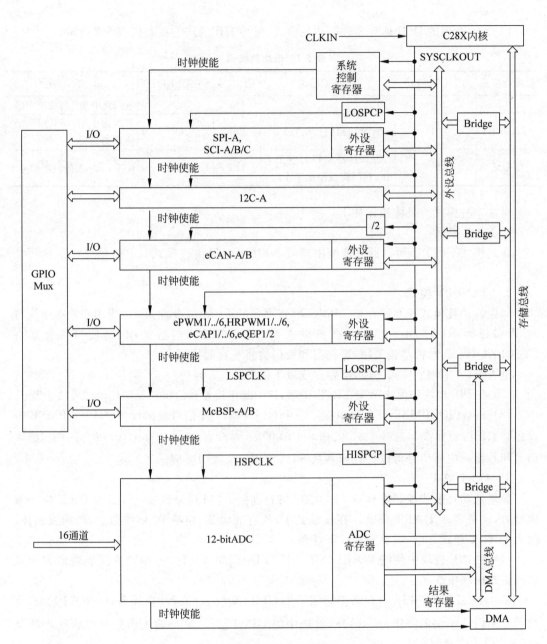

图 5-3 时钟信号系统

5.3 低功耗模式

F2833x 系列的 DSP 具有 3 种低功耗模式,每种工作模式的状态如表 5-2 所示。

表 5-2 低功耗模式

低功耗模式	LPMCR0[1:0]	OSCCLK	CLKIN	SYSCLKOUT	退 出 方 式
IDLE	00	On	On	On	看门狗中断任何使能中断
STANDBY	01	On(看门狗仍然运行)	Off	Off	看门狗中断,GPIO PortA 仿真器信号
HALT	1x	Off(振荡器及 PLL 停止工作,看门狗也停止工作)	Off	Off	GPIO PortA 仿真器信号

对这 3 种模式的具体描述如下。

1. IDLE 模式

在此模式下,CPU 可以通过使能中断或 NMI 中断退出该模式,LPM 单元将不执行任何工作。

2. STANDBY 模式

如果低功耗模式控制寄存器 LPMCR0 寄存器的 LPM 位设置为 01,当 IDLE 指令执行时,设备进入 STANDBY 模式。在该模式下,CPU 的输入时钟关闭,这使得所有来自 SYSCLKOUT 的时钟都被关闭,振荡器和看门狗将一直起作用。

进入 STANDBY 模式之前,需要完成以下任务:

(1) 在 PIE 模块中使能 WAKEINT 中断,该中断连接着看门狗和低功耗模式模块中断;

(2) 在 GPIOLPMSE 寄存器中指定一个 GPIO 端口 A 信号唤醒设备,GPIOLPMSE 寄存器是 GPIO 模块的一部分。另外,使能 LPMCR0 寄存器,被选中的 GPIO 信号、$\overline{\text{XRS}}$输入信号和看门狗中断信号可以将处理器从 STANDBY 模式中唤醒。

3. HALT 模式

如果低功耗模式控制寄存器 LPMCR0 寄存器的 LPM 位被设置为 1x,当 IDLE 指令被执行时,设备进入 HALT 模式。在该模式下,所有的设备(包括 PLL 和振荡器)均被锁住。进入 HALT 模式之前,需要完成以下任务:

(1) 在 PIE 模块中使能 WAKEINT 中断(PIEIER1.8=1),该中断连接着看门狗和低功耗模式模块中断;

(2) 在 GPIOLPMSE 寄存器中指定一个 GPIO 端口 A 信号唤醒设备,GPIOLPMSE 寄存器是 GPIO 模块的一部分。另外,被选中的 GPIO 信号、$\overline{\text{XRS}}$输入信号可以将处理器从 HALT 模式中唤醒;

(3) 尽可能地禁止除 HALT 模式唤醒中断之外的所有中断,在设备离开 HALT 模式后中断可以重新被使能;

(4) 设备退出 HALT 模式所需要的条件是:PIEIER1 寄存器的第 7 位(INT1.8)必须是 1,IER 寄存器的第 0 位(INT1.8)必须是 1;

(5) 如果以上条件都具备,那么:①如果 INTM=0,WAKE_INT ISR 首先被执行,之后是 IDLE 指令;②如果 INTM=1,WAKE_INT ISR 不被执行,IDLE 指令被执行。

当设备工作在 limp 模式(PLLSTS[MCLKSTS]=1)时,不要进入 HALT 低功耗模式,否则,设备可能进入 STANDBY 模式或者出现死机而无法退出 HALT 模式。因此,在进入 HALT 模式之前,一直要检查 PLLSTS[MCLKSTS]位是否等于 0。

5.4　看门狗模块

看门狗电路的应用,使得 DSP 可以在无人监控的状态下实现连续工作。其工作原理是:看门狗电路和 DSP 的一个 I/O 引脚相连,该 I/O 引脚通过程序控制它定时地往看门狗的这个引脚上送入高电平(或是低电平),这一程序语句分散地放在 DSP 程序的其他控制语句中间。一旦由于不可知因素形成的干扰,导致 DSP 程序跑飞继而陷入某一程序、进入死循环状态时,写看门狗引脚的程序便不能被执行。这个时候,看门狗电路就会由于得不到 DSP 送来的信号,便在它与单片机复位引脚相连的引脚上送出一个复位信号,使得单片机发生复位,即程序从程序存储器的起始位置开始执行,这样便实现了 DSP 的自动复位。

1. 防止 WDCNTR 溢出

从图 5-4 可以看到,DSP 芯片 28335 的看门狗电路有一个 8 位看门狗加法计数器 WDCNTR,如果 WDCNTR 计数达到最大值,看门狗模块就会产生一个输出脉冲,脉冲的宽度为 512 个振荡器时钟宽度。为了防止 WDCNTR 溢出,可以通过以下方法:

(1) 关闭计数器;

(2) 周期性的复位计数器:向看门狗关键字寄存器 WDKEY 先写入 0x55,然后再写入 0xAA,完成一次复位。

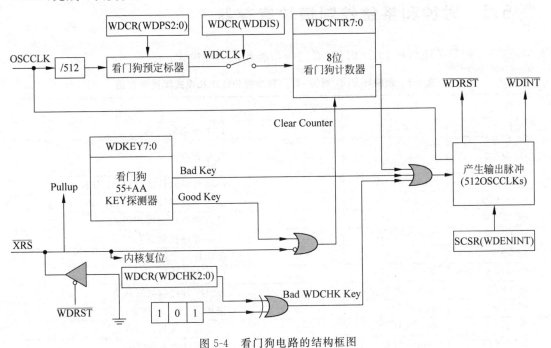

图 5-4　看门狗电路的结构框图

注意:写入的先后顺序不能变换。

2. WDCNTR 溢出操作

如果计数器溢出,要通过配置 SCSR 寄存器复位看门狗或者中断看门狗:

(1) 复位模式:如果看门狗电路用来复位器件,当看门狗计数器溢出时,WDRST 信号将拉低 512 个 OSCCLK 周期。

(2) 中断模式:如果看门狗用来产生中断,当看门狗计数器溢出时,WDINT 将被拉低 512 个 OSCCLK 周期,从而 WAKEINT 被触发。因为看门狗中断是在 WDINT 信号的下降沿触发,所以在 WDINT 信号返回高电平之前,WAKEINT 中断被重新使能,将不能立即获得另一个中断。

如果看门狗从中断模式到复位模式重新复位,并且 WDINT 仍为低电平,则器件立即被复位。可以通过读取 SCSR 寄存器的 WDINTS 位来判断 WDINT 信号当前状态。

3. 看门狗的低功耗模式

F2833x 一共有 3 种低功耗模式,在这 3 种低功耗模式下看门狗的运行情况如下所述:

(1) 在 STANDBY 模式下,CPU 的输入时钟被关闭,这使所有来自 SYSCLKOUT 的时钟都被关闭,但看门狗使用的是 OSCCLK 时钟信号,所以它仍处于正常工作。WDINT 信号被送入低功耗控制模块,可将器件从 STANDBY 模式下唤醒。

(2) 在 IDLE 模式下,看门狗的中断信号(WDINT)可以向 CPU 产生一个中断,使其从 IDLE 模式中被唤醒。

(3) 在 HALT 模式下,OSC 和 PLL 都停止工作,看门狗的时钟信号也被关闭,所以,唤醒工作都不能使用。

5.5 时钟和系统控制模块寄存器

表 5-3 列举了锁相环 PLL、时钟、看门狗功能和低功耗模式。

表 5-3 锁相环 PLL、时钟、看门狗功能和低功耗模式配置寄存器

名　　称	地　　址	长度(×16 位)	功 能 描 述
PLLSTS	0x00007011	1	PLL 状态寄存器
Reserved	0x00007012 ～0x00007018	7	保留寄存器
HISPCP	0x0000701A	1	高速外设时钟信号(HSPCLK)寄存器
LOSPCP	0x0000701B	1	低速外设时钟信号(LSPCLK)寄存器
PCLKCR0	0x0000701C	1	外设时钟控制寄存器 0
PCLKCR1	0x0000701D	1	外设时钟控制寄存器 1
LPMCR0	0x0000701E	1	低功耗模式控制寄存器 0
Reserved	0x0000701F	1	保留寄存器
PCLKCR3	0x00007020	1	外设时钟控制寄存器 3
PLLCR	0x00007021	1	锁相环 PLL 控制寄存器
SCSR	0x00007022	1	系统控制与状态寄存器
WDCNTR	0x00007023	1	看门狗计数器寄存器
Reserved	0x00007024	1	保留寄存器
WDKEY	0x00007025	1	看门狗复位关键字寄存器

续表

名　　称	地　　址	长度(×16位)	功能描述
Reserved	0x00007026 ～0x00007028	3	保留寄存器
WDCR	0x00007029	1	看门狗控制寄存器
Reserved	0x0000702A ～0x0000702F	6	保留寄存器

注意：PLL控制寄存器(PLLCR)和PLL状态寄存器(PLLSTS)可以利用$\overline{XRS}$或看门狗复位信号进行复位。

PCLKCR0/1/3寄存器使能/禁止各种外设模块的输入时钟信号。PCLKCR0/1/3寄存器的写操作会产生2个SYSCLKOUT周期延迟，这个延迟在访问外设配置寄存器之前将被计数。由于外设/GPIO是复用的，所有的外设不能同时使用；然而同时开启外设的时钟信号是可以的，只是这样的配置是无效的。图5-5和表5-4分别给出了外设时钟控制寄存器0的各位功能定义及该寄存器中各位的相关描述。

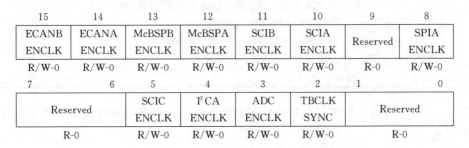

15	14	13	12	11	10	9	8
ECANB ENCLK	ECANA ENCLK	McBSPB ENCLK	McBSPA ENCLK	SCIB ENCLK	SCIA ENCLK	Reserved	SPIA ENCLK
R/W-0	R/W-0	R/W-0	R/W-0	R/W-0	R/W-0	R-0	R/W-0

7	6	5	4	3	2	1	0
Reserved		SCIC ENCLK	I²CA ENCLK	ADC ENCLK	TBCLK SYNC	Reserved	
R-0		R/W-0	R/W-0	R/W-0	R/W-0	R-0	

图5-5　外设时钟控制寄存器0(PCLKCR0)

表5-4　外设时钟控制寄存器0的字段描述

位	字　　段	功　能　描　述
15	ECANBENCLK	ECAN-B时钟使能位：0—模块未计时(默认值)/1—模块ECAN-B使能并利用SYSCLKOUT/2计时
14	ECANAENCLK	ECAN-A时钟使能位：0—模块未计时(默认值)/1—模块ECAN-A使能并利用SYSCLKOUT/2计时
13	McBSPBENCLK	McBSPB-B时钟使能位：0—模块未计时(默认值)/1—模块McBSPB-B使能并利用低速时钟LSPCLK计时
12	McBSPAENCLK	McBSPB-A时钟使能位：0—模块未计时(默认值)/1—模块McBSPB-A使能并利用低速时钟LSPCLK计时
11	SCIBENCLK	SCI-B时钟使能位：0—模块未计时(默认值)/1—模块SCI-B使能并利用低速时钟LSPCLK计时
10	SCIAENCLK	SCI-A时钟使能位：0—模块未计时(默认值)/1—模块SCI-A使能并利用低速时钟LSPCLK计时
9	Reserved	保留
8	SPIAENCLK	SPI-A时钟使能位：0—模块未计时(默认值)/1—模块SPI-A使能并利用低速时钟LSPCLK计时

续表

位	字 段	功 能 描 述
7～6	Reserved	保留
5	SCICENCLK	SCI-C 时钟使能位：0—模块未计时（默认值）/1—模块 SCI-C 使能并利用低速时钟 LSPCLK 计时
4	I²CAENCLK	I²C 时钟使能位：0—模块未计时（默认值）/1—模块 I²C 使能并利用 SYSCLKOUT 计时
3	ADCENCLK	ADC 时钟使能位：0—模块未计时（默认值）/1—模块 ADC 使能并利用高速时钟 HSPCLK 计时
2	TBCLKSYNC	ePWM 模块基准时钟同步,允许用户将所有使能的 ePWM 模块与基准时钟同步：0—每一个被使用的 ePWM 模块的基准时钟停止（默认值）。但如果 ePWM 模块时钟使能位在 PCLKCR1 寄存器中,那么 ePWM 模块将一直通过 SYSCLKOUT 计数,即使 TBCLKSYNC 的值为 0/ 1—所有被使能的 ePWM 模块的时钟都从 TBCLK 的一个上升沿开始。为了完全同步,ePWM 模块的 TBCLK 寄存器的预置位必须被设置成同步。ePWM 模块使用时钟的程序如下： • 在 PCLKCR1 寄存器中使能 ePWM 模块； • 设置 TBCLKSYNC 的值为 0； • 设置预定寄存器的值和 ePWM 模块； • 设置 TBCLKSYNC 的值为 1
1～0	Reserved	保留

图 5-6 和表 5-5 分别给出了外设时钟控制寄存器 1 的各位功能定义及该寄存器中各位的相关描述。

15	14	13	12	11	10	9	8
EQEP2 ENCLK	EQEP1 ENCLK	ECAP6 ENCLK	ECAP5 ENCLK	ECAP4 ENCLK	ECAP3 ENCLK	ECAP2 ENCLK	ECAP1 ENCLK
R/W-0	R/W-0	R/W-0	R/W-0	R/W-0	R/W-0	R/W-0	R/W-0

7	6	5	4	3	2	1	0
Reserved		EPWM6 ENCLK	EPWM5 ENCLK	EPWM4 ENCLK	EPWM3 ENCLK	EPWM2 ENCLK	EPWM1 ENCLK
R-0		R/W-0	R/W-0	R/W-0	R/W-0	R/W-0	R/W-0

图 5-6 外设时钟控制寄存器 1(PCLKCR1)

表 5-5 外设时钟控制寄存器 1 的字段描述

位	字 段	功 能 描 述
15	EQEP2ENCLK	EQEP2 时钟使能位：0—模块未计时（默认值）/1—模块 EQEP2 使能并利用 SYSCLKOUT 计时
14	EQEP1ENCLK	EQEP1 时钟使能位：0—模块未计时（默认值）/1—模块 EQEP1 使能并利用 SYSCLKOUT 计时
13	ECAP6ENCLK	eCAP6 时钟使能位,没有该模块时,该位保留：0—模块未计时（默认值）/1—模块 eCAP6 使能并利用 SYSCLKOUT 计时
12	ECAP5ENCLK	eCAP5 时钟使能位,没有该模块时,该位保留：0—模块未计时（默认值）/1—模块 eCAP5 使能并利用 SYSCLKOUT 计时

续表

位	字　段	功　能　描　述
11	ECAP4ENCLK	eCAP4 时钟使能位：0—模块未计时（默认值）/1—模块 eCAP4 使能并利用 SYSCLKOUT 计时
10	ECAP3ENCLK	eCAP3 时钟使能位：0—模块未计时（默认值）/1—模块 eCAP3 使能并利用 SYSCLKOUT 计时
9	ECAP2ENCLK	eCAP2 时钟使能位：0—模块未计时（默认值）/1—模块 eCAP2 使能并利用 SYSCLKOUT 计时
8	ECAP1ENCLK	eCAP1 时钟使能位：0—模块未计时（默认值）/1—模块 eCAP1 使能并利用 SYSCLKOUT 计时
7~6	Reserved	保留
5	EPWM6ENCLK	ePWM6 时钟使能位：0—模块未计时（默认值）/1—模块 ePWM6 使能并利用 SYSCLKOUT 计时
4	EPWM5ENCLK	ePWM5 时钟使能位：0—模块未计时（默认值）/1—模块 ePWM5 使能并利用 SYSCLKOUT 计时
3	EPWM4ENCLK	ePWM4 时钟使能位：0—模块未计时（默认值）/1—模块 ePWM4 使能并利用 SYSCLKOUT 计时
2	EPWM3ENCLK	ePWM3 时钟使能位：0—模块未计时（默认值）/1—模块 ePWM3 使能并利用 SYSCLKOUT 计时
1	EPWM2ENCLK	ePWM2 时钟使能位：0—模块未计时（默认值）/1—模块 ePWM2 使能并利用 SYSCLKOUT 计时
0	EPWM1ENCLK	ePWM1 时钟使能位：0—模块未计时（默认值）/1—模块 ePWM1 使能并利用 SYSCLKOUT 计时

　　图 5-7 和表 5-6 分别给出了外设时钟控制寄存器 3 的各位功能定义及该寄存器中各位的相关描述。

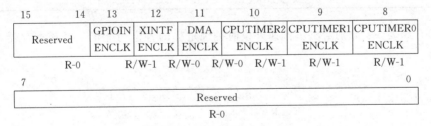

图 5-7　外设时钟控制寄存器 3(PCLKCR3)

表 5-6　外设时钟控制寄存器 3 的字段描述

位	字　段	功　能　描　述
15~14	Reserved	保留
13	GPIOINENCLK	GPIO 输入时钟使能位：0—模块未计时/1—模块 GPIO 使能并利用 SYSCLKOUT 计时（默认值）
12	XINTFENCLK	外部接口时钟使能位：0—模块未计时（默认值）/1—外部接口使能并利用 SYSCLKOUT 计时
11	DMAENCLK	DMA 时钟使能位：0—模块未计时（默认值）/1—DMA 使能并利用 SYSCLKOUT 计时

位	字 段	功 能 描 述
10	CPUTIMER2ENCLK	CPUTIMER2 输入时钟使能位：0—模块未计时/1—模块 CPUTIMER2 使能并利用 SYSCLKOUT 计时(默认值)
9	CPUTIMER1ENCLK	CPUTIMER1 输入时钟使能位：0—模块未计时/1—模块 CPUTIMER1 使能并利用 SYSCLKOUT 计时(默认值)
8	CPUTIMER0ENCLK	CPUTIMER0 输入时钟使能位：0—模块未计时/1—模块 CPUTIMER0 使能并利用 SYSCLKOUT 计时(默认值)
7~0	Reserved	保留

图 5-8 和表 5-7 分别给出了高速外设时钟预定标的各位功能定义及该寄存器中各位的相关描述。

图 5-8 高速外设时钟预定标寄存器(HISPCP)

表 5-7 高速外设时钟预定标寄存器的字段描述

位	字 段	功 能 描 述
15~3	Reserved	保留
2~0	HSPCLK	用来配置高速外设时钟(HSPCLK)与系统时钟(SYSCLKOUT)之间的相互关系：如果 HISPCP=0,那么 HSPCLK=SYSCLKOUT；如果 HISPCP≠0,那么 HSPCLK=SYSCLKOUT/(HISPCP×2)。 000：HSPCLK=SYSCLKOUT/1； 001：HSPCLK=SYSCLKOUT/2(复位后的默认值)； 010~111：HSPCLK=SYSCLKOUT/(HISPCP×2)

图 5-9 和表 5-8 分别给出了低速外设时钟预定标的各位功能定义及该寄存器中各位的相关描述。

图 5-9 低速外设时钟预定标寄存器(LOSPCP)

表 5-8 低速外设时钟预定标寄存器的字段描述

位	字 段	功 能 描 述
15~3	Reserved	保留
2~0	LSPCLK	用来配置高速外设时钟(LSPCLK)与系统时钟(SYSCLKOUT)之间的相互关系。如果 LOSPCP=0,那么 LSPCLK=SYSCLKOUT；如果 LOSPCP≠0,那么 LSPCLK=SYSCLKOUT/(LOSPCP×2)。 000：LSPCLK=SYSCLKOUT/1； 001：LSPCLK=SYSCLKOUT/2(复位后的默认值)； 010~111：LSPCLK=SYSCLKOUT/(LOSPCP×2)

系统控制和状态寄存器(SCSR)包含看门狗受保护位和看门狗中断使能/禁止位。SCSR 的寄存器各位的功能描述如图 5-10 和表 5-9 所示。

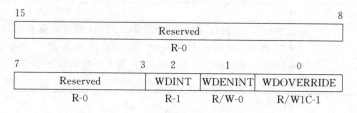

图 5-10 系统控制和状态寄存器(SCSR)

表 5-9 系统控制和状态寄存器(SCSR)位描述

位	字段	功能 描 述
15~0	Reserved	保留
2	WDINTS	看门狗中断状态位。WDINTS 反映看门狗模块信号的当前状态,WDINTS 在状态之后的 2 个 SYSCLKOUT 周期。 如果看门狗中断用于将设备从 IDLE 或 STANDBY 模式中唤醒,在再次进入 IDLE 或 STANDBY 模式之前,可以借助此位来判断 $\overline{WDINT}$ 信号是否恢复为高电平。 0:看门狗中断信号为有效电平; 1:看门狗中断信号为无效电平
1	WDENINT	看门狗中断使能位。 0:看门狗复位()输出信号被使能,看门狗中断()输出信号被禁止(默认复位状态)。当看门狗中断产生时,$\overline{WDRST}$ 信号在 512 个 OSCCLK 周期内持续为低电平,此时 $\overline{WDINT}$ 信号没有作用。 1:看门狗复位()输出信号被禁止,看门狗中断()输出信号被使能(默认复位状态)。当看门狗中断产生时,$\overline{WDINT}$ 信号在 512 个 OSCCLK 周期内持续为低电平,此时 $\overline{WDRST}$ 信号没有作用
0	WDOVERRIDE	看门狗受保护位。 0:写 0 没有影响。当该位被清除时,该位将保持此状态直到下一个复位发生。该位的当前状态可以被用户读取。 1:可以改变看门狗控制寄存器(WDCR)中看门狗禁止位的状态。如果通过写 1 清除了该位,则不能修改 WDDIS 位

如图 5-11 和表 5-10 所示为看门狗计数寄存器位信息和功能介绍。

```
15                        8 7                        0
┌───────────────────────────┬───────────────────────────┐
│          Reserved         │          WDCNTR           │
├───────────────────────────┼───────────────────────────┤
│           R-0             │           R-0             │
└───────────────────────────┴───────────────────────────┘
```

图 5-11 看门狗计数寄存器(WDCNTR)

表 5-10　看门狗计数寄存器(WDCNTR)位描述

位	字　段	功　能　描　述
15～8	Reserved	保留
7～0	WDCNTR	这些位为看门狗计数器的当前值。8 位计数器根据看门狗时钟(WDCLK)连续递增,如果计数器溢出,那么看门狗发出一个复位信号,如果向 WDKEY 寄存器写一个有效组合,那么计数器将清零,看门狗的时钟基准由 WDCR 寄存器配置

如图 5-12 和表 5-11 所示为看门狗复位寄存器位信息和功能介绍。

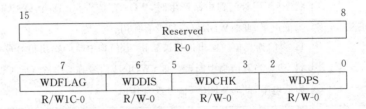

图 5-12　看门狗复位寄存器(WDKEY)

表 5-11　看门狗复位寄存器(WDKEY)位描述

位	字　段	值	功　能　描　述
15～8	Reserved		保留
7～0	WDKEY	0x55＋0xAA 其他值	写入 0x55,紧接着写入 0xAA,使 WDCNTR 位清零;写入 0x55 或 0xAA 之外的其他值将不会产生影响,但在 0x55 之后写入除 0xAA 外的其他值,那么需要重写 0x55;读操作将返回 WDCR 寄存器的值

如图 5-13 和表 5-12 所示为看门狗控制寄存器位信息和功能介绍。

15				8
		Reserved		
		R-0		

7	6	5　　　3	2　　　0
WDFLAG	WDDIS	WDCHK	WDPS
R/W1C-0	R/W-0	R/W-0	R/W-0

图 5-13　看门狗控制寄存器(WDCR)

表 5-12　看门狗控制寄存器(WDCR)位功能描述

位	字　段	功　能　描　述
15～8	Reserved	保留
7	WDFLAG	看门狗复位状态标志位。 0:表示外部设备或上电复位条件。该位将一直锁存直到写 1 到 WDFLAG,将该位清零,写入 0 没有影响。 1:表示看门狗复位(WDRST)满足复位条件
6	WDDIS	看门狗禁止位,复位时,看门狗模块激活。 0:使能看门狗模块。只有当 SCSR 寄存器中的 WDOVERRIDE 位设为 1 时,WDDIS 的值才能被修改。 1:禁止看门狗模块

续表

位	字　段	功　能　描　述
5～3	WDCHK	看门狗检查位。必须一直向这些位写 1、0、1，写入其他值设备会复位。当看门狗被使能时，写入其他值会立即使设备复位或引起看门狗中断，读操作返回 0、0、0
2～0	WDPS	用于配置看门狗计数时钟的速率（相对于 OSCCLK/512）； 000：WDCLK＝OSCCLK/512/1； 其他：WDCLK＝OSCCLK/512/2$^{[2:0]-1}$

5.6　时钟系统基本设置的编程例程

下面为一段看门狗基本设置例程，它反映了时钟系统设置的一种方式，通过该例程可以学习时钟系统编程设置的基本方式和各个设置要点。

```
#include "DSP2833x_Device.h"      //Headerfile Include File
#include "DSP2833x_Examples.h"    //Examples Include File
interrupt void wakeint_isr(void);  //Prototype statements for functions found within this file
Uint32 WakeCount;
Uint32 LoopCount;
void main(void)
{
  InitSysCtrl();      //初始化系统函数
  DINT;               //Disable CPU interrupts; Clear all interrupts and initialize PIE vector table
InitPieCtrl();        //初始化 PIE 控制寄存器，即：禁止所有 PIE 中断使能，清零所有 PIE 中断标志位
  IER＝0x0000;
  IFR＝0x0000;        //这两句命令用来禁止所有 CPU 中断使能，清零所有 CPU 中断标志位
  InitPieVectTable();//初始化 PIE 中断向量表
  EALLOW;            //This is needed to write to EALLOW protected registers
  PieVectTable.WAKEINT＝&wakeint_isr;  //使得 PieVectTable.WAKEINT 指向中断向量表
  EDIS;                  //This is needed to disable write to EALLOW protected registers
  WakeCount＝0;          //中断次数计数
  LoopCount＝0;          //空闲循环计数

  EALLOW;
  SysCtrlRegs.SCSR＝BIT1;   //WDENINT 写 1，使能看门狗中断
  EDIS;

  PieCtrlRegs.PIECTRL.bit.ENPIE＝1;   //使能 PIE 模块
  PieCtrlRegs.PIEIER1.bit.INTx8＝1;   //使能 PIE 第一组中断向量
  IER ｜＝M_INT1;                      //使能 CPU 中断 1
  EINT;                               //Enable Global Interrupts
  ServiceDog();                       //复位看门狗定时器
EALLOW;
  SysCtrlRegs.WDCR＝0x0028;           //使能看门狗
  EDIS;

  for(;;)
    {
```

```
        LoopCount++;
    }
}

interrupt void wakeint_isr(void)                    //中断子程序
{
    WakeCount++;
    PieCtrlRegs.PIEACK.all=PIEACK_GROUP1;        //使能模块的下次中断请求
}
```

习题与思考

5-1　试画出时钟控制系统的系统结构框图。

5-2　试简述时钟及控制系统的主要功能。

5-3　试简述看门狗的功能及其工作原理。

5-4　试画出时钟系统框图(从外部时钟信号的生成到外设控制时钟的产生)。

5-5　试总结高低速时钟信号的设置相关知识要点。

## 第 6 章

TMS320F2833x 的 CPU 定时器

6.1 CPU 定时器的结构

定时器是用来准确控制时间的工具。人类最早使用的定时工具是沙漏或水漏,但在钟表诞生发展成熟之后,人们开始尝试使用这种全新的计时工具来改进定时器,以达到准确控制时间的目的。为了能够准确地用 DSP 控制时间,以满足控制某些特定事件的要求,定时器是必不可少的。利用定时器产生的定时中断可以触发周期性的事件,如设定数字控制系统的采样周期、人机接口中键盘的扫描周期、显示器的刷新周期等。

以 TMS320F28335 为例,芯片内部有 3 个 32 位的 CPU 定时器——Timer0、Timer1 和 Timer2。TMS320F28335CPU 定时器的功能结构图如图 6-1 所示,其中 CPU 定时器 Timer0、Timer1 可以给用户使用,CPU 定时器 Timer2 留给实时操作系统(DSP/BIOS)。如果程序不使用 DSP/BIOS,那么 CPU 定时器 Timer2 可以在应用程序中使用。

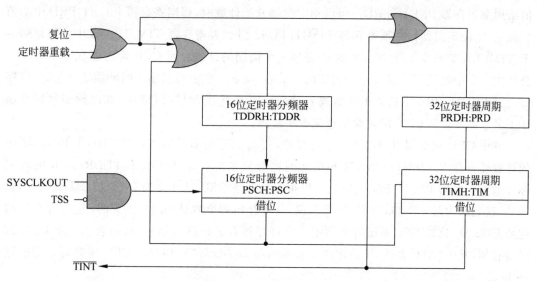

图 6-1　CPU 定时器的功能结构图

CPU 定时器中断信号($\overline{\text{TINT0}}$、$\overline{\text{TINT1}}$、$\overline{\text{TINT2}}$)与 CPU 之间的连接方式不同,具体连接方式如图 6-2 所示。从图 6-2 我们可以看出,中断大致可以分为 3 类,其中 CPU 定时器 Timer0 在 DSP 的实际应用过程中的使用频率最高,用来处理绝大多数的 DSP 软件编程所生成的中断,图 6-2 对应的还有一个 PIE(Peripheral Interrupt Expansion,外设中断扩展)模块,它是专门处理外设中断的扩展模块,该模块用来管理各个外设的中断请求,这些内容将在第 7 章详细系统地介绍。CPU 定时器 Timer1 和外部中断(注意:不是外设中断)共同构成了另外一类中断,该类中断基本上用来处理外部突发的不可预测事件,使用的频率相对而言较少; CPU 定时器 Timer2 为 DSP/BIOS 保留,在 DSP 本身硬件固化后不可更改,用来处理 DSP 本身硬件问题,平时 DSP 编程过程中几乎用不到。

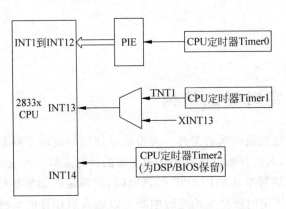

图 6-2　CPU 定时器中断信号和输出信号

6.2　CPU 定时器的工作原理

在 CPU 定时器工作之前,先根据实际的需求,计算出 CPU 定时器周期寄存器的值,赋值给周期寄存器 PRDH:PRD。当启动定时器开始计数时,周期寄存器 PRDH:PRD 中的值装载进 32 位定时器计数器寄存器 TIMH:TIM。计数器寄存器 TIMH:TIM 中的值每隔一个 TIMCLK 就减少 1,直到计数到 0,完成一个周期的计数。而 CPU 定时器在这个时候就会产生一个中断信号。完成一个周期的计数后,在下一个定时器输入时钟周期开始时,周期寄存器 PRDH:PRD 中的值重新装载入计数器寄存器 TIMH:TIM 中,如此周而复始地循环下去。图 6-3 为 CPU 定时器工作流程示意图。

其中 CPU 定时器对应以下 4 个寄存器,32 位的定时器周期寄存器 PRDH:PRD,32 位的计数器寄存器 TIMH:TIM,16 位的定时器分频器寄存器 TDDRH:TDDR,16 位的预定标计数器寄存器 PSCH:PSC。我们可以很容易地注意到,这 4 个寄存器以"XH:X"的形式表达,这是因为对于 X2833x 的 DSP 来说,其寄存器的位数是 16 位,而 CPU 定时寄存器的位数是 32 位,这样 DSP 系统就必须用 2 个寄存器有机地联合起来,从而表达一个 CPU 定时寄存器,其中"XH"表达 CPU 定时寄存器的高 16 位,而"X"则对应 CPU 定时寄存器的低 16 位。

简而言之,CPU 定时器工作流程是"装载→计数减少→为 0 产生中断→装载"的往复循环过程。

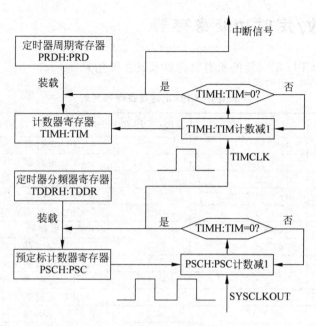

图 6-3　CPU 定时器工作流程示意图

6.3　定时器定时时间定量计算

CPU 定时器定时时间的计算非常简单。我们可以认为 DSP 的定时计数系统是一个两层计数系统，好比一个两位数，低位何时不够而向高位借位由定时器分频器寄存器 TDDRH：TDDR 来设定，高位何时不够而借位由定时器周期寄存器 PRDH：PRD 来设定，而定时器分频器寄存器 TDDRH：TDDR 的设定与定时器周期寄存器 PRDH：PRD 的设定是相互独立的。

假设系统时钟信号 SYSCLKOUT 的频率为 f（单位为 MHz）。我们首先可以将时间 TIMCLK（其含义如图 6-3 所示）计算出来。

如果定时器分频器寄存器 TDDRH：TDDR 的设定值记为 x（一个 32 位二进制数，然后转化为一个十进制数），则时间 TIMCLK 可由下面的计算公式得出：

$$TIMCLK = \frac{x+1}{f} \times 10^{-6}$$

这个时候如果在已知定时器周期寄存器 PRDH：PRD 的设定值为 y，则 CPU 定时器一个周期所计算的时间为：

$$T = \frac{(x+1)(y+1)}{f} \times 10^{-6} = TIMCLK \times (y+1)$$

实际应用时，通常是已知要设定的时间 T 和 CPU 的系统时钟频率 f，来求出周期寄存器 PRDH：PRD 的值，然后进行设定。

6.4　计数/定时功能寄存器

表 6-1 列举了 CPU 定时器的所有寄存器及其主要信息。

表 6-1　CPU 定时器寄存器列表

名　　称	地　　址	长度(×16 位)	功 能 描 述
TIMER0TIM	0x0C00	1	CPU 定时器 0 计数器寄存器低位
TIMER0TIMH	0x0C01	1	CPU 定时器 0 计数器寄存器高位
TIMER0PRD	0x0C02	1	CPU 定时器 0 周期寄存器低位
TIMER0PRDH	0x0C03	1	CPU 定时器 0 周期寄存器高位
TIMER0TCR	0x0C04	1	CPU 定时器 0 控制寄存器
Reserved	0x0C05	1	保留寄存器
TIMER0TPR	0x0C06	1	CPU 定时器 0 预定标寄存器低位
TIMER0TPRH	0x0C07	1	CPU 定时器 0 预定标寄存器高位
TIMER1TIM	0x0C08	1	CPU 定时器 1 计数器寄存器低位
TIMER1TIMH	0x0C09	1	CPU 定时器 1 计数器寄存器高位
TIMER1PRD	0x0C0A	1	CPU 定时器 1 周期寄存器低位
TIMER1PRDH	0x0C0B	1	CPU 定时器 1 周期寄存器高位
TIMER1TCR	0x0C0C	1	CPU 定时器 1 控制寄存器
Reserved	0x0C0D	1	保留寄存器
TIMER1TPR	0x0C0E	1	CPU 定时器 1 预定标寄存器低位
TIMER1TPRH	0x0C0F	1	CPU 定时器 1 预定标寄存器高位
TIMER2TIM	0x0C10	1	CPU 定时器 2 计数器寄存器低位
TIMER2TIMH	0x0C11	1	CPU 定时器 2 计数器寄存器高位
TIMER2PRD	0x0C12	1	CPU 定时器 2 周期寄存器低位
TIMER2PRDH	0x0C13	1	CPU 定时器 2 周期寄存器高位
TIMER2TCR	0x0C14	1	CPU 定时器 2 控制寄存器
Reserved	0x0C15	1	保留寄存器
TIMER2TPR	0x0C16	1	CPU 定时器 2 预定标寄存器低位
TIMER2TPRH	0x0C17	1	CPU 定时器 2 预定标寄存器高位
Reserved	0x0C18～0x0C3F	40	保留寄存器

图 6-4 依次给出了定时器计数器寄存器低位 TIMERxTIM($x=0,1,2$)、定时器计数器寄存器高位 TIMERxTIMH($x=0,1,2$)、定时器周期寄存器低位 TIMERxPRD($x=0,1,2$)、定时器计数器寄存器高位 TIMERxPRDH($x=0,1,2$)的各位功能定义。

注意：R/W-0 代表可读可写以及寄存器复位后的值为 0。

以上 4 个寄存器所代表的含义在表 6-1 已经表述得很清楚了，TDDRH：TDDR 是定时器预定标分频值，TIMH：TIM 是定时器计数器的值。

每隔 TDDRH：TDDR＋1 个时钟周期，TIMH：TIM 的值减 1。当 TIMH：TIM 的值减到 0 时，定时器计数器 TIMH：TIM 重新装载定时器周期寄存器 PRDH：PRD 所包含的周期值，同时产生定时器中断信号 $\overline{TINT}$。

图 6-5 给出了定时器控制寄存器 TIMERxTCR($x=0,1,2$)的各位功能定义，表 6-2 进一步对该寄存器中各位进行了功能描述。

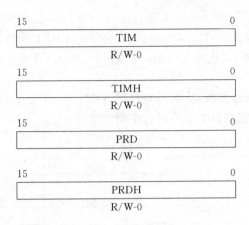

图 6-4　CPU 定时器寄存器

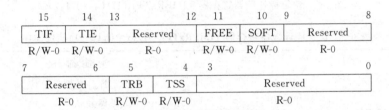

图 6-5　定时器控制寄存器 TIMERxTCR($x=0,1,2$)

表 6-2　定时控制寄存器 TIMERxTCR($x=0,1,2$)功能位描述

位	字　段	功　能　描　述
15	TIF	Timer Interrupt Flag——定时器中断标志位。当定时计数器减少到 0 时,标志位将置 1,可以通过软件写 1 对该位清 0;但是只有定时计数器递减到 0,该位才会被置位。对该位写 1 将清除该位,写 0 无效
14	TIE	Timer Interrupt ENCAN——定时器中断使能位。如果定时计数器递减到 0,该位置 1,定时计数器将会向 CPU 提出中断请求
13~12	Reserved	保留
11	FREE	定时器仿真方式:FREE 和下面的 SOFT 位是专门用于仿真的,这些位决定了在高级语言编程调试中,遇到断点时定时计数器的状态。如果 FREE 位为 1,那么在遇到断点时,定时计数器会继续自由运行,即在这种情况下,SOFT 位将不起作用。但是如果 FREE 为 0,则 SOFT 起作用
10	SOFT	定时器仿真方式:(在 FREE 位为 0 的前提条件下)如果该位为 0,则定时计数器在下一个 TIMH:TIM 递减操作完成后停止(硬停止)。而当该位为 1 时,则定时计数器在 TIMH:TIM 递减到 0 后停止(软停止)
9~8	Reserved	保留
7~6	Reserved	保留
5	TRB	定时器重新装载位——当向 TRB 写 1 时,PRDH:PRD 的值装入 TIMH:TIM,并且把定时器分频器寄存器 TDDRH:TDDR 中的值装入预定标计数器 PSCH:PSC。TRB 位一直读作 0
4	TSS	Timer Stop Status——定时计数器停止状态位。TSS 是停止或启动定时器的一个标志位。要停止定时计数器,置 TSS 为 1。要启动或重启动定时计数器,置 TSS 为 0。在复位时,TSS 清 0 并且定时计数器立即启动
3~0	Reserved	保留

注意：对 FREE SOFT 两位的功能进行总结如下。FREE SOFT＝00 时，定时计数器在下一个 TIMH：TIM 递减操作完成后停止(硬停止)；FREE SOFT＝01 时，定时计数器在 TIMH：TIM 递减到 0 后停止(软停止)；FREE SOFT＝10 时，自由运行；FREE SOFT＝11 时，自由运行。

图 6-6 给出了预定标计数器高、低位寄存器 TIMERxTPR(H)($x＝0,1,2$)的各位功能定义，表 6-3 进一步对该寄存器中各位进行了功能描述。

15		8	7		0
	PSC			TDDR	
	R-0			R/W-0	

15		8	7		0
	PSCH			TDDRH	
	R-0			R/W-0	

图 6-6 预定标计数器寄存器 TIMERxTPR(H)($x＝0,1,2$)

表 6-3 预定标计数器寄存器 **TIMERxTPR(H)**($x＝0,1,2$)功能位描述

位	字　段	功 能 描 述
15～8	PSC	预定标计数器低 8 位
7～0	TDDR	定时器分频器低 8 位
15～8	PSCH	预定标计数器高 8 位
7～0	TDDRH	定时器分频器高 8 位

注意：PSC、PSCH 合起来代表了一个完整的量，一共有 16 位，却被分散到了 2 个 16 位的寄存器当中，TDDR、TDDRH 也是如此。这样一来，数据的重载就可以在每个寄存器的内部进行操作了。

对每一个定时器时钟周期，PSCH：PSC 逐个减计数直到其值为 0。这个时候，将是一个定时器时钟周期，即定时器预定标寄存器的输出周期，TDDRH：TDDR 的值装入 PSCH：PSC 中，定时计数器寄存器 TIMH：TIM 的值减 1。无论何时，定时器重装位 TRB 由软件置 1 时，也重装 PSCH：PSC。复位时，PSCH：PSC 置位 0。

6.5 CPU 定时器中断基础设置例程

为了便于理解如何利用 CPU 定时器产生的定时中断来触发周期性的事件，下面提供了一个 CPU 定时器中断例程。在本例程中，着重展现了 CPU 定时器的基本配置以及开关中断的步骤。读者可以在此基础上在中断子程序中添加适当的语句实现所需的功能。

```
#include "DSP28x_Project.h"
interrupt void cpu_timer0_isr(void);        //CPU 定时器 0,1,2 中断子程序函数声明
interrupt void cpu_timer1_isr(void);
interrupt void cpu_timer2_isr(void);
void main(void)
{
  InitSysCtrl();                            //初始化系统控制
  DINT;
```

```
    InitPieCtrl();                              //初始化 PIE 模块控制
    IER＝0x0000;                                 //禁止所有 CPU 中断使能
    IFR＝0x0000;                                 //清零所有 CPU 中断标志位
InitPieVectTable();                             //初始化 PIE 中断向量表
    EALLOW;
    PieVectTable.TINT0＝&cpu_timer0_isr;         //取 cpu_timer0_isr 的地址值赋给 TINT0 中断向量
    PieVectTable.XINT13＝&cpu_timer1_isr;        //取 cpu_timer1_isr 的地址值赋给 XINT13 中断向量
    PieVectTable.TINT2＝&cpu_timer2_isr;         //取 cpu_timer2_isr 的地址值赋给 TINT2 中断向量
EDIS;
    InitCpuTimers();                            //初始化 CPU 定时器


#if (CPU_FRQ_150MHz)
    ConfigCpuTimer(&CpuTimer0,150,1000000);     //对 CPU 定时器进行配置,150 为频率,
                                                //单位为 MHz,1000000 为定时器周期,单位为 μs
    ConfigCpuTimer(&CpuTimer1,150,1000000);
    ConfigCpuTimer(&CpuTimer2,150,1000000);
#endif

#if (CPU_FRQ_100MHz)
    ConfigCpuTimer(&CpuTimer0,100,1000000);
    ConfigCpuTimer(&CpuTimer1,100,1000000);
    ConfigCpuTimer(&CpuTimer2,100,1000000);
#endif

    CpuTimer0Regs.TCR.all=0x4001;               //启动定时器 0
    CpuTimer1Regs.TCR.all=0x4001;               //启动定时器 1
    CpuTimer2Regs.TCR.all=0x4001;               //Use write-only instruction to set TSS bit=0

    IER |=M_INT1;                               //开 CPU 中断 1
    IER |=M_INT13;                              //开 CPU 中断 13
    IER |=M_INT14;                              //开 CPU 中断 14
    PieCtrlRegs.PIEIER1.bit.INTx7=1;            //使能 PIE 中断向量组的 TINT0 中断
    EINT;                                       //使能全局中断
    ERTM;                                       //使能实时中断
for(;;);
}


interrupt void cpu_timer0_isr(void)             //CPU 定时器 0 中断子程序
{
    CpuTimer0.InterruptCount++;
    PieCtrlRegs.PIEACK.all=PIEACK_GROUP1;       //使能模块的下次中断请求
}


interrupt void cpu_timer1_isr(void)
{
    EALLOW;
    CpuTimer1.InterruptCount++;
    EDIS;
}
```

```
interrupt void cpu_timer2_isr(void)
{
    EALLOW;
    CpuTimer2.InterruptCount++;
    EDIS;
}
```

习题与思考

6-1　简要描述定时器的结构和主要功能。

6-2　理解定时器的工作原理,试画出定时器工作流程图。

6-3　已知定时时间和时钟频率,试利用定时器定时计算公式进行简单的计算。

6-4　简要分析定时器相关寄存器的作用和定义。

6-5　结合 CPU 中断基本例程熟悉 CPU 中断流程,注意开关中断的步骤。

第7章 TMS320F2833x 的中断系统

CHAPTER 7

7.1 简介

什么是中断？其原英文为 Interrupt，意味着"正常原行动"被打断，在 DSP 系统中 CPU 一直在运行主程序 main 函数，被打断的过程也就是暂停主程序处理转而去执行其他事件的过程。CPU 运行主程序就像是日常生活，"中断"意味着发生了"意外事件"，需要立即进行处理。后面通过比较可以看到，中断方式是一种灵活处理事件的方式，中断的合理安排可以提高 DSP 整个系统事件执行的效率。因此，中断系统在 DSP 中的地位非常重要，凡是事件驱动型的数字处理系统里面都应该有中断系统，中断就是为响应事件而存在的。

7.2 什么是中断系统

中断是硬件和软件驱动事件，它使得 CPU 停止当前的主程序，并转而去执行一个中断服务子程序。对于一个控制系统而言，主程序就像是日常生活的吃饭、睡觉，是生活的主体但的确显得"平淡无奇"。而一个控制系统的精髓在于，当系统遇到不确定事件时，根据当前状况，做出指向目的的决策和动作。在 DSP 系统中，这一功能就是由中断系统来完成的。

为了能够更好地理解 DSP 中的中断系统，下面以消防员的生活为例进行说明。消防员平常生活中就是训练、值班——"执行主程序"。突然，某处起火，消防员收到消息——"有一个中断请求"，遇到了紧急事件，消防员放下正在处理的事件，转而去处理紧急事件即救火——"暂停主程序，执行中断服务子程序"。火灾抢救完毕，消防员回到日常的生活轨道中来——"返回主程序继续执行"，如图 7-1 所示。

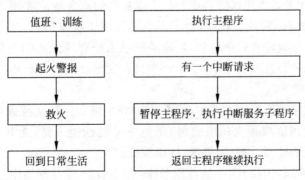

图 7-1 中断系统的比拟

7.3 数字系统的4种信息交换模式

从前面的文字我们可以看到,所谓中断系统就是一个系统接收信息并根据信息产生相应动作的模块。中断系统的本质特征在于"中断"这个概念,它实质上是指DSP的CPU与外设之间进行信息交换的一种方式。

在数字电路的发展过程当中,模块之间的信息交换经历了以下4个阶段。

1. 无条件传送方式

无条件传送方式是一种最简单的程序控制传送方式,当程序执行到输入/输出指令时,CPU不需要了解端口的状态,直接进行数据的传送。当CPU与外部设备进行数据交换时,总认为它们处于"就绪"状态,随时可以进行数据传送。按这种方式传送信息时,外部设备必须已准备好,系统不需要查询外设的状态。在输入时,只给出IN指令;而在输出时,则仅给出OUT指令。

无条件传送方式的输入/输出接口电路最简单,一般只需要设置数据缓冲寄存器和外设端口地址译码器就可以了。无条件传送方式的缺点很明显:输入时外设必须已准备好数据,输出时接口锁存器必须为空;这种信息传送方式只限于定时已知且固定不变的低速I/O接口。

2. 查询传送方式

程序控制下的查询传送方式,又称为异步传送方式。它在执行输入/输出操作之前,需要通过测试程序对外部设备的状态进行检查。当所选定的外设已经准备就绪后,才开始进行输入/输出操作。

查询传送方式主要包括两个基本的工作环节:查询环节、传送环节。查询环节主要通过读取状态寄存器的标志位来检查外设是否"就绪"。如果没有"就绪",则程序不断循环,直至"就绪"后才继续进行下一步工作。当查询环节完成后,进入传送环节,系统将对数据口实现寻址,并通过输入指令从数据端口输入数据,或利用输出指令从数据端口输出数据。

查询传送方式中CPU与I/O设备的关系是CPU主动,I/O被动,即I/O操作由CPU启动。由于CPU与I/O设备的工作往往不同步,故当CPU执行输入操作时,很难保证外设已经准备好输入信息;同样地,CPU在执行输出操作时,也很难保证外设已准备好接收输出信息。所以,在程序控制下的传送方式,必须在传送前先检查外设的状态。对查询传送方式,接口部分除了有数据传送的端口外,还必须有传送状态信息的端口。

查询传送方式比无条件传送方式更容易实现数据的有准备传送,控制程序也容易编写,且工作可靠,适用面宽。其缺点在于,由于需要不断测试状态信息,使得大量CPU工时将被查询环节消耗掉,导致传送效率较低,妨碍了数字系统高速性能的充分发挥,即产生了快速的CPU与慢速的外设之间的矛盾,这是计算机在发展过程中遇到的严重问题之一。

3. 中断传送方式

前面提到,在程序查询传送方式中,CPU与外设之间是一种交替进行的串行工作方式。这对CPU资源的使用造成很大的浪费,使得整个系统性能下降,尤其是对于某些数据输入/输出速度特别慢的外部设备,如键盘、打印机等。

为了弥补上述缺陷,提高CPU的使用效率,在I/O传输过程当中,我们采用中断传输机制：即 CPU 平时可以忙于自己的事务，当外设有需要时即可向 CPU 提出服务请求；CPU 响应后，转去执行中断服务子程序；待中断服务子程序执行完毕后，CPU 重新回到断点，继续处理被临时中断的事务。

同查询传送方式相反，中断传送方式当中，CPU 与 I/O 设备的关系是 I/O 主动，CPU 被动，即 I/O 操作由 I/O 设备启动。在这种传送方式中，中断服务程序必须是预先设计好的，且其程序入口已知，调用时间则由外部信号所决定。

中断传输方式的显著优点在于：能够节省大量的 CPU 时间，实现 CPU 与外设并行工作，提高计算机的使用效率，并使得 I/O 设备的服务请求得到及时处理。可以适用于计算机工作量较大，且实时性要求又很高的系统。

中断传输方式的硬件比较复杂，软件开发与调试也相应地比程序查询方式困难。

4. DMA 传送方式

另外，很多资料还介绍了 DMA 传送方式。其实，DMA 只是一种单纯的数据传输。上面所述的传输方式也能进行数据传输，但它们更为重要的功能还是控制信息在各个模块之间的传递作用。

在采用 DMA 的传输方式过程中，CPU 会让出总线控制权，于是在 DMA 控制器的管理下，外设和储存器直接进行数据交换，不需要 CPU 干预，也就不需要占用 CPU 资源。数据传送完毕后，设备接口会向 CPU 发送 DMA 结束信号，交换总线控制权。由于 CPU 根本不参加传输操作，因此就省去了 CPU 取指令、取数、送数等操作。在数据传送过程中，没有保护现场、恢复现场之类的工作。内存地址修改、传输字个数的计数等，也不是由软件实现，而是用硬件线路直接实现的，所以 DMA 方式能满足高速 I/O 设备的要求，也有利于 CPU 效率的发挥。

DMA 方式的主要特点是速度快。它允许不同速度的硬件装置来沟通，不需要依赖于 CPU 的大量中断负载。但是，DMA 传输方式只是减轻了 CPU 的工作负担，系统总线仍然被占用。特别是在传输大容量文件时，CPU 的占用率可能不到 10%，但是用户会觉得运行部分程序时系统变得相当地缓慢，主要原因就是在运行这些应用程序特别是一些大型软件时，操作系统也需要从系统总线传输大量数据，故造成时间过长的等待。

通过对各种传输方式的介绍，希望读者对中断、中断系统这两个重要概念能够有一个更为清晰的认识。

如果说时钟系统是 DSP 的心脏，为 CPU 不断提供有规律的时钟信号，那么中断系统就是 DSP 的眼、耳、鼻等感官器官以及输入神经系统。我们将时钟系统看作电机控制系统中提供动力的电源部分，将 CPU 看作电机控制系统中的控制芯片，则中断系统可以看作电机本身加上各种收集信息的传感器。从这个比拟中我们可以大致看出中断系统在 DSP 中的重要性。

DSP 的中断申请信号通常是由软件或者硬件所产生的，一般是由外围设备提出，表示一个特别事件已经发生，请求 CPU 暂停正在执行的主程序，去处理相应的更为紧急的事件。例如，CPU 定时器 0 完成了一个周期的计数时，就会发出一个周期中断的请求信号，这个信号通知 CPU 定时器已经完成了一段时间的计时，这时有可能有一些紧急事件需要 CPU 过来处理。

中断主要有两种方式触发：一种是在软件中写指令，例如 INTR、OR、IFR 或者 TRAP

指令；另外一种是硬件方式触发，例如来自 DSP 片内外设或者外围设备的中断信号，表示特定的事件已经发生。

7.4　中断系统的三级中断机制

DSP 系统的三级中断机制是中断系统的纵向性质，该性质基本取决于已有 DSP 的硬件电路系统，故也可以称为硬特性。而相应地，中断的分类是中断系统的横向性质，该性质与 DSP 内部的程序密切联系，故也可以称之为软特性。对比及联系 DSP 系统两方面的性质，可以对中断机制有个更加清晰、更加丰满的认识。

DSP28335 的中断采用的是三级中断机制，分别为外设级、PIE 级和 CPU 级，见图 7-2。而这三级形成了一个串联系统，也就是说，对于一个具体的外设中断请求，必须通过三级的共同许可，否则，只要有任意一级不许可，CPU 最终都不会响应该外设中断。这就好比一个文件需要三级领导的批示一样，任意一级领导的不同意，都会使文件不能被送至上一级领导，更不可能得到最终的批复，三级中断机制的原理也是如此。

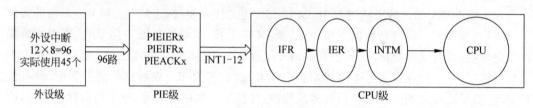

图 7-2　中断系统的三级中断机制

7.4.1　外设级

在程序的运行过程中，DSP 硬件系统的某个外设由于软件或者是硬件的原因产生了一个中断事件，那么在这个外设的某个寄存器中与该中断事件相关的中断标志位（Interrupt Flag，IF）被置 1。与此同时，如果该中断所对应的中断使能位（Interrupt Enable，IE）已经置为 1，该外设就会向 PIE 控制器发出一个中断请求。相反地，中断事件已经发生，相应的中断标志位也被置位了，但是该中断没有被使能，也就是中断使能位的值为 0，那么外设就不会向 PIE 控制器提出中断请求；更形象的说法是，命令传递路径被切断，导致不能传达中断请求。值得注意的是，这时虽然外设不会向 PIE 控制器提出中断请求，但是相应的中断标志位会一直保持置位状态，直到用程序将其清除为止。当然，在中断标志位保持置位状态时，一旦该中断被使能，那么外设会立即向 PIE 发出中断请求。

简单总结如下：中断事件发生后无条件导致中断标志位置位，中断标志位的置位状态通过中断使能位这个开关发送到 PIE 控制器。

下面结合具体的 T0INT 来进一步说明。当 CPU 定时器 0 的计数器寄存器 TIMH：TIM 计数到 0 时，就产生了一个 T0INT 事件，即 CPU 定时器 0 的周期中断。这时，CPU 定时器 0 的控制寄存器 TIMER0TCR 的第 15 位定时器中断标志位 TIF 被置位为 1。这时，如果 TIMER0TCR 的第 14 位，也就是定时器中断使能位 TIE 的值是 1 的话，则 CPU 定时器 0 就会向 PIE 控制器发出中断请求，当然如果 TIE 的值为 0，也就是该中断未被使能，则

CPU 定时器 0 不会向 PIE 控制器发出中断请求,而且中断标志位 TIF 将一直保持为 1,除非通过程序将其清除。

需要注意的是,不管什么情况下,外设寄存器中的中断标志位都必须手工清除(这里指的是通过软件修改,区别于硬件置位方式),SCI、SPI 除外。

清除 CPU 定时器 0 中断标志位 TIF 的语句如下:

```
CpuTimer0Regs.TCR.bit.TIF=1;           //清除定时器中断标志位
```

其中: CpuTimer0 表示 CPU 定时器 0 为 Timer0,CpuTimer0Regs 表示 Timer0 的所有寄存器,CpuTimer0Regs.TCR 表示 Timer0 寄存器中的 TCR 寄存器(T:Time,CR:ContRol,控制寄存器),".bit"表示对寄存器进行位操作,".bit.TIF"表示对寄存器的具体位".TIF"进行操作。

上面的语句明明是对 TIF 位写 1,怎么反而成了清除中断标志位了呢? 原来,在 DSP28335 的编程中,很多时候都是通过对寄存器的位写 1 来清除该位的。写 0 是无效的,只有写 1 才能将该标志位复位,在应用的时候应查阅各个寄存器位的具体说明。

在外设级编程时,需要手动处理的地方有两处:一处是外设中断的使能/屏蔽,需要将与该中断相关的外设寄存器中的中断使能位置 1/清 0;另外一处是外设中断标志位的清除,需要将与中断相关的外设寄存器中的中断标志位置 1。

7.4.2 PIE 级

当外设产生中断事件,相关中断标志位置位,中断使能位使能之后,外设就会把中断请求提交给 PIE 控制器。前面已经讲过,PIE 控制器将 96 个外设和外部引脚的中断进行了分组,每 8 个中断为 1 组,一共是 12 组,即 PIE1~PIE12。每个组的中断被多路汇集进入了一个 CPU 中断,例如 PDPINTA、PDPINTB、XINT1、XINT2、ADCINT、TINT0、WAKEINT 这 7 个中断都在 PIE1 组内,这些中断也都汇集到了 CPU 中断的 INT1;同样地,PIE2 组的中断都被汇集到了 CPU 中断的 INT2;……;PIE12 组的中断都被汇集到了 CPU 中断的 INT12。

和外设级相类似,PIE 控制器中的每一个组都会有一个中断标志寄存器 PIEIFRx 和一个中断使能寄存器 PIEIERx(x=1~12)。每个寄存器的低 8 位对应于 8 个外设中断,高 8 位保留。例如,CPU 定时器 0 的周期中断 T0INT 对应于 PIEIFR1 的第 7 位和 PIEIER1 的第 7 位。

由于 PIE 控制器是多路复用的,每一组内有许多不同的外设中断共同使用一个 CPU 中断,但是每一个组在同一个时间内只能有一个中断被响应,那么 PIE 控制器是如何实现的呢? 首先,PIE 组内的各个中断也是有优先级的,位置在前面的中断的优先级比位置在后面的中断的优先级来得高,这样,如果同时有多个中断提出请求,PIE 先处理优先级高的,后处理优先级低的。同时,PIE 控制器除了每组有 PIEIFR 和 PIEIER 寄存器之外,还有一个 PIE 中断应答寄存器 PIEACK,它的低 12 位分别对应着 12 个组,即 PIE1~PIE12,也就是 INT1~INT12,高位保留。这些位的状态就表示 PIE 是否准备好了去响应这些组内的中断,即起到"承下"的作用。例如 CPU 定时器 0 的周期中断被响应了,则 PIEACK 的第 0 位(对应于 PIE1,即 INT1)就会被置位,并且一直保持,直到手动清除这个标志位。当 CPU 在响应 T0INT 的时候,PIEACK 的第 0 位一直是 1,这是如果 PIE1 组内发生了其他的外设中断,则暂时不会被 PIE 控制器响应并发送给 CPU,必须等到 PIEACK 的第 0 位被复位之后,如果该中断请求还存在,那么 PIE 控制器会立刻把中断请求发送给 CPU。所以,每个外设中断被响应之后,一定要对 PIEACK 的相关位进行手动复位,以使得 PIE 控制器能够响应同组内的其他中断。清除 PIEACK 中与 T0INT 相关的应答位的语句如下:

    PieCtrl.PIEACK.bit.ACK1=1;   //响应 PIE 组 1 内的其他中断

当外设中断向 PIE 提出中断请求之后,PIE 中断标志寄存器 PIEIFRx 的相关标志位被置位,这时如果响应的 PIEIERx 相关的中断使能被置位,PIEACK 相应位的值为 0,PIE 控制器便会将该外设中断请求提交给 CPU;否则如果相应的 PIEIERx 相关的中断使能位没有被置位,就是没有被使能,或者 PIEACK 相应位的值为 1,即使 PIE 控制器正在处理同组的其他中断,PIE 控制器都暂时不会响应外设的中断请求。

通过上面的分析,在 PIE 级需要编程时手动处理的地方有两处:一处是 PIE 中断的使能/屏蔽,需要将对应组的使能寄存器 PIEIERx 的相应位进行置位 1/清除 0;另外一处是 PIE 应答寄存器 PIEACK 相关位的清除,以使得 CPU 能够响应同组内的其他中断。

将 PIE 级的中断和外设级的中断相比较之后发现,外设中断的中断标志位是需要手工清除的,而 PIE 级的中断标志位都是自动置位或者清除的。但是 PIE 级多了一个 PIEACK 寄存器,它相当于一个关卡,同一时间只能放一个中断过去,只有等到这个中断被响应完成之后,再给关卡一个放行的命令之后,才能让同组的下一个中断过去,从而被 CPU 响应。

7.4.3　CPU 级

和前面两级类似,CPU 级也有中断标志寄存器 IFR 和中断使能寄存器 IER。当某一个外设中断请求通过 PIE 发送到 CPU 时,CPU 中断标志寄存器 IFR 中对应的中断标志位 INTx 就会被置位。例如,当 CPU 定时器 0 的周期中断 T0INT 发送到 CPU 时,IFR 的第 0 位 INT1 就会被置位,然后该状态就会被锁存在寄存器 IFR 中。这时,CPU 不会马上去执行相应的中断,而是检查 IER 寄存器中相关位的使能情况和 CPU 寄存器 ST1 中全局中断屏蔽位 INTM 的使能情况。如果 IER 中的相关位被置位,并且 INTM 的值为 0,则中断就会被 CPU 响应。在 CPU 定时器 0 的周期中断的例子里,当 IER 的第 0 位 INT1 被置位,INTM 的值为 0,CPU 就会响应定时器 0 的周期中断 T0INT。

CPU 接到了中断请求,并发现可以去响应时,就得暂停正在执行的程序,转而去响应中断程序,但是此时,它必须得做一些准备工作,以便在执行完中断程序之后回过头来还能找到原来的位置和原来的状态。CPU 会将相应的 IFR 位进行清除,EALLOW 也被清除,INTM 被置位,即不能响应其他中断,等于 CPU 向其他中断发出了通知,现在正在忙,没有时间处理别的请求,得等到处理完手上的中断之后才能再来处理。然后,CPU 会存储返回地址并自动保存相关的信息,例如将正在处理的数据放入堆栈等。等这些准备工作做好之后,CPU 会从 PIE 向量表中取出对应的中断向量 ISR,从而转去执行中断服务子程序。

可以看到,CPU 级中断标志位的置位和清除也都是自动完成的。

7.5 中断的分类

第7.4节介绍了中断的硬特性——三级机制,本节将介绍中断的软特性——中断的分类及对应的优先级。

DSP28335的中断主要有两种触发方式:一种是在软件中写指令,例如INTR、OR、IFR或者TRAP指令;另外一种是硬件触发方式,例如来自DSP片内外设或者外围设备的中断信号。无论是软件中断还是硬件中断,中断又可以分为:可屏蔽中断和不可屏蔽中断。

所谓可屏蔽中断就是这些中断可以通过软件加以屏蔽或者解除屏蔽。28335片内外设所产生的中断都是可屏蔽中断,每一个片内外设中断都可以通过相应寄存器的中断使能位来禁止或者使能该中断。

所谓不可屏蔽中断就是这些中断是不可以被屏蔽的,一旦中断申请信号发出,CPU必须无条件地立即去响应该中断并执行相应的中断服务子程序。从上面的这一句话我们可以看出不可屏蔽中断的3条属性:不可屏蔽性(从字面上我们就可以知道);响应的无条件性;响应的立即性(优先级高)。

DSP28335的不可屏蔽中断主要包括部分软件中断(如INTR指令和TRAP指令等)、硬件中断$\overline{\text{NMI}}$、非法指令陷阱以及硬件复位中断。平时遇到最多的还是可屏蔽中断。

通过引脚XNMI_XINT13可以进行不可屏蔽中断$\overline{\text{NMI}}$的硬件中断请求,当该引脚为低电平时,CPU就可以检测到一个有效的中断请求,从而响应$\overline{\text{NMI}}$中断。

CPU在响应中断时,必须记住当前主程序的状态,以便完成中断服务子程序后返回主程序继续主程序的运行。为了记住当前主程序的状态,CPU必须做一些准备工作,例如将ST0、T、AH、AL、PC等寄存器的内容保存到堆栈中,以便自动保存主程序的大部分内容。在准备工作完成之后,CPU就会取回中断向量,开始执行中断服务子程序。当处理完相应的中断事件之后,CPU就会回到原来主程序暂停的地方,恢复各个寄存器的内容,继续执行主程序。

如果几个中断同时向CPU发出中断请求,CPU该如何处理呢?

原来,在DSP控制系统中,各个中断有着属于自己的优先级。当几个中断同时向CPU发出中断请求时,CPU会根据这些中断的优先级来安排处理的顺序,优先级高的先处理,优先级低的后处理。

DSP28335一共可以支持32个CPU中断,其中每一个中断都是一个32位(实际上有意义的只有22位)中断向量。关于"中断向量",有指向之意;中断向量,意味着"指向中断服务子程序的入口地址"。简单地说,中断向量就是一个地址。32位的中断向量由2个16位的寄存器构成,其中寄存器自身地址低的那个寄存器存放该向量的低16位;寄存器自身地址高的那个寄存器存放该向量的高6位,该寄存器其余更高的10位被忽略。

表7-1列出了DSP28335可以使用的中断向量、各个向量的存储位置以及各自的优先级。

表 7-1　CPU 中断向量和优先级

中断向量	绝对地址		优先级	说　明
	VMAP＝0	VMAP＝1		
RESET	0x000000	0x3FFFC0	1(最高)	复位中断
INT1	0x000002	0x3FFFC2	5	可屏蔽中断 1
INT2	0x000004	0x3FFFC4	6	可屏蔽中断 2
INT3	0x000006	0x3FFFC6	7	可屏蔽中断 3
INT4	0x000008	0x3FFFC8	8	可屏蔽中断 4
INT5	0x00000A	0x3FFFCA	9	可屏蔽中断 5
INT6	0x00000C	0x3FFFCC	10	可屏蔽中断 6
INT7	0x00000E	0x3FFFCE	11	可屏蔽中断 7
INT8	0x000010	0x3FFFD0	12	可屏蔽中断 8
INT9	0x000012	0x3FFFD2	13	可屏蔽中断 9
INT10	0x000014	0x3FFFD4	14	可屏蔽中断 10
INT11	0x000016	0x3FFFD6	15	可屏蔽中断 11
INT12	0x000018	0x3FFFD8	16	可屏蔽中断 12
INT13	0x00001A	0x3FFFDA	17	可屏蔽中断 13
INT14	0x00001C	0x3FFFDC	18	可屏蔽中断 14
DLOGINT	0x00001E	0x3FFFDE	19(最低)	可屏蔽数据标志中断
RTOSINT	0x000020	0x3FFFE0	4	可屏蔽实时操作系统中断
Reserved	0x000022	0x3FFFE2	2	保留
NMI	0x000024	0x3FFFE4	3	不可屏蔽硬件中断
ILLEGAL	0x000026	0x3FFFE6		非法指令捕获
USER1	0x000028	0x3FFFE8		用户自定义陷阱(TRAP)
USER2	0x00002A	0x3FFFEA		用户自定义陷阱(TRAP)
USER3	0x00002C	0x3FFFEC		用户自定义陷阱(TRAP)
USER4	0x00002E	0x3FFFEE		用户自定义陷阱(TRAP)
USER5	0x000030	0x3FFFF0		用户自定义陷阱(TRAP)
USER6	0x000032	0x3FFFF2		用户自定义陷阱(TRAP)
USER7	0x000034	0x3FFFF4		用户自定义陷阱(TRAP)
USER8	0x000036	0x3FFFF6		用户自定义陷阱(TRAP)
USER9	0x000038	0x3FFFF8		用户自定义陷阱(TRAP)
USER10	0x00003A	0x3FFFFA		用户自定义陷阱(TRAP)
USER11	0x00003C	0x3FFFFC		用户自定义陷阱(TRAP)
USER12	0x00003E	0x3FFFFE		用户自定义陷阱(TRAP)

从表 7-1 也可以看出,CPU 中断向量表可以映射到程序空间的顶部或者底部,主要取决于 CPU 状态寄存器 ST1 的向量映像位 VMAP。如果 VMAP 位是 0,则向量就映射到 0x000000 开始的地址上;如果 VMAP 是 1,则向量就映射到以 0x3FFFC0 开始的地址上。

7.6　中断的处理框图

中断处理框图如图 7-3 所示。

图 7-3 从整个 DSP 系统层次的角度来阐述一个中断的响应流程。从图 7-3 可以看出,

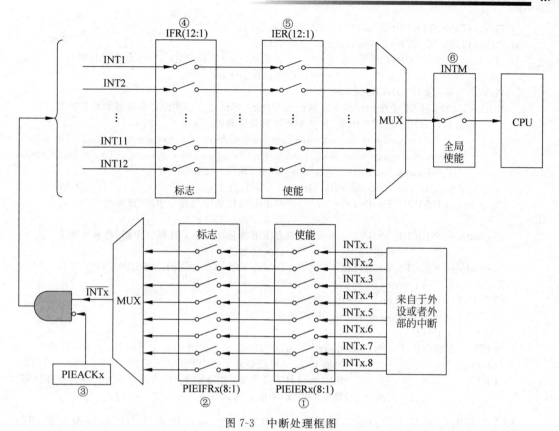

图 7-3 中断处理框图

一个来自于外设或者外部的中断必须经过 6 次"开关"(图 7-3 分别以①②③④⑤⑥表示)使能才能最终被 CPU 响应。下面结合一段 DSP28335 具体编程实例对图 7-3 的各个环节进行说明。

```
void main(void)
{
    InitSysCtrl();        //初始化系统控制
    InitGpio();           //初始化 GPIO 模块
    DINT;                 //首先关断 CPU 全局使能总干路中断开关 INTM,即图 7-3 的开关⑥处,
                          //防止误操作
    InitPieCtrl();        //初始化 PIE 控制寄存器,设定为初始值
    IER=0x0000;           //关断 CPU 使能分支路中断使能开关 IER,即图 7-3 的开关⑤处,
                          //防止误操作
    IFR=0x0000;           //关断 CPU 使能分支路中断标志开关 IFR,即图 7-3 的开关④处,
                          //防止误操作
    InitPieVectTable();   //初始化 PIE 中断矢量向量表
    InitAdc();            //初始化 ADC 模块
    InitCpuTimers();      //初始化 CPU 时钟定时器模块
    InitSpi();            //初始化 SPI
    FlashMemCopy();       //Flash 程下载到 RAM 中
    InitVarAll();         //使能 DSP 受保护配置寄存器的读写功能,即去掉受保护配置寄存器的
                          //被保护状态
    EALLOW;
    PieVectTable.TINT0=&time0int_isr; //使得 PieVectTable.TINT0 指向定时器寄存器 time0int_isr;
```

```
//PieVectTable.TINT1=&time1int_isr;        //TIME1
//PieVectTable.TINT2=&time2int_isr;        //TIME2
   PieVectTable.ADCINT1=&adc_isr;          //使得 PieVectTable.ADCINT1 指向 AD 采样
                                           //寄存器 adc_isr
//PieVectTable.SCIRXINTA=&scir_isr
   EDIS;    //禁止 DSP 受保护配置寄存器的读写功能,即恢复受保护配置寄存器的被保护状态;
            //目前只用了这两个中断,其他中断暂时先屏蔽掉;
            //To ensure precise timing,use write-only instructions to write to the entire register. Therefore,if
            //any of the configuration bits are changed in ConfigCpuTimer and InitCpuTimers (in DSP2803x
            //CpuTimers.h),the below settings must also be updated;
            //Enable TINT0 in the PIE: Group 1 interrupt 7
   PieCtrlRegs.PIEIER1.bit.INTx7=1;        //在 PIE 级使能定时器 0 中断,即开通图 7-3 的
                                           //开关①处的 INTx.7
   PieCtrlRegs.PIEIER1.bit.INTx1=1;        //在 PIE 级使能 AD 采样模块中断,即开通图 7-3 的
                                           //开关①处的 INTx.1
//PieCtrlRegs.PIEIER9.bit.INTx1=1;         //Enable int 9.1 in the PIE; SCIRXINT
//Enable CPU INT1 which is connected to CPU-Timer 0
//CPU INT13 which is connected to CPU-Timer 1
//CPU INT14,which is connected to CPU-Timer 2
   IER |=(M_INT1);
//在 CPU 级使能中断开关 INT1,即开通图 7-3 的开关⑤处,它连接到 CPU 定时器 0 以及 AD 采样模块;
   EINT;                    //使能 CPU 全局使能总干路中断开关 INTM,即图 7-3 的开关⑥处;
   ERTM;                    //使能全局调试事件位 DBGM,即在时间要求不太严格的程序代码
                            //部分的仿真,不阻止调试事件
```

图 7-3 很形象地表达了 DSP28335 的三级中断系统,建议读者结合图形反复对比理解三级中断机制。

7.7 可屏蔽中断的响应过程

7.6 节从 DSP 系统层次的角度阐述中断的响应流程,本节从中断自身这一层次来阐述可屏蔽中断的响应过程。将这两节内容联系对比,有利于加深对整个中断系统的理解。

可屏蔽中断的响应过程如图 7-4 所示。

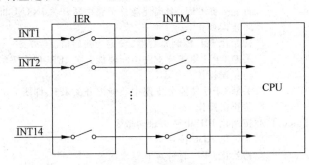

图 7-4 可屏蔽中断的响应过程

当某个可屏蔽中断提出中断请求时,将其在中断标志寄存器 IFR 中的中断标志位自动置位。CPU 在检测到该位被置位后,接着会去检测该中断是否被使能,也就是去读中断使能寄存器 IER 中对应的值。如果该中断并未使能,那么 CPU 将不会理会本次中断,直到其

中断被使能为止。如果该中断已经被使能,则 CPU 会继续检查全局中断 INTM 是否被使能,如果没有使能,则依然不会响应中断;如果 INTM 已经被使能,则 CPU 就会响应该中断,暂停主程序并转向执行相应的中断服务子程序。CPU 响应中断后,IFR 中的中断标志位就会被自动清 0,目的是使 CPU 能够去响应其他中断或者是该中断的下一次中断。

图 7-4 中的 IER 和 INTM 的关系应该比较简单。将整个中断系统看作一个电路,其中中断响应对应各个支路的负载,则 IER 中的各个位相当于支路负载所对应的支路开关,控制着对应支路的开通与关断;而 INTM 相当于总路开关,一旦总路开关关断,则所有支路关断,对应所有的中断都无法响应;在总路开关导通的条件下,各个支路开关的开通关断状态同样决定了对应支路的开通关断状态。

假如某一时刻,中断 A 和中断 B 事件同时发生,其中中断 A 的优先级高于中断 B 的优先级,中断 A 和中断 B 都被使能了,而且全局中断使能 INTM 也已经被使能了。这时中断 A 和中断 B 会同时提出中断请求,而 CPU 会根据优先级的高低先响应中断 A,同时清除 A 的中断标志位。当 CPU 处理完中断 A 的服务子程序后,如果这时中断 B 的标志位还处于置位的状态,那么 CPU 就会去响应中断 B,转而去执行中断 B 的服务子程序。如果 CPU 在执行中断 A 的服务子程序的时候,中断 A 的标志位又被置位了,也就是中断 A 又向 CPU 提出了请求,那当 CPU 完成了中断 A 服务子程序之后,还是会继续优先响应第二次的中断 A,而让中断 B 继续在队列中等待。

7.8　PIE

7.8.1　中断源

DSP28335 总共有 16 根中断线,包括 2 根不可屏蔽中断($\overline{RS}$和$\overline{NMI}$)和 14 根可屏蔽中断($\overline{INT1}\sim\overline{INT14}$),见图 7-5。

对于 CPU 定时器 1 和 CPU 定时器 2,用户是不可以使用的,已经预留给实时操作系统使用,CPU 定时器 1 的中断分配给了$\overline{INT13}$,CPU 定时器 2 的中断分配给了$\overline{INT14}$。两个$\overline{RS}$和$\overline{NMI}$不可屏蔽中断也各自都有专用的独立中断,同时$\overline{NMI}$还可以与 CPU 定时器 1 复用$\overline{INT13}$。CPU 定时器 0 的周期中断、DSP 片内外设所有中断、外部中断$\overline{XINT1}$、外部中断$\overline{XINT2}$和功率保护中断$\overline{PDPINTx}$共用中断线$\overline{INT1}\sim\overline{INT12}$,通常使用得最多的也是$\overline{INT1}\sim\overline{INT12}$。

7.8.2　PIE 中断的作用

DSP28335 芯片内部具有很多的外设(EV、AD、SCI、SPI、McBSP 和 CAN),每个外设又可以产生一个或者多个中断请求,例如事件管理器 EV 下面的通用定时器 1 就可以产生周期中断、比较中断、上溢中断和下溢中断共 4 个中断,对于 CPU 而言,它没有足够的能力同时去处理所有的外设中断请求。打个不是很恰当的比喻,就像是一家大公司,每天会有很多员工向总经理提交文件,请求总经理处理。总经理通常事务繁忙,没有能力同时去处理所有的事情,那怎么办呢? 一般总经理会配有秘书,由秘书将内部员工或者外部人员提交的各种事情进行分类筛选,按照事情的轻重缓急进行安排,然后再提交给总经理处理,这样效率就

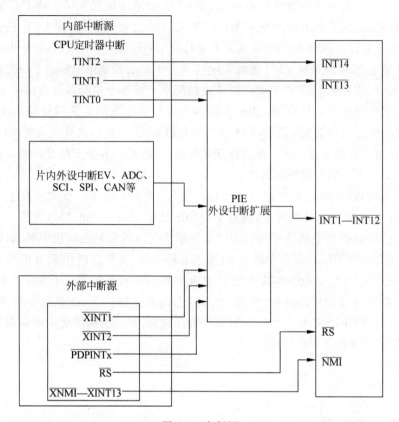

图 7-5　中断源

提高上来了,总经理也能忙过来了。同样地,DSP芯片为了能够及时有效地处理好各个外设的中断请求,特别设计了一个"秘书"——专门处理外设中断的扩展模块 PIE(Peripheral Interrupt Expansion,外设中断控制器),它能够对各种中断请求源(来自外设或者是其他外部引脚的请求)做出判断和决策。

任何系统的发展方向都是复杂化。这里复杂化包含以下几层含义:分工精细导致的专业化;"工种"繁多(分工精细必然同时导致工种繁多)导致的管理复杂化;管理复杂化导致系统的层次化以及有机化。

PIE 就是数字处理电路系统发展复杂化的产物,它专门用来管理中断,相当于一个中间管理层。从单片机到 DSP,专业化和层次化现象很明显。

7.8.3　外设中断在 PIE 的分布

PIE 一共可以支持 96 个不同的中断,并把这些中断分成了 12 个组,每个组有 8 个中断,而且每个组都反馈到 CPU 内核的 $\overline{INT1}$～$\overline{INT12}$ 这 12 条中断线中的某一条上。平时能够用到的所有的外设中断都归入了这 96 个中断中,被分布在不同的组里。外设中断在 PIE 中的分布情况如表 7-2 所示。

表 7-2　外设中断在 PIE 的分布

	INTx.8	INTx.7	INTx.6	INTx.5	INTx.4	INTx.3	INTx.2	INTx.1
INT1	WAKEINT	TINT0	ADCINT	XINT2	XINT1	Resvered	SEQ2INT	SEQ1INT
INT2	Resvered	Resvered	ePWM6_TZINT	ePWM5_TZINT	ePWM4_TZINT	ePWM3_TZINT	ePWM2_TZINT	ePWM1_TZINT
INT3	Resvered	Resvered	ePWM6_INT	ePWM5_INT	ePWM4_INT	ePWM3_INT	ePWM2_INT	ePWM1_INT
INT4	Resvered	Resvered	eCAP6_INT	eCAP5_INT	eCAP4_INT	eCAP3_INT	eCA2_INT	eCAP1_INT
INT5	Resvered	Resvered	Resvered	Resvered	Resvered	Resvered	eQEP2_INT	eQEP1_INT
INT6	Resvered	Resvered	MXINTA	MRINTA	MXINTB	MRINTB	SPITXINTB	SPIRXINTA
INT7	Resvered	Resvered	DINTCH6	DINTCH5	DINTCH4	DINTCH3	DINTCH2	DINTCH1
INT8	I2CINT1A	I2CINT2A	Resvered	Resvered	SCIRXINTC	SCITXINTC	Resvered	Resvered
INT9	ECAN-1INTB	ECAN-0INTB	ECAN-1INTA	ECAN-0INTA	SCITXINTB	SCIRXINTB	SCITXINTA	SCIRXINTA
INT10	Resvered	Resvered	Resvered	Resvered	Resvered	Resvered	Resvered	Resvered
INT11	Resvered	Resvered	Resvered	Resvered	Resvered	Resvered	Resvered	Resvered
INT12	LUF FPU	LVF FPU	Resvered	XINT7	XINT6	XINT5	XINT4	XINT3

注：表中 Resvered 表示尚未使用的中断。

下面说说优先级的问题。首先以中断线为组，判断每根中断线的优先级：INT1 的优先级比 INT2 的优先级高，INT2 的优先级比 INT3 的优先级高……（以此类推）；然后才是组内的优先级比较：INTx.1 的优先级比 INTx.2 的优先级高，INTx.2 的优先级比 INTx.3 的优先级高……（以此类推）。

另外，从上面的陈述不难得到这样的结论，INT1.8（WAKEINT）的优先级比 INT2.1（CMP1INT）的优先级高，这样，所有中断的优先级就一目了然。

可屏蔽中断都可以通过中断使能寄存器 IER 和中断标志寄存器 IFR 来进行可编程控制。

7.9　相关寄存器

表 7-3 和表 7-4 分别给出了 CPU 中断使能寄存器 IER、CPU 中断标志位寄存器 IFR 的各个位的相关描述。

表 7-3　CPU 中断使能寄存器 IER 的字段描述

位	字　段	功　能　描　述
15	RTOSINT	实时操作系统中断使能位。该位使 CPU RTOS 中断使能或禁止
14	DLOGINT	数据记录中断使能位。该位使 CPU 数据记录中断使能或禁止
13	INT14	中断 14 使能位。该位使 CPU 中断级 INT14 使能或禁止
12	INT13	中断 13 使能位。该位使 CPU 中断级 INT13 使能或禁止
11	INT12	中断 12 使能位。该位使 CPU 中断级 INT12 使能或禁止

续表

位	字 段	功 能 描 述
10	INT11	中断 11 使能位。该位使 CPU 中断级 INT11 使能或禁止
9	INT10	中断 10 使能位。该位使 CPU 中断级 INT10 使能或禁止
8	INT9	中断 9 使能位。该位使 CPU 中断级 INT9 使能或禁止
7	INT8	中断 8 使能位。该位使 CPU 中断级 INT8 使能或禁止
6	INT7	中断 7 使能位。该位使 CPU 中断级 INT7 使能或禁止
5	INT6	中断 6 使能位。该位使 CPU 中断级 INT6 使能或禁止
4	INT5	中断 5 使能位。该位使 CPU 中断级 INT5 使能或禁止
3	INT4	中断 4 使能位。该位使 CPU 中断级 INT4 使能或禁止
2	INT3	中断 3 使能位。该位使 CPU 中断级 INT3 使能或禁止
1	INT2	中断 2 使能位。该位使 CPU 中断级 INT2 使能或禁止
0	INT1	中断 1 使能位。该位使 CPU 中断级 INT1 使能或禁止

表 7-4 CPU 中断标志寄存器 IFR 的字段描述

位	字 段	功 能 描 述
15	RTOSINT	实时操作系统标志。该位是 RTOS 中断的标志位。0：没有未处理的 RTOS 中断；1：至少有 1 个 RTOS 中断未处理
14	DLOGINT	数据记录中断标志。该位是数据记录中断的标志
13	INT14	中断 14 标志。该位是连接到 CPU 中断级 INT14 的中断标志
12	INT13	中断 13 标志。该位是连接到 CPU 中断级 INT13 的中断标志
11	INT12	中断 12 标志。该位是连接到 CPU 中断级 INT12 的中断标志
10	INT11	中断 11 标志。该位是连接到 CPU 中断级 INT11 的中断标志
9	INT10	中断 10 标志。该位是连接到 CPU 中断级 INT10 的中断标志
8	INT9	中断 9 标志。该位是连接到 CPU 中断级 INT9 的中断标志
7	INT8	中断 8 标志。该位是连接到 CPU 中断级 INT8 的中断标志
6	INT7	中断 7 标志。该位是连接到 CPU 中断级 INT7 的中断标志
5	INT6	中断 6 标志。该位是连接到 CPU 中断级 INT6 的中断标志
4	INT5	中断 5 标志。该位是连接到 CPU 中断级 INT5 的中断标志
3	INT4	中断 4 标志。该位是连接到 CPU 中断级 INT4 的中断标志
2	INT3	中断 3 标志。该位是连接到 CPU 中断级 INT3 的中断标志
1	INT2	中断 2 标志。该位是连接到 CPU 中断级 INT2 的中断标志
0	INT1	中断 1 标志。该位是连接到 CPU 中断级 INT1 的中断标志

表 7-5、图 7-6、图 7-7、图 7-8 分别给出了 PIE 控制器的寄存器、PIE 中断使能控制器、PIE 中断标志控制器、PIE 中断应答控制器的相关描述。

表 7-5 PIE 控制器的寄存器

名 称	地 址	大小（×16 位）	功 能 描 述
PIECTRL	0x00000CE0	1	PIE 控制寄存器
PIEACK	0x00000CE1	1	PIE 应答寄存器
PIEIER1	0x00000CE2	1	PIE，INT1 组使能寄存器
PIEIFR1	0x00000CE3	1	PIE，INT1 组标志寄存器

续表

名　　称	地　　址	大小(×16 位)	功 能 描 述
PIEIER2	0x00000CE4	1	PIE,INT2 组使能寄存器
PIEIFR2	0x00000CE5	1	PIE,INT2 组标志寄存器
PIEIER3	0x00000CE6	1	PIE,INT3 组使能寄存器
PIEIFR3	0x00000CE7	1	PIE,INT3 组标志寄存器
PIEIER4	0x00000CE8	1	PIE,INT4 组使能寄存器
PIEIFR4	0x00000CE9	1	PIE,INT4 组标志寄存器
PIEIER5	0x00000CEA	1	PIE,INT5 组使能寄存器
PIEIFR5	0x00000CEB	1	PIE,INT5 组标志寄存器
PIEIER6	0x00000CEC	1	PIE,INT6 组使能寄存器
PIEIFR6	0x00000CED	1	PIE,INT6 组标志寄存器
PIEIER7	0x00000CEE	1	PIE,INT7 组使能寄存器
PIEIFR7	0x00000CEF	1	PIE,INT7 组标志寄存器
PIEIER8	0x00000CF0	1	PIE,INT8 组使能寄存器
PIEIFR8	0x00000CF1	1	PIE,INT8 组标志寄存器
PIEIER9	0x00000CF2	1	PIE,INT9 组使能寄存器
PIEIFR9	0x00000CF3	1	PIE,INT9 组标志寄存器
PIEIER10	0x00000CF4	1	PIE,INT10 组使能寄存器
PIEIFR10	0x00000CF5	1	PIE,INT10 组标志寄存器
PIEIER11	0x00000CF6	1	PIE,INT11 组使能寄存器
PIEIFR11	0x00000CF7	1	PIE,INT11 组标志寄存器
PIEIER12	0x00000CF8	1	PIE,INT12 组使能寄存器
PIEIFR12	0x00000CF9	1	PIE,INT12 组标志寄存器
Reserved	0x00000CFA 0x00000CFF	6	保留

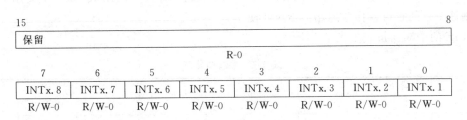

图 7-6　PIE 中断使能控制器 PIEIERx

15							8
保留							
			R-0				

7	6	5	4	3	2	1	0
INTx. 8	INTx. 7	INTx. 6	INTx. 5	INTx. 4	INTx. 3	INTx. 2	INTx. 1
R/W-0	R/W-0	R/W-0	R/W-0	R/W-0	R/W-0	R/W-0	R/W-0

图 7-7　PIE 中断标志控制器 PIEIFRx

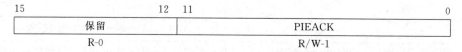

图 7-8 PIE 中断应答控制器 PIEACK

如果 PIE 中断控制寄存器有中断产生,则相应的中断标志位将置 1。如果相应的 PIE 中断使能位也置 1,则 PIE 将检查 PIE 中断应答寄存器 PIEACK 相应位,以确定 CPU 是否准备响应该中断。如果相应的 PIEACK 位清 0,PIE 便向 CPU 申请中断;如果相应的 PIEACK 位置 1,那么 PIE 将等待直到相应的 PIEACK 位清 0 才向 CPU 申请中断。

表 7-6 给出了 PIE 控制寄存器 PIECTRL 的各位功能定义及该寄存器中各位的相关描述。

表 7-6　PIE 控制寄存器字段描述

位	字段	功　能　描　述
15~1	PIEVECT	这些位表示从 PIE 向量表取回的向量地址。用户可以读取向量值,以确定取回的向量是由哪一个中断产生的
0	ENPIE	当该位置 1 时,所有向量取自 PIE 向量表;如果该位清 0,PIE 块无效,向量取自于引导 ROM 的 CPU 向量表或者 XINTF7 区外部接口

7.10　中断向量表及映射

7.10.1　中断向量表

PIE 一共可以支持 96 个中断,每个中断都会有中断服务子程序 ISR,那 CPU 去响应中断时,如何找到对应的中断服务子程序呢?解决的方法是将 DSP 的各个中断服务子程序的地址存储在一片连续的 RAM 空间内,这就是 PIE 中断向量表。

DSP28335 的 PIE 中断向量表是由 256×16 位的 RAM 空间组成,如果不使用 PIE 模块,则这个空间也可以作为通用的 RAM 使用。

PIE 的中断向量表如表 7-7 所示。

表 7-7　中断向量表

名称	向量 ID	地址	大小 ($\times 16$ 位)	功　能　描　述	CPU 优先级	PIE 优先级
RESET	0	0x00000D00	2	复位中断,总是从 Boot ROM 或者 XINTF7 空间的 0x003FFFC0 地址获取	1-最高	—
INT1	1	0x00000D02	2	不使用,参考 PIE 组 1	5	—
INT2	2	0x00000D04	2	不使用,参考 PIE 组 2	6	—
INT3	3	0x00000D06	2	不使用,参考 PIE 组 3	7	—
INT4	4	0x00000D08	2	不使用,参考 PIE 组 4	8	—
INT5	5	0x00000D0A	2	不使用,参考 PIE 组 5	9	—
INT6	6	0x00000D0C	2	不使用,参考 PIE 组 6	10	—

续表

名　　称	向量 ID	地　　址	大小 (×16位)	功　能　描　述	CPU 优先级	PIE 优先级
INT7	7	0x00000D0E	2	不使用,参考 PIE 组 7	11	—
INT8	8	0x00000D10	2	不使用,参考 PIE 组 8	12	—
INT9	9	0x00000D12	2	不使用,参考 PIE 组 9	13	—
INT10	10	0x00000D14	2	不使用,参考 PIE 组 10	14	—
INT11	11	0x00000D16	2	不使用,参考 PIE 组 11	15	—
INT12	12	0x00000D18	2	不使用,参考 PIE 组 12	16	—
INT13	13	0x00000D1A	2	CPU 定时器 1 或外部中断 13	17	—
INT14	14	0x00000D1C	2	CPU 定时器 2	18	—
DLOGINT	15	0x00000D1E	2	CPU 数据记录中断	19 最低	—
RTOSINT	16	0x00000D20	2	CPU 实时操作系统中断	4	—
EMUINT	17	0x00000D22	2	CPU 仿真中断	2	—
NMI	18	0x00000D24	2	外部不可屏蔽中断	3	—
ILLEGAL	19	0x00000D26	2	非法中断	—	—
USER1	20	0x00000D28	2	用户定义的陷阱(TRAP)	—	—
USER2	21	0x00000D2A	2	用户定义的陷阱(TRAP)	—	—
USER3	22	0x00000D2C	2	用户定义的陷阱(TRAP)	—	—
USER4	23	0x00000D2E	2	用户定义的陷阱(TRAP)	—	—
USER5	24	0x00000D30	2	用户定义的陷阱(TRAP)	—	—
USER6	25	0x00000D32	2	用户定义的陷阱(TRAP)	—	—
USER7	26	0x00000D34	2	用户定义的陷阱(TRAP)	—	—
USER8	27	0x00000D36	2	用户定义的陷阱(TRAP)	—	—
USER9	28	0x00000D38	2	用户定义的陷阱(TRAP)	—	—
USER10	29	0x00000D3A	2	用户定义的陷阱(TRAP)	—	—
USER11	30	0x00000D3C	2	用户定义的陷阱(TRAP)	—	—
USER12	31	0x00000D3E	2	用户定义的陷阱(TRAP)	—	—
PIE 组 1 向量,共用 CPU 中断 INT1						
INT1.1	32	0x00000D40	2	PDPINTA(EVA)	5	1-最高
INT1.2	33	0x00000D42	2	PDPINTB(EVB)	5	2
3INT1.3	34	0x00000D44	2	保留	5	3
INT1.4	35	0x00000D46	2	XINT1	5	4
INT1.5	36	0x00000D48	2	XINT2	5	5
INT1.6	37	0x00000D4A	2	ADCINT(ADC)	5	6
INT1.7	38	0x00000D4C	2	TINT0(CPU 定时器 0)	5	7
INT1.8	39	0x00000D4E	2	WAKEINT(LPM/WD)	5	8-最低
PIE 组 2 向量,共用 CPU 中断 INT2						
INT2.1	40	0x00000D50	2	CMP1INT(EVA)	6	1-最高
INT2.2	41	0x00000D52	2	CMP2INT(EVA)	6	2
INT2.3	42	0x00000D54	2	CMP3INT(EVA)	6	3
INT2.4	43	0x00000D56	2	T1PINT(EVA)	6	4
INT2.5	44	0x00000D58	2	T1CINT(EVA)	6	5
INT2.6	45	0x00000D5A	2	T1UFINT(EVA)	6	6

名　称	向量ID	地　址	大小(×16位)	功 能 描 述	CPU优先级	PIE优先级
INT2.7	46	0x00000D5C	2	T1OFINT(EVA)	6	7
INT2.8	47	0x00000D5E	2	保留	6	8-最低
PIE组3向量,共用CPU中断INT3						
INT3.1	48	0x00000D60	2	T2PINT(EVA)	7	1-最高
INT3.2	49	0x00000D62	2	T2CINT(EVA)	7	2
INT3.3	50	0x00000D64	2	T2UFINT(EVA)	7	3
INT3.4	51	0x00000D66	2	T2OFINT(EVA)	7	4
INT3.5	52	0x00000D68	2	CAPINT1(EVA)	7	5
INT3.6	53	0x00000D6A	2	CAPINT2(EVA)	7	6
INT3.7	54	0x00000D6C	2	CAPINT3(EVA)	7	7
INT3.8	55	0x00000D6E	2	保留	7	8-最低
PIE组4向量,共用CPU中断INT4						
INT4.1	56	0x00000D70	2	CMP4INT(EVB)	8	1-最高
INT4.2	57	0x00000D72	2	CMP5INT(EVB)	8	2
INT4.3	58	0x00000D74	2	CMP6INT(EVB)	8	3
INT4.4	59	0x00000D76	2	T3PINT(EVB)	8	4
INT4.5	60	0x00000D78	2	T3CINT(EVB)	8	5
INT4.6	61	0x00000D7A	2	T3UFINT(EVB)	8	6
INT4.7	62	0x00000D7C	2	T3OFINT(EVB)	8	7
INT4.8	63	0x00000D7E	2	保留	8	8-最低
PIE组5向量,共用CPU中断INT5						
INT5.1	64	0x00000D80	2	T4PINT(EVB)	9	1-最高
INT5.2	65	0x00000D82	2	T4CINT(EVB)	9	2
INT5.3	66	0x00000D84	2	T4UFINT(EVB)	9	3
INT5.4	67	0x00000D86	2	T4OFINT(EVB)	9	4
INT5.5	68	0x00000D88	2	CAPINT4(EVB)	9	5
INT5.6	69	0x00000D8A	2	CAPINT5(EVB)	9	6
INT5.7	70	0x00000D8C	2	CAPINT6(EVB)	9	7
INT5.8	71	0x00000D8E	2	保留	9	8-最低
PIE组6向量,共用CPU中断INT6						
INT6.1	72	0x00000D90	2	SPIRXINTA(SPI)	10	1-最高
INT6.2	73	0x00000D92	2	SPITXINTA(SPI)	10	2
INT6.3	74	0x00000D94	2	保留	10	3
INT6.4	75	0x00000D96	2	保留	10	4
INT6.5	76	0x00000D98	2	MRINT(McBSP)	10	5
INT6.6	77	0x00000D9A	2	MXINT(McBSP)	10	6
INT6.7	78	0x00000D9C	2	保留	10	7
INT6.8	79	0x00000D9E	2	保留	10	8-最低
PIE组7向量,共用CPU中断INT7						
INT7.1	80	0x00000DA0	2	保留	11	1-最高
INT7.2	81	0x00000DA2	2	保留	11	2

续表

名　称	向量ID	地　址	大小(×16位)	功能描述	CPU优先级	PIE优先级
INT7.3	82	0x00000DA4	2	保留	11	3
INT7.4	83	0x00000DA6	2	保留	11	4
INT7.5	84	0x00000DA8	2	保留	11	5
INT7.6	85	0x00000DAA	2	保留	11	6
INT7.7	86	0x00000DAC	2	保留	11	7
INT7.8	87	0x00000DAE	2	保留	11	8-最低
PIE组8向量,共用CPU中断INT8						
INT8.1	88	0x00000DB0	2	保留	12	1-最高
INT8.2	89	0x00000DB2	2	保留	12	2
INT8.3	90	0x00000DB4	2	保留	12	3
INT8.4	91	0x00000DB6	2	保留	12	4
INT8.5	92	0x00000DB8	2	保留	12	5
INT8.6	93	0x00000DBA	2	保留	12	6
INT8.7	94	0x00000DBC	2	保留	12	7
INT8.8	95	0x00000DBE	2	保留	12	8-最低
PIE组9向量,共用CPU中断INT9						
INT9.1	96	0x00000DC0	2	SCIRXINT(SCIA)	13	1-最高
INT9.2	97	0x00000DC2	2	SCITXINT(SCIA)	13	2
INT9.3	98	0x00000DC4	2	SCIRXINT(SCIB)	13	3
INT9.4	99	0x00000DC6	2	SCITXINT(SCIB)	13	4
INT9.5	100	0x00000DC8	2	ECAN0INT(ECAN)	13	5
INT9.6	101	0x00000DCA	2	ECAN1INT(ECAN)	13	6
INT9.7	102	0x00000DCC	2	保留	13	7
INT9.8	103	0x00000DCE	2	保留	13	8-最低
PIE组10向量,共用CPU中断INT10						
INT10.1	104	0x00000DD0	2	保留	14	1-最高
INT10.2	105	0x00000DD2	2	保留	14	2
INT10.3	106	0x00000DD4	2	保留	14	3
INT10.4	107	0x00000DD6	2	保留	14	4
INT10.5	108	0x00000DD8	2	保留	14	5
INT10.6	109	0x00000DDA	2	保留	14	6
INT10.7	110	0x00000DDC	2	保留	14	7
INT10.8	111	0x00000DDE	2	保留	14	8-最低
PIE组11向量,共用CPU中断INT11						
INT11.1	112	0x00000DE0	2	保留	15	1-最高
INT11.2	113	0x00000DE2	2	保留	15	2
INT11.3	114	0x00000DE4	2	保留	15	3
INT11.4	115	0x00000DE6	2	保留	15	4
INT11.5	116	0x00000DE8	2	保留	15	5
INT11.6	117	0x00000DEA	2	保留	15	6
INT11.7	118	0x00000DEC	2	保留	15	7

续表

名　　称	向量ID	地　　址	大小(×16位)	功 能 描 述	CPU优先级	PIE优先级
INT11.8	119	0x00000DEE	2	保留	15	8-最低
PIE组12向量,共用CPU中断INT12						
INT12.1	120	0x00000DF0	2	保留	16	1-最高
INT12.2	121	0x00000DF2	2	保留	16	2
INT12.3	122	0x00000DF4	2	保留	16	3
INT12.4	123	0x00000DF6	2	保留	16	4
INT12.5	124	0x00000DF8	2	保留	16	5
INT12.6	125	0x00000DFA	2	保留	16	6
INT12.7	126	0x00000DFC	2	保留	16	7
INT12.8	127	0x00000DFE	2	保留	16	8-最低

7.10.2　向量表映射

在DSP28335器件中,中断向量表可以被映射到4个不同的存储器区域。在实际中,只有PIE中断向量表映射被使用。向量映射被下列模式或信号控制:VMAP、M0M1MAP、ENPIE,根据这些位和信号的不同,可能的中断向量表映射如表7-8所示。

表 7-8　中断向量表映射

VMAP	M0M1MAP	ENPIE	向量映射	向量获取	地 址 范 围
0	0	X	M1 向量	M1 SARAM	0x000000～0x00003F
0	1	X	M0 向量	M0 SARAM	0x000000～0x00003F
1	X	0	BROM 向量	Boot ROM	0x3FFFC0～0x3FFFFF
1	X	1	PIE 向量	PIE	0x000D00～0x000DFF

7.11　处理中断的编程过程

7.11.1　文件结构相关

需要注意以下事项:

(1) 看头文件DSP28_Piectrl.h,这个.h头文件定义了与PIE相关的寄存器数据结构。

(2) 看头文件DSP28_PieVect.h,这个.h头文件定义了PIE的中断向量。

(3) 看源文件DSP28_Piectrl.c,这个.c源文件只有1个函数InitPieCtrl(),其作用是对PIE控制器进行初始化,例如根据具体需求使能需要用到的外设中断。

(4) 看源文件DSP28_PieVect.c,这个.c源文件是对PIE中断向量表进行初始化。执行完这个程序以后,各个中断函数就有了明确的入口地址,这样CPU执行起来也就方便了。

(5) 关注一下源文件DSP28_DefaultIsr.c,所有与外设相关的中断函数都已经在这个文件里预定义好了,在编写中断函数的时候,只需将具体的函数内容写进去就可以了。

7.11.2 具体编程实例

在理解上述文件结构的基础上,再来介绍一下具体的写法。在外设初始化函数中使能外设中断,例程如下:

```
void InitCpuTimers(void)
{
    ...
    CpuTimer0Regs.TCR.bit.TIE=1;    //使能 CPU 定时器 0 的周期中断
    ...
}
    ①主函数
void main(void)
{
    ...
    InitCpuTimers();                //初始化 CPU 定时器 0
    DINT;                           //禁止和清除所有 CPU 中断
    IER=0x0000;
    IFR=0x0000;
    InitPieCtrl();                  //初始化中断向量
    InitPieVectTable();             //初始化中断向量表
    PieCtrl.PIEIER1.bit.INTx7=1;    //使能 PIE 模块中的 CPU 定时器 0 的中断
    IER|=M_INT1;                    //开 CPU 中断 1
    EINT;                           //使能全局中断
    ERTM;                           //使能实时中断
}
    ②中断函数
interrupt void T1INT0_ISR(void)     //CPU Timer0 中断函数
{
    ...
    CpuTimer0Regs.TCR.bit.TIF=1;    //清除定时器中断标志位
    PieCtrl.PIEACK.bit.ACK1=1;      //响应同组其他中断
    EINT;                           //开全局中断
}
```

7.12 定时器中断主体程序例程

下面例程为定时器中断编程的主体程序,通过该例程可以了解整个定时器中断的基本编程过程以及整个定时器中断程序运行过程中各个寄存器的设置及改变。

```
#include "DSP28x_Project.h"
#pragma CODE_SECTION(cpu_timer0_isr,"xintffuncs");      //为中断子程序分配固定空间
#pragma CODE_SECTION(cpu_timer1_isr,"xintffuncs");
void init_zone7(void);                  //相关函数声明
interrupt void cpu_timer0_isr(void);
interrupt void cpu_timer1_isr(void);
interrupt void cpu_timer2_isr(void);
void main(void)
```

```
{
  InitSysCtrl();                              //初始化系统控制
  DINT;
  InitPieCtrl();                              //初始化 PIE 模块控制
  IER=0x0000;                                 //禁止所有 CPU 中断使能
  IFR=0x0000;                                 //清零所有 CPU 中断标志位
  InitPieVectTable();                         //初始化 PIE 中断向量表
  EALLOW;
  PieVectTable.TINT0=&cpu_timer0_isr;   //取 cpu_timer0_isr 的地址值赋给 TINT0 中断向量
  PieVectTable.XINT13=&cpu_timer1_isr;  //取 cpu_timer1_isr 的地址值赋给 XINT13 中断向量
  PieVectTable.TINT2=&cpu_timer2_isr;   //取 cpu_timer2_isr 的地址值赋给 TINT2 中断向量
  EDIS;
  InitCpuTimers();                            //初始化 CPU 定时器

#if (CPU_FRQ_150MHz)
  ConfigCpuTimer(&CpuTimer0,150,1000000);
          //对 CPU 定时器进行配置,150 为频率,单位为 MHz,1000000 为定时器周期,单位为 μs
  ConfigCpuTimer(&CpuTimer1,150,1000000);
  ConfigCpuTimer(&CpuTimer2,150,1000000);
#endif

#if (CPU_FRQ_100MHz)
  ConfigCpuTimer(&CpuTimer0,100,1000000);
  ConfigCpuTimer(&CpuTimer1,100,1000000);
  ConfigCpuTimer(&CpuTimer2,100,1000000);
#endif

  CpuTimer0Regs.TCR.all=0x4001;         //启动定时器 0
  CpuTimer1Regs.TCR.all=0x4001;         //启动定时器 1
  CpuTimer2Regs.TCR.all=0x4001;         //Use write-only instruction to set TSS bit=0
  init_zone7();                              //初始化外部中断区域
  MemCopy(&XintffuncsLoadStart,&XintffuncsLoadEnd,&XintffuncsRunStart);
  IER |=M_INT1;                            //开 CPU 中断 1
  IER |=M_INT13;                           //开 CPU 中断 13
  IER |=M_INT14;                           //开 CPU 中断 14
  PieCtrlRegs.PIEIER1.bit.INTx7=1;      //使能 PIE 中断向量组的 TINT0 中断
  EINT;                                      //使能全局中断
  ERTM;                                      //使能实时中断
  for(;;);
}

interrupt void cpu_timer0_isr(void)         //CPU 定时器 0 中断子程序
{
  CpuTimer0.InterruptCount++;
  PieCtrlRegs.PIEACK.all=PIEACK_GROUP1;                    //使能模块的下次中断请求
}

interrupt void cpu_timer1_isr(void)
{
  EALLOW;
```

```
        CpuTimer1.InterruptCount++;
        EDIS;
    }

    interrupt void cpu_timer2_isr(void)
    {
        EALLOW;
        CpuTimer2.InterruptCount++;
        EDIS;
    }

    void init_zone7(void)                              //设置 Zone7 定时参数
    {
    SysCtrlRegs.PCLKCR3.bit.XINTFENCLK=1;              //使能外部中断时钟
    InitXintf16Gpio();                                 //将外部中断通用输入/输出口为 16 位传输通道
        XintfRegs.XINTCNF2.bit.XTIMCLK=0;              //设置 XTIMCLK 时钟频率等于外部时钟频率
        XintfRegs.XINTCNF2.bit.WRBUFF=3;

        XintfRegs.XINTCNF2.bit.CLKOFF=0;               //时钟使能
        XintfRegs.XINTCNF2.bit.CLKMODE=0;              //XCLKOUT=XTIMCLK
        XintfRegs.XTIMING7.bit.XWRLEAD=1;
        XintfRegs.XTIMING7.bit.XWRACTIVE=2;
        XintfRegs.XTIMING7.bit.XWRTRAIL=1;
        XintfRegs.XTIMING7.bit.XRDLEAD=1;
        XintfRegs.XTIMING7.bit.XRDACTIVE=3;
        XintfRegs.XTIMING7.bit.XRDTRAIL=0;
        XintfRegs.XTIMING7.bit.X2TIMING=0;             //各种时间值相对于外设接口时钟周期
                                                       //XTIMCLK 的比例因数为 1∶1
        XintfRegs.XTIMING7.bit.USEREADY=0;             //当访问该区域时，XREADY 信号将被忽略
        XintfRegs.XTIMING7.bit.READYMODE=0;            //区域的 XREADY 输入信号采用同步采样方式
        XintfRegs.XTIMING7.bit.XSIZE=3;                //区域采用 16 位数据线
        EDIS;
        asm("RPT #7 || NOP");
    }
```

习题与思考

7-1 试理解中断的含义，并掌握 4 种模块之间交换信息的方式，理解各种方式的优缺点。

7-2 试理解三级中断系统（硬特性），并在此基础上简述相关寄存器功能。

7-3 掌握中断的分类（软特性）及对应的优先级，学会查阅中断向量表。

7-4 试掌握可屏蔽中断的响应过程，并在此基础之上，逐渐熟练掌握处理中断过程的编程。

7-5 熟练掌握 PIE 相关知识点。

## 第 8 章

TMS320F2833x 的通用 GPIO

8.1 GPIO 模块概述

GPIO 多路开关寄存器用于通用的 GPIO 复用引脚的选择，通过寄存器可以把这些引脚设置成数字 I/O 或外设 I/O 工作模式。如果是数字 I/O 模式，方向控制寄存器（GPxDIR 寄存器）可以用来配置引脚的信号传输方向，也可以通过寄存器（如 GPxQSEIn 寄存器、GPAC-TRI 寄存器和 GPBCTRL 寄存器）对输入信号的脉宽进行限制，以消除不必要的噪声。

TMS320F2833x 共有 3 个 32 位 I/O 端口，端口 A 由 GPIO0～GPIO31 组成，端口 B 由 GPIO32～GPIO63 组成，端口 C 由 GPIO64～GPIO87 组成，图 8-1 为 GPIO0～GPIO27 的复用原理图。

图 8-2 为 GPIO28～GPIO31 复用原理图。图中，当 PCLKCR3 寄存器中的 GPIOINENCLK 位被清零时，阴影区域的 GPIOs 被禁止，各引脚被配置为一个输出。当引脚被配置为输出时，降低了能量消耗。清除 GPIOINCLK 位将复位同步和限制逻辑，因此没有残余值留下。当状态发生改变时（如由输出改变为输入），输入限制电路不被复位。

图 8-3 为 GPIO32 和 GPIO33 复用原理图。

图 8-4 为 GPIO34～GPIO63 复用原理图（外设 2 和外设 3 输出合并）。

图 8-5 为 GPIO64～GPIO79 复用原理图（没有限制的最小 GPIOs）。

引脚功能分配、输入限制和外部中断源（XINT1～XINT7，XNMI）均被 GPIO 配置控制寄存器控制。另外，用户可以分配引脚将设备从 HALT 和 STANDBY 低功耗模式中唤醒。表 8-1 和表 8-2 为用于根据系统要求配置 GPIO 引脚的寄存器列表。

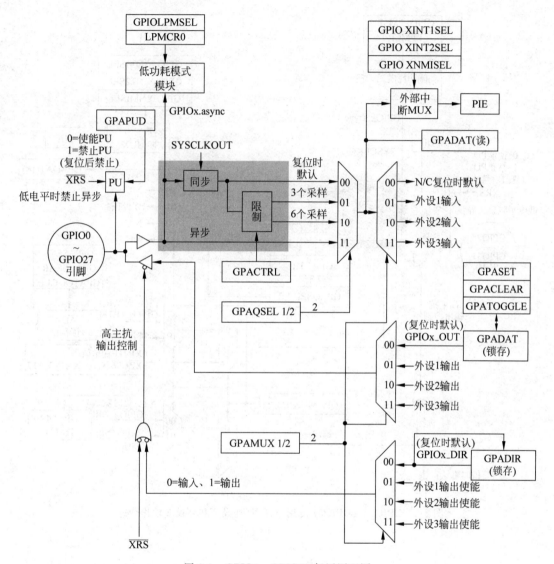

图 8-1　GPIO0～GPIO27 复用原理图

注意:

(1) 当 PCLKCR3 寄存器中的 GPIOINENCLK 位清零时,阴影区域被禁止,各引脚被配置为输出。当引脚被配置为输出时,降低了能量消耗。清除 GPI01NCLK 位将复位同步和限制逻辑,因此没有残余值留下。

(2) GPxDAT 的锁存和读取访问在相同的存储单元。

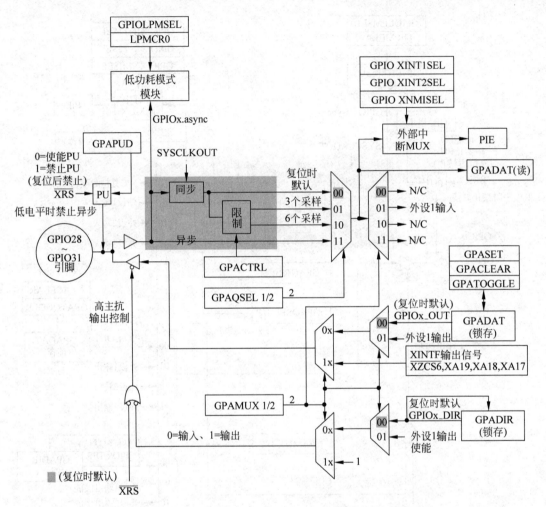

图 8-2   GPIO28～GPIO31 复用原理图(外设 2 和外设 3 输出合并)

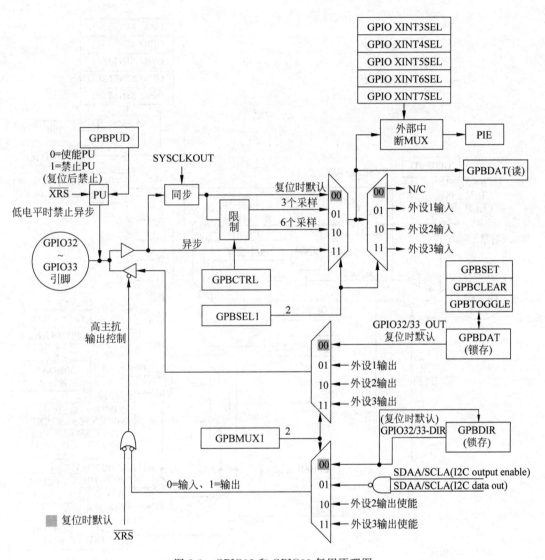

图 8-3 GPIO32 和 GPIO33 复用原理图

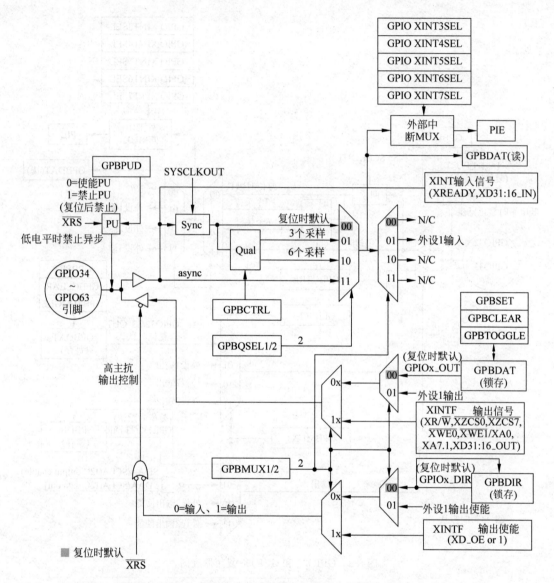

图 8-4 GPIO34～GPIO63 复用原理图（外设 2 和外设 3 输出合并）

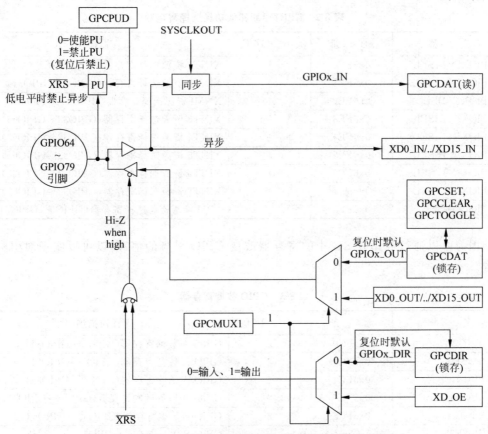

图 8-5　GPIO64～GPIO79 复用原理图（没有限制的最小 GPIOs）

表 8-1　GPIO 控制寄存器

名　　称	地址	大小（×16 位）	寄存器描述
GPACTRL	0x6F80	2	GPIO A 控制寄存器（GPIO0～GPIO31）
GPAQSEL1	0x6F82	2	GPIO A 选择限制寄存器 1（GPIO0～GPIO15）
GPAQSEL2	0x6F84	2	GPIO A 选择限制寄存器 2（GPIO16～GPIO31）
GPAMUX1	0x6F86	2	GPIO A 多路开关控制寄存器 1（GPIO0～GPIO15）
GPAMUX2	0x6F88	2	GPIO A 多路开关控制寄存器 2（GPIO16～GPIO31）
GPADIR	0x6F8A	2	GPIO A 方向控制寄存器（GPIO0～GPIO31）
GPAPUD	0x6F8C	2	GPIO A 上拉禁止寄存器（GPIO0～GPIO31）
GPBCTRL	0x6F90	2	GPIO B 控制寄存器（GPIO32～GPIO63）
GPBQSEL1	0x6F92	2	GPIO B 选择限制寄存器 1（GPIO32～GPIO47）
GPBQSEL2	0x6F94	2	GPIO B 选择限制寄存器 2（GPIO48～GPIO63）
GPBMUX1	0x6F96	2	GPIO B 多路开关控制寄存器 1（GPIO32～GPIO47）
GPBMUX2	0x6F98	2	GPIO B 多路开关控制寄存器 2（GPIO48～GPIO63）
GPBDIR	0x6F9A	2	GPIO B 方向控制寄存器（GPIO32～GPIO63）
GPBPUD	0x6F9C	2	GPIO B 上拉禁止寄存器（GPIO32～GPIO63）
GPBMUX1	0x6FA6	2	GPIO C 多路开关控制寄存器 1（GPIO64～GPIO79）
GPBMUX2	0x6FA8	2	GPIO C 多路开关控制寄存器 2（GPIO80～GPIO87）
GPCDIR	0x6FAA	2	GPIO C 方向控制寄存器（GPIO64～GPIO87）
GPCPUD	0x6FAC	2	GPIO C 上拉禁止寄存器（GPIO64～GPIO87）

表 8-2　GPIO 中断和低功耗选择寄存器

名　　称	地　　址	大小（×16 位）	寄存器描述
GPIOXINT1SEL	0x6FE0	1	XINT1 资源选择寄存器（GPIO0～GPIO31）
GPIOXINT2SEL	0x6FE1	1	XINT2 资源选择寄存器（GPIO0～GPIO31）
GPIOXNMISEL	0x6FE2	1	XNMI 资源选择寄存器（GPIO0～GPIO31）
GPIOXINT3SEL	0x6FE3	1	XINT3 资源选择寄存器（GPIO32～GPIO63）
GPIOXINT4SEL	0x6FE4	1	XINT4 资源选择寄存器（GPIO32～GPIO63）
GPIOXINT5SEL	0x6FE5	1	XINT5 资源选择寄存器（GPIO32～GPIO63）
GPIOXINT6SEL	0x6FE6	1	XINT6 资源选择寄存器（GPIO32～GPIO63）
GPIOXINT7SEL	0x6FE7	1	XINT7 资源选择寄存器（GPIO32～GPIO63）
GPIOLPMSEL	0x6FE8	1	LPM 唤醒资源选择寄存器（GPIO0～GPIO31）

因为可以通过利用表 8-3 中的寄存器改变 GPIO 引脚的值，所以可以实现对引脚的配置。

表 8-3　GPIO 数据寄存器

名　　称	地　　址	大小（×16 位）	寄存器描述
GPADAT	0x6FC0	2	GPIO A 数据寄存器（GPIO0～GPIO31）
GPASET	0x6FC2	2	GPIO A 置位寄存器（GPIO0～GPIO31）
GPACLEAR	0x6FC4	2	GPIO A 清除寄存器（GPIO0～GPIO31）
GPATOGGLE	0x6FC6	2	GPIO A 取反触发存器（GPIO0～GPIO31）
GPBDAT	0x6FC8	2	GPIO B 数据寄存器（GPIO32～GPIO63）
GPBSET	0x6FCA	2	GPIO B 置位寄存器（GPIO32～GPIO63）
GPBCLEAR	0x6FCC	2	GPIO B 清除寄存器（GPIO32～GPIO63）
GPBTOGGLE	0x6FCE	2	GPIO B 取反触发寄存器（GPIO32～GPIO63）
GPCDAT	0x6FD0	2	GPIO C 数据寄存器（GPIO64～GPIO87）
GPCSET	0x6FD2	2	GPIO C 置位寄存器（GPIO64～GPIO87）
GPCCLEAR	0x6FD4	2	GPIO C 清除寄存器（GPIO64～GPIO87）
GPCTOGGLE	0x6FD6	2	GPIO C 取反触发寄存器（GPIO64～GPIO87）

1. GPXDAT 寄存器（数据寄存器）

每一个 I/O 口都有一个数据寄存器，数据寄存器的每一位对应一个 GPIO 引脚。向 GPXDAT 寄存器的写操作可以清除或设置相应的输出锁定，如果引脚被使能并作为 GPIO 输出引脚可用于传输高低电平信号，如果引脚没有被配置为 GPIO 输出引脚则不能用于传输信息。只有引脚被配置为 GPIO 输出功能后，才能将被锁定的值传送到引脚。

2. GPXSET 寄存器（置位寄存器）

置位寄存器用于在不影响其他引脚的情况下将指定 GPIO 引脚置成高电平。每一个 I/O 口都有一个置位寄存器，且每一位都对应一个 GPIO 引脚。置位寄存器的任何读操作均返回 0。如果相应的引脚被配置为输出，那么向置位寄存器的该位写 1 会将相应的引脚置为高电平。向置位寄存器中任何位写 0 将没有影响。

3. GPXCLEAR 寄存器（清除寄存器）

清除寄存器用于在不影响其他引脚的情况下将指定 GPIO 引脚置成低电平。每一个

I/O 口都有一个清除寄存器,且任何读操作均返回 0。如果相应的引脚被配置为输出,那么向清除寄存器的该位写 1,清除该位值并将相应的引脚置为低电平。向清除寄存器中任何位写 0 将没有影响。

4. GPXTOGGLE 寄存器(触发寄存器)

触发寄存器用于在不影响其他引脚的情况下将指定 GPIO 引脚置为低电平。每一个 I/O 口都有一个触发寄存器,且任何读操作均返回 0。如果相应的引脚被配置为输出,那么向触发寄存器的该位写 1,将相应的引脚取反。换句话说,如果输出引脚为低,那么向触发寄存器的该位写 1 将使其输出为高。向触发寄存器中任何位写 0 将没有影响。

8.2 输入限制

用户可以通过配置 GPAQSEL1、GPAQSEL2、GPBQSEL1 和 GPBQSEL2 寄存器来选择 GPIO 引脚的输入限制类型。对于一个 GPIO 输入引脚,输入限制可以仅被指定为与 SYSCLKOUT 同步或采样窗限制;而对于配置为外设输入的引脚,除同步于 SYSCLKOUT 或采样窗限制之外,还可以是异步的。

1. 输入异步

该模式仅用于不需要输入同步的外设或外设自身具有信号同步功能,如通信端口 SCI、SPI、eCAN 和 I²C。如果引脚是 GPIO 引脚,则异步功能失效。

2. 仅与 SYSCLKOUT 同步

这是所有引脚复位时默认的输入限制模式。在该模式中,输入信号仅与 SYSCLKOUT 同步。因为引入的信号不同步,所以需要 1 个 SYSCLKOUT 的延迟。

3. 采用采样窗限制

在该模式中,输入信号首先与系统时钟(SYSCLKOUT)同步,然后在允许输入改变之前通过特定的数个周期进行限制。为消除多余的噪声,输入限制的实现过程如图 8-6 和图 8-7 所示。在该类型的限制中需要指定两种参数——采样周期和采样数。

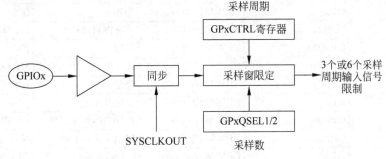

图 8-6 采用采样窗的输入限制

(1) 采样周期。为了限制输入信号,输入信号采样要间隔一定的周期。采样周期由用户指定,并决定采样间隔时间或相对于系统时钟的比率。采样周期由 GPxCTRL 寄存器的 QUALPRDn 位来指定,一个采样周期可以用来配置 8 路输入信号。例如,GPIO0～GPIO7 由 GPACTRL[QUALPRD0]位设置,GPIO8～GPIO15 由 GPACTRL[QUALPRD1]位设置。

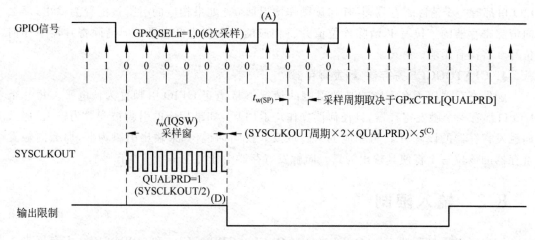

图 8-7 输入限制时钟脉冲周期

（2）采样数。在限制选择寄存器（GPAQSEL1，GPAQSEL2，GPBQSEL1，GPBQSEL2）中信号采样次数被指定为 3 个采样或 6 个采样。当有 3 个或 6 个连续采样周期相同时，输入信号才被 DSP 采集。

（3）总采样窗宽度。采样窗是输入信号被采样的时间宽度，如图 8-6 所示。

8.3 GPIO 和外设复用功能概述

有 3 组不同的外设功能与通用输入/输出端口（GPIO）复用，表 8-4、表 8-5 和表 8-6 分别为 GPIOA MUX 寄存器、GPIOB MUX 寄存器和 GPIOC MUX 寄存器各位功能表。

表 8-4 GPIOA MUX 寄存器

寄存器位序	（默认）复位时 第 1 位 I/O 功能	外设选择 1	外设选择 2	外设选择 3
GFAMUX1 寄存器位	GPAMUX1 位＝00	GPAMUX1 位＝01	GPAMUX1 位＝10	GPAMUX1 位＝11
1～0	GPIO0	EPWM1A(O)	保留	保留
3～2	GPIO1	EPWM1B(O)	eCAP6(I/O)	MFSRB(I/O)
5～4	GPIO2	EPWM2A(O)	保留	保留
7～6	GPIO3	EPWM2B(O)	eCAP5(I/O)	MCLKRB(I/O)
9～8	GPIO4	EPWM3A(O)	保留	保留
11～10	GPIO5	EPWM3B(O)	MFSRA(I/O)	eCAP1(I/O)
13～12	GPIO6	EPWM4A(O)	EPWMSYNCI(I)	EPWMSYNCO(O)
15～14	GPIO7	EPWM4B(O)	MCLKRA(I/O)	eCAP2(I/O)
17～16	GPIO8	EPWM5A(O)	CANTXB(O)	AI CSOCAO(O)
19～18	GPIO9	EPWM5B(O)	SCITXDB(O)	eCAP3(I/O)
21～20	GPIO10	EPWM6A(O)	CANRXB(I)	ADCSOCBO(O)
23～22	GPIO11	EPWM6B(O)	SCIRXDB(I)	eCAP4(I/O)
25～24	GPIO12	TZKI	CANTXB(O)	MDXB(O)
27～26	GPIO13	TZ2CI	CANRXB(I)	MDRB(I)
29～28	GPIO14	TZ3/XHOLDCI	SCITXDB(O)	MCLKXB(I/O)

续表

寄存器位序	（默认）复位时 第 1 位 I/O 功能	外设选择	外设选择 2	外设选择 3
31～30	GPIO15	TZ4/XHOLDACO	SCIRXDB(I)	MFSXB(I/O)
GPAMUX2 寄存器位	GPAMUX2 位＝00	GPAMUX2 位＝01	GPAMUX2 位＝10	GPAMUX2 位＝11
1～0	GPIO16	SPIS1M0A(I/O)	CANTXB(O)	TZ5(I)
3～2	GPIO17	SPISOMIA(I/O)	CANRXB(I)	TZ6(I)
5～4	GPIO18	SPICLKA(I/O)	SCITXDB(O)	CANRXA(I)
7～6	GPIO19	SPISTEAC(I/O)	SCIRXDB(I)	CANTXA(O)
9～8	GPIO20	eQEP1A(I)	MDXA(O)	CANTXB(O)
11～10	GPIO21	eQEP1B(I)	MDRA(I)	CANRXB(I)
13～12	GPIO22	eQEPIS(I/O)	MCLKXA(I/O)	SCITXDB(O)
15～14	GPIO23	eQEP1I(I/O)	MFSXA(I/O)	SCIRXDB(I)
17～16	GPIO24	eCAP1(I/O)	eQEP2A(I)	MDXB(O)
19～18	GPIO25	eCAP2(I/O)	eQEP2B(I)	MDRB(I)
21～20	GPIO26	eCAP3(I/O)	eQEP2I(I/O)	MCLKXB(I/O)
23～22	GPIO27	eCAP4(I/O)	eQEP2S(I/O)	MFSXB(I/O)
25～24	GPIO28	SCIRXDA(I)	XZCS6C(O)	XZCS6C(O)
27～26	GPIO29	SCITXDA(O)	XA19(O)	XA19(O)
29～28	GPIO30	CANRXA(I)	XA18(O)	XA18(O)
31～30	GPIO31	CANTXA(O)	XA17(O)	XA17(O)

表 8-5 GPIOB MUX 寄存器

寄存器位序	（默认）复位时 第 1 位 I/O 功能	外设选择 1	外设选择 2	外设选择 3
GPBMUX1 寄存器位	GPBMUX1 位＝00	GPBMUX1 位＝01	GPBMUX1 位＝10	GPBMUX1 位＝11
1～0	GPIO32(I/O)	SDAA(I/OC)	EPWMSYNCI(I)	ADCSOCAO(O)
3～2	GPIO33(I/O)	SCLA(I/OC)	EPWMSYNCO(O)	ADCSOCBO(O)
5～4	GPIO34(I/O)	eCAP1(I/O)	XREADY(I)	XREADY(I)
7～6	GPIO35(I/O)	SCITXDA(O)	XR/W(O)	XR/W(O)
9～8	GPIO36(I/O)	SCIRXDA(I)	XZCSO(O)	XZCSO(O)
11～10	GPIO37(I/O)	eCAP2(I/O)	XZCS7C(O)	XZCS7C(O)
13～12	GPIO38(I/O)	保留	XWEO(O)	XWEO(O)
15～14	GPIO39(I/O)	保留	XA16(O)	XA16(O)
17～16	GPIO40(I/O)	保留	XAO/XWEU(O)	XAO/XWEK(O)
19～18	GPIO41(I/O)	保留	XA1(O)	XA1(O)
21～20	GPIO42(I/O)	保留	XA2(O)	XA2(O)
23～22	GPIO43(I/O)	保留	XA3(O)	XA3(O)
25～24	GPIO44(I/O)	保留	XA4(O)	XA4(O)
27～26	GPIO45(I/O)	保留	XA5(O)	XA5(O)
29～28	GPIO46(I/O)	保留	XA6(O)	XA6(O)
31～0	GPIO47(I/O)	保留	XA7(O)	XA7(O)
GPBMUX2 寄存器位	GPBMUX2 位＝00	GPBMUX2 位＝01	GPBMUX2 位＝10	GPBMUX2 位＝11
1～0	GPIO48(I/O)	eCAP5(I/O)	XD31(I/O)	XD31(I/O)
3～2	GPIO49(I/O)	eCAP6(I/O)	XD30(I/O)	XD30(I/O)
5～4	GPIO50(I/O)	eQEP1A(I)	XD29(I/O)	XD29(I/O)

续表

寄存器位序	（默认）复位时 第1位 I/O 功能	外设选择	外设选择 2	外设选择 3
7～6	GPIO51(I/O)	eQEP1B(I)	XD28(I/O)	XD28(I/O)
9～8	GPIO52(I/O)	eQEPIS(I/O)	XD27(I/O)	XD27(I/O)
11～10	GPIO53(I/O)	eQEP1I(I/O)	XD26(I/O)	XD26(I/O)
13～12	GPIO54(I/O)	SPISIMOA(I/O)	XD25(I/O)	XD25(I/O)
15～14	GPIO55(I/O)	SPISOMIA(I/O)	XD24(I/O)	XD24(I/O)
17～16	GPIO56(I/O)	SPICLKA(I/O)	XD23(I/O)	XD23(I/O)
19～18	GPIO57(I/O)	SPISTEA(I/O)	XD22(I/O)	XD22(I/O)
21～20	GPIO58(I/O)	MCLKRA(I/O)	XD21(I/O)	XD21(I/O)
23～22	GPIO59(I/O)	MFSRA(I/O)	XD20(I/O)	XD20(I/O)
25～24	GPIO60(I/O)	MCLKRB(I/O)	XD19(I/O)	XD19(I/O)
27～26	GPIO61(I/O)	MFSRB(I/O)	XD18(I/O)	XD18(I/O)
29～28	GPIO62(I/O)	SCIRXDC(I)	XD17(I/O)	XD17(I/O)
31～30	GPIO63(I/O)	SCITXDC(O)	XD16(I/O)	XD16(I/O)

表 8-6 GPIOC MUX 寄存器

寄存器位序	（默认）复位时 第1位 I/O 功能	外设选择 1	外设选择 2 或 3
GPCMUX1 寄存器位	GPCMUX1 位＝00	GPCMUX1 位＝01	GPCMUX1 位＝10 或 11
1～0	GPIO64(I/O)	GPIO64(I/O)	XD15(I/O)
3～2	GPIO65(I/O)	GPIO65(I/O)	XD14(I/O)
5～4	GPIO66(I/O)	GPIO66(I/O)	XD13(I/O)
7～6	GPIO67(I/O)	GPIO67(I/O)	XD12(I/O)
9～8	GPIO68(I/O)	GPIO68(I/O)	XD11(I/O)
11～10	GPIO69(I/O)	GPIO69(I/O)	XD10(I/O)
13～12	GPIO70(I/O)	GPIO70(I/O)	XD9(I/O)
15～14	GPIO71(I/O)	GPIO71(I/O)	XD8(I/O)
17～16	GPIO72(I/O)	GPIO72(I/O)	XD7(I/O)
19～18	GPIO73(I/O)	GPIO73(I/O)	XD6(I/O)
21～20	GPIO74(I/O)	GPIO74(I/O)	XD5(I/O)
23～22	GPIO75(I/O)	GPIO75(I/O)	XD4(I/O)
25～24	GPIO76(I/O)	GPIO76(I/O)	XD3(I/O)
27～26	GPIO77(I/O)	GPIO77(I/O)	XD2(I/O)
29～28	GPIO78(I/O)	GPIO78(I/O)	XD1(I/O)
31～30	GPIO79(I/O)	GPIO79(I/O)	XD0(I/O)
GPCMUX2 寄存器位	GPCMUX2 位＝00	GPCMUX2 位＝01	GPCMUX2 位＝10 或 11
1～0	GPIO80(I/O)	GPIO80(I/O)	XA8(O)
3～2	GPIO81(I/O)	GPIO81(I/O)	XA9(O)
5～4	GPIO82(I/O)	GPIO82(I/O)	XA10(O)
7～6	GPIO83(I/O)	GPIO83(I/O)	XA11(O)
9～8	GPIO84(I/O)	GPIO84(I/O)	XA12(O)
11～10	GPIO85(I/O)	GPIO85(I/O)	XA13(O)
13～12	GPIO86(I/O)	GPIO86(I/O)	XA14(O)
15～14	GPIO87(I/O)	GPIO87(I/O)	XA15(O)
31～16	保留	保留	保留

8.4　GPIO 寄存器

1. GPIO 控制限制寄存器

GPIO 控制限制寄存器如下所示。

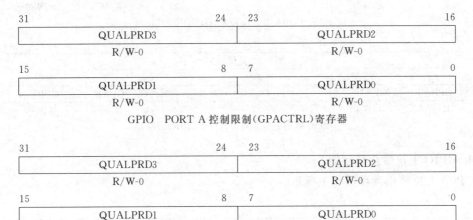

GPIO　PORT A 控制限制(GPACTRL)寄存器

GPIO　PORT B 控制限制(GPBCTRL)寄存器

2. GPIO 选择限制寄存器

GPIO 选择限制寄存器如下所示。

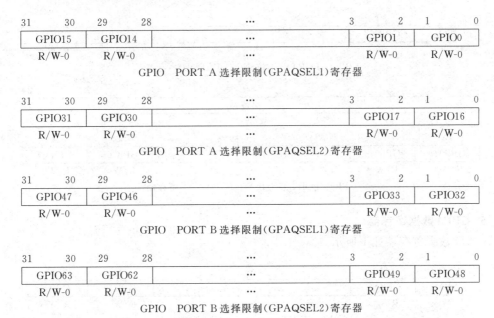

GPIO　PORT A 选择限制(GPAQSEL1)寄存器

GPIO　PORT A 选择限制(GPAQSEL2)寄存器

GPIO　PORT B 选择限制(GPAQSEL1)寄存器

GPIO　PORT B 选择限制(GPAQSEL2)寄存器

3. GPIO 方向控制寄存器

GPIO 方向控制寄存器如下所示。

31	30	...	1	0
GPIO31	GPIO30	...	GPIO1	GPIO0
R/W-0	R/W-0	...	R/W-0	R/W-0

GPIO PORT A 方向控制（GPADIR）寄存器

31	30	...	1	0
GPIO63	GPIO62	...	GPIO33	GPIO32
R/W-0	R/W-0	...	R/W-0	R/W-0

GPIO PORT B 方向控制（GPBDIR）寄存器

31				24
		保留		

23	22	...	1	0
GPIO87	GPIO86	...	GPIO65	GPIO64
R/W-0	R/W-0	...	R/W-0	R/W-0

GPIO PORT C 方向控制（GPCDIR）寄存器

4. GPIO 上拉禁止寄存器

GPIO 上拉禁止寄存器如下所示。

31	30	...	13	12
GPIO31	GPIO30	...	GPIO13	GPIO12
R/W-0	R/W-0	...	R/W-0	R/W-0

11	10	...	1	0
GPIO11	GPIO10	...	GPIO1	GPIO0
R/W-1	R/W-1	...	R/W-1	R/W-1

GPIO PORT A 上拉禁止（GPAPUD）寄存器

31	30	...	1	0
GPIO63	GPIO62	...	GPIO33	GPIO32
R/W-0	R/W-0	...	R/W-0	R/W-0

GPIO PORT B 上拉禁止（GPAPUD）寄存器

31				24
		保留		
		R/W-0		

23	22	...	1	0
GPIO87	GPIO86	...	GPIO65	GPIO64
R/W-0	R/W-0	...	R/W-0	R/W-0

GPIO PORT C 上拉禁止（GPCPUD）寄存器

5. GPIO 数据寄存器

GPIO 数据寄存器如下所示。

31	30	...	1	0
GPIO31	GPIO30	...	GPIO1	GPIO0
R/W-x	R/W-x	...	R/W-x	R/W-x

GPIO PORT A 数据（GPADAT）寄存器

31	30	...	1	0
GPIO63	GPIO62	...	GPIO33	GPIO32
R/W-x	R/W-x	...	R/W-x	R/W-x

GPIO PORT B 数据（GPBDAT）寄存器

31				24
保留				
R/W-0				

23	22	...	1	0
GPIO87	GPIO86	...	GPIO65	GPIO64
R/W- x	R/W-x	...	R/W-x	R/W- x

GPIO　PORT C 数据（GPCDAT）寄存器

6. GPIO 设置、清除和触发寄存器

GPIO 设置、清除和触发寄存器如下所示。

31	30	...	1	0
GPIO31	GPIO30	...	GPIO1	GPIO0
R/W-0	R/W-0	...	R/W-0	R/W-0

GPIO　PORT A 设置（GPASET）寄存器

31~0	GPIO31~GPIO0	0：写 0 没有影响，寄存器读操作始终返回 0； 1：写 1 强制各位输出锁存为高电平；如果引脚输出为 GPIO 输出，那么将被驱动为高电平，否则锁存设置为 1，但该引脚不能被驱动

GPIO　PORT A 清除（GPACLEAR）寄存器

31~0	GPIO31~GPIO0	0：写 0 没有影响，寄存器读操作始终返回 0； 1：写 1 强制各位输出锁存为低电平；如果引脚输出为 GPIO 输出，那么将被驱动为低电平，否则锁存被清除，但该引脚不能被驱动

GPIO　PORT A 触发（GPATOGGLE）寄存器

31~0	GPIO31~GPIO0	0：写 0 没有影响，寄存器读操作始终返回 0； 1：写 1 强制各位输出锁存为当前状态触发；如果引脚输出为 GPIO 输出，那么该引脚输出发生反转，否则锁存触发，但该引脚不能被驱动

31	30	...	1	0
GPIO63	GPIO62	...	GPIO33	GPIO32
R/W-0	R/W-0	...	R/W-0	R/W- 0

GPIO　PORT B 设置（GPBSET）寄存器

31~0	GPIO63~GPIO32	0：写 0 没有影响，寄存器读操作始终返回 0； 1：写 1 强制各位输出锁存为高电平；如果引脚输出为 GPIO 输出，那么将被驱动为高电平，否则锁存设置为 1，但该引脚不能被驱动

GPIO　PORT B 清除（GPBCLEAR）寄存器

31~0	GPIO63~GPIO32	0：写 0 没有影响，寄存器读操作始终返回 0； 1：写 1 强制各位输出锁存为低电平；如果引脚输出为 GPIO 输出，那么将被驱动为低电平，否则锁存被清除，但该引脚不能被驱动

GPIO PORT B 触发(GPBTOGGLE)寄存器

31~0	GPIO63~GPIO32	0:写0没有影响,寄存器读操作始终返回0; 1:写1强制各位输出锁存为当前状态触发;如果引脚输出为 GPIO 输出,那么该引脚输出发生反转,否则锁存触发,但该引脚不能被驱动

31					24
保留					
R/W-0					

23	22	...		1	0
GPIO87	GPIO86	...		GPIO65	GPIO64
R/W-0	R/W-0	...		R/W-0	R/W-0

GPIO PORT C 设置(GPCSET)寄存器

31~0	GPIO87~GPIO64	0:写0没有影响,寄存器读操作始终返回0; 1:写1强制各位输出锁存为高电平;如果引脚输出为 GPIO 输出,那么将被驱动为高电平,否则锁存设置为1,但该引脚不能被驱动

GPIO PORT C 清除(GPCCLEAR)寄存器

31~0	GPIO87~GPIO64	0:写0没有影响,寄存器读操作始终返回0; 1:写1强制各位输出锁存为低电平;如果引脚输出为 GPIO 输出,那么将被驱动为低电平,否则锁存被清除,但该引脚不能被驱动

GPIO PORT C 触发(GPCTOGGLE)寄存器

31~0	GPIO87~GPIO64	0:写0没有影响,寄存器读操作始终返回0; 1:写1强制各位输出锁存为当前状态触发;如果引脚输出为 GPIO 输出,那么该引脚输出发生反转,否则锁存触发,但该引脚不能被驱动

7. GPIO 中断选择寄存器

GPIO 中断选择寄存器如下所示。

15	5	4	0
保留		GPIOXINTNSEL	
R-0		R/W-0	

GPIO XINTn XNMI 中断选择(GPIOXINTnSEL,GPIOXNMISEL)寄存器

8. 中断选择和配置寄存器

中断选择和配置寄存器如下所示。

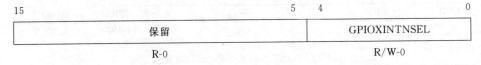

n	中　　断	中断选择寄存器	配置寄存器
1	XINT1	GPIOXINT1SEL	XINT1CR
2	XINT2	GPIOXINT2SEL	XINT2CR
XINT1/XINT2 中断选择和配置寄存器			

n	中　断	中断选择寄存器	配置寄存器
3	XINT3	GPIOXINT3SEL	XINT3CR
4	XINT4	GPIOXINT4SEL	XINT4CR
5	XINT5	GPIOXINT5SEL	XINT5CR
6	XINT6	GPIOXINT6SEL	XINT6CR
7	XINT7	GPIOXINT7SEL	XINT7CR
XINT3～XINT7 中断选择和配置寄存器			

8.5　GPIO 应用例程

GPIO 应用例程如下。

```
#include "DSP2833x_Device.h"              //DSP2833x Headerfile Include File
#include "DSP2833x_Examples.h"            //DSP2833x Examples Include File
void InitGpio(void)
{
    EALLOW;
    GpioCtrlRegs.GPAMUX1.all=0x0000;      //GPIO functionality GPIO0-GPIO15
    GpioCtrlRegs.GPAMUX2.all=0x0000;      //GPIO functionality GPIO16-GPIO31
    GpioCtrlRegs.GPBMUX1.all=0x0000;      //GPIO functionality GPIO32-GPIO39
    GpioCtrlRegs.GPBMUX2.all=0x0000;      //GPIO functionality GPIO48-GPIO63
    GpioCtrlRegs.GPCMUX1.all=0x0000;      //GPIO functionality GPIO64-GPIO79
    GpioCtrlRegs.GPCMUX2.all=0x0000;      //GPIO functionality GPIO80-GPIO95
    GpioCtrlRegs.GPADIR.all=0x0000;       //GPIO0-GPIO31 are inputs
    GpioCtrlRegs.GPBDIR.all=0x0000;       //GPIO32-GPIO63 are inputs
    GpioCtrlRegs.GPCDIR.all=0x0000;       //GPIO64-GPIO95 are inputs
    GpioCtrlRegs.GPAQSEL1.all=0x0000;     //GPIO0-GPIO15 Synch to SYSCLKOUT
    GpioCtrlRegs.GPAQSEL2.all=0x0000;     //GPIO16-GPIO31 Synch to SYSCLKOUT
    GpioCtrlRegs.GPBQSEL1.all=0x0000;     //GPIO32-GPIO39 Synch to SYSCLKOUT
    GpioCtrlRegs.GPBQSEL2.all=0x0000;     //GPIO48-GPIO63 Synch to SYSCLKOUT
    GpioCtrlRegs.GPAPUD.all=0x0000;       //Pullup's enabled GPIO0-GPIO31
    GpioCtrlRegs.GPBPUD.all=0x0000;       //Pullup's enabled GPIO32-GPIO63
    GpioCtrlRegs.GPCPUD.all=0x0000;       //Pullup's enabled GPIO64-GPIO79
    GpioCtrlRegs.GPCMUX2.bit.GPIO82=0;    //XA10; GPIO is I/O
    GpioCtrlRegs.GPCDIR.bit.GPIO82=0;     //GPIO is input
    GpioCtrlRegs.GPCPUD.bit.GPIO82=0;     //Pullup's enabled,拉高
    GpioCtrlRegs.GPCMUX2.bit.GPIO81=0;    //XA9; GPIO is I/O
    GpioCtrlRegs.GPCDIR.bit.GPIO81=0;     //GPIO is input
    GpioCtrlRegs.GPCPUD.bit.GPIO81=0;     //Pullup's enabled,拉高
    GpioCtrlRegs.GPCMUX2.bit.GPIO80=0;    //XA8; GPIO is I/O
    GpioCtrlRegs.GPCDIR.bit.GPIO80=0;     //GPIO is input
    GpioCtrlRegs.GPCPUD.bit.GPIO80=0;     //Pullup's enabled,拉高
    GpioCtrlRegs.GPBMUX1.bit.GPIO47=0;    //XA7;   //GPIO is I/O
    GpioCtrlRegs.GPBDIR.bit.GPIO47=0;     //GPIO is input
    GpioCtrlRegs.GPBPUD.bit.GPIO47=0;     //Pullup's enabled,拉高
    EDIS;
}
```

习题与思考

8-1　GPIO 口输入/输出怎么选择？

8-2　GPIO 口采样窗怎么配置？

8-3　怎么设置 GPIO62 为输出低？

8-4　GPIO 中断怎么设置？

8-5　GPIO 口清零怎么实现？

8-6　GPIO 口都有哪些寄存器？它们分别实现什么功能？

## 第 9 章

TMS320F2833x 的模数转换

9.1 概述

TMS320F2833x 系列 DSP 的 A/D 转换模块是一个 12 位带流水线的模数转换器。该模数转换器的模拟电路(即本节中所指的核心部分),包括前端模拟多路复用开关(MUXS)、采样/保持(S/H)电路、变换核心、电压调节器以及其他模拟支持电路部分。模数转换器的数字电路即本节中所指的外围部分,包括可编程的转换序列发生器、结果寄存器、与模拟电路的借口、与设备外围总线的接口以及与其他芯片模块的接口。

A/D 转换模块具有 16 个通道,可以配置为两个 eCAP 模块所需的独立 8 通道模块,这两个独立的 8 通道模块也可以级联成一个 16 通道模块。尽管 A/D 转换器中有多个输入通道和两个序列发生器,但只有一个转换器。A/D 转换器模块的结构如图 9-1 所示。

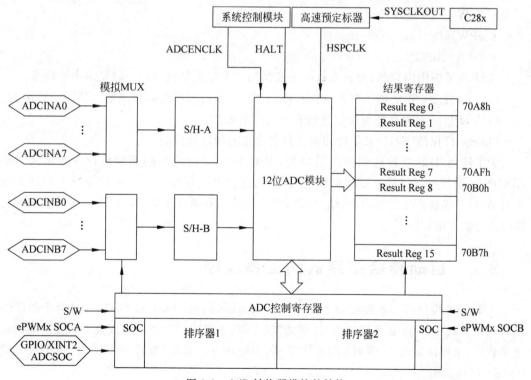

图 9-1　A/D 转换器模块的结构

　　两个 8 通道模块能够自动排序构成一系列转换器,每个模块可以通过模拟的多路开关(MUX)选择 8 个通道中的任何一个通道。在级联模式下,自动序列发生器是 16 通道的。对每个序列发生器而言,一旦完成转换,所选通道的转换值将存储到相应的 ADCRESULT 寄存器中。自动排序过程允许系统对同一个通道进行多次变换,允许用户进行过采样算法,从而得到比一般的单采样更精确的结果。

　　A/D 转换器的主要包括以下内容。

　　(1) 带内置双采样保持器(S/H)的 12 位 A/D 转换核心。

　　(2) 同步采样或顺序采样模式。

　　(3) 模拟输入:0~3V。

　　(4) 快速转换功能,时钟频率设置为 12.5MHz,或者最小采样带宽为 6.25MSPS。

　　(5) 16 通道,多路输入。

　　(6) 自动排序功能可一次性提供最多 16 个"自动转换器",每个转换器都可以通过程序选择 1~16 个输入通道中的任何一个。

　　(7) 序列发生器可以工作在两个独立的 8 通道模式或者一个 16 通道级联模式。

　　(8) 16 个可独立寻址的结果寄存器用以存储转换结果,即将输入模拟量转换为数字量的过程如下:

- 当输入成 0V 时,数字值＝0;

- 当 0V＜输入＜3V 时,数字值＝$4095 \times \dfrac{\text{输入模拟电压} - \text{ADCLO}}{3}$;

- 当输入≥3V 时,数字值＝4095。

　　(9) 多触发源启动 A/D 转换(SOC),有

- S/W:软件立即启动;

- ePWM1~6;

- GPIO XINT2。

　　(10) 灵活的中断控制,允许在每一个或每隔一个序列结束(EOS)时发出中断请求。

　　(11) 序列发生器能够运行在"启动/停止"模式,允许多路时间排序触发器同步转换。

　　(12) ePWM 触发器能够独立运行在双排序器模式。

　　(13) 采样保持(S/H)采集时间窗口具有独立的预定标控制。

　　为了使 A/D 转换器达到更高的精度,要对 PCB 进行适当的布局设计。连接到引脚 ADCINxx 的信号线尽量不要远离数字信号线,这样可以尽量减少数字信号线上的开关噪声对 A/D 转换器产生的耦合干扰。此外,应采用适当的隔离技术,将 A/D 转换器模块的电源引脚与数字电源隔开。

9.2　自动转换排序器的工作原理

　　A/D 转换模块排序器包括两个独立的 8 状态排序器(SEQ1 和 SEQ2),这两个排序器还可以级联成一个 16 状态排序器(这里的"状态"是指排序器中能够完成自动转换功能的通道个数)。单排序器模式(级联成 16 状态)结构如图 9-2 所示,双排序器模式(两个独立的 8 状态)结构如图 9-3 所示。

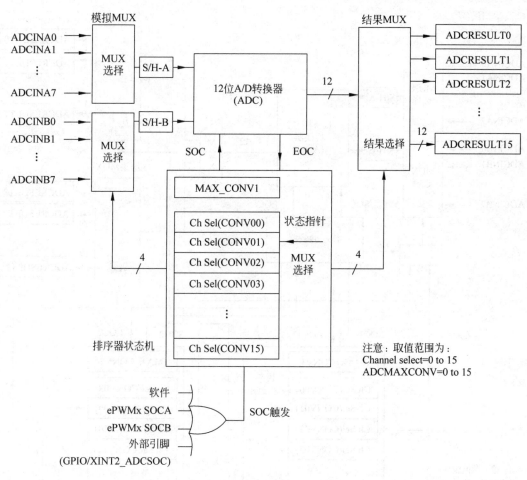

图 9-2 单排序器模式结构图

对于上述两种运行模式,A/D转换器能够对一系列转换器进行自动排序。这就是说,A/D转换器每次收到一个开始转换(SOC)请求,就能够自动完成多路转换。其中的每个转换都可通过模拟多路转换开关MUX选择16个输入通道中的任意一个。转换完成之后,所选通道转换的数字值将存入结果寄存器(ADCRESULTn)中(第1个通道的结果存入ADCRESULT0,第2个通道的结果存入 ADCRESULT1,依此类推)用户可以对同一个通道进行多次采样,也可以进行过采样操作,从而获得比单采样方式更精确的结果。

在双排序器顺序采样模式下,在当前运行的排序器完成排序之后,就能够再次初始化并响应排序器发出的下一个SOC请求。例如,假设A/D转换器正在为 SEQ2 服务过程中 SEQ1 发出了一个 SOC 请求,完成 SEQ2 任务之后就立即开始响应 SEQ1 的请求。如果 SEQ1 和 SEQ2 同时发出 SOC 请求,则优先响应 SEQ1 的请求。具体来说,假设 A/D转换器正在为 SEQ1 服务的过程中,SEQ1 和 SEQ2 又同时发出了 SOC 请求,那么在完成 SEQ1 的任务之后立即响应新的 SEQ1 的请求,而 SEQ2 的请求则继续等待。

A/D转换器可以工作在同步采样或顺序采样模式。每个转换(或在同步采样模式中的一对转换)由当前的 CONVxx 位定义要采样和转换的外部输入引脚(或一对引脚)在顺序采样模式下,CONVxx 的 4 位都用来定义输入引脚。MSB 位确定哪一个为采样保持缓冲的

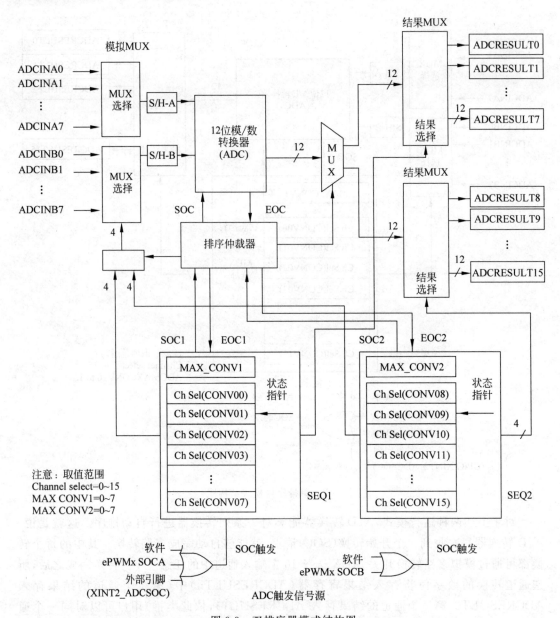

图 9-3　双排序器模式结构图

注：DSP 中只有 1 个 A/D 转换器,该转换器由双排序器模式中的 2 个排序器共用。

输入引脚,其余的 3 位确定偏移量。例如,如果 CONVxx 的值是 0101B,选择 ADCINA5 为输入引脚。如果 CONVxx 的值是 1011B,则选择 ADCINB3 为输入引脚。在同步采样模式下,CONVxx 的 MSB 不起作用。每个采样保持缓冲器对相关的引脚进行采样,而这些引脚是由 CONVxx 寄存器的 LSB 提供的偏移值确定的。例如,如果 CONVxx 寄存器的值是 0110B,S/H-A 采样 ADCINA6,S/H-B 采样 ADCINB6。如果 CONVxx 寄存器的值是 1001B,S/H-A 采样 ADCINA1,S/H-B 采样 ADCINB1。首先转换 S/H-A 中的电压量,之后再转换 S/H-B 中的电压量。S/H-A 的转换结果存储在结果寄存器 ADCRESULTn 中(假设排序器已复位,SEQ1 的结果放在 ADCRESULT0 中)。S/H-B 的转换结果存储在下一个结果寄存器 ADCRESULTn 中(假设排序器已复位,SEQ1 的结果放在 ADCRESULT1 中),而结果寄存器指针每次增加 2(假设排序器已复位,SEQ1 的指针为 ADCRESULT2)。

9.3 顺序采样

图 9-4 给出了顺序采样模式的时序图。在该实例中,ACQ_PS 位设置为 0001B。

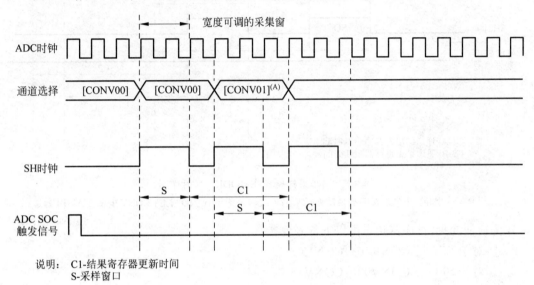

说明： C1-结果寄存器更新时间
S-采样窗口

图 9-4 顺序采样模式时序图

注:CONVxx 寄存器中包含 A/D 转换器通道地址,SEQ1 的是 CONV00,SEQ2 的是 CONV08CI 为结果寄存器更新时间,S 为采样窗口。

9.4 同步采样

图 9-5 给出了同步采样模式下的时序图。在该实例中,ACQ_PS 位设置为 0001B。

8 状态和 16 状态下的排序器运行情况基本是相同的,两者之间的差异由表 9-1 列出。

表 9-1 排序器运行相关数据

特　　点	8 状态排序器#1(SEQ1)	8 状态排序器#2(SEQ2)	级联 16 状态排序器(SEQ)
SOC 触发信号	ePWMx SOCA,软件,外部引脚	ePWMx SOCB,软件	ePWMx SOCA,ePWMx SOCB,软件
最大转换通道	8	8	16
排序结束自动停止(EOS)	是	是	是
优先级仲裁	高	低	不使用
A/D 转换结果寄存器	0~7	8~15	0~15
ADCCHSELSEQn 位段分配	CONV00~CONV07	CONV08~CONV15	CONV00~CONV15

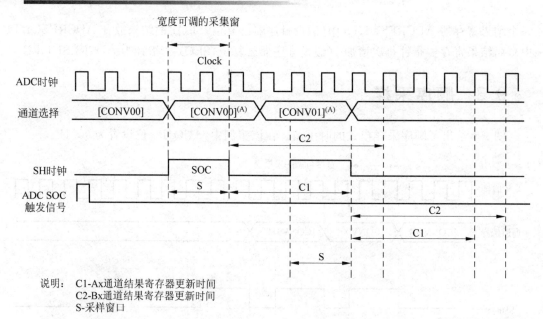

说明: C1-Ax通道结果寄存器更新时间
C2-Bx通道结果寄存器更新时间
S-采样窗口

图 9-5 同步采样模式(SMODE＝1)时序图

注：CONVxx 寄存器中包含 A/D 转换器通道地址；CONV00 表示 A0/B0 通道；CONV01 表示 A1/B1 通道。

为简便起见,排序器状态由以下符号代替：

① 对于 SEQ1：CONV00～CONV07。

② 对于 SEQ2：CONV08～CONV15。

③ 对于级联的 SEQ：CONV00～CONV15。

每个顺序转换器的模拟量输入通道,由 A/D 转换器输入通道选择序列控制寄存器 (ADCCHSELSEQn)的 4 位控制位——CONVxx 位确定。当排序器工作在级联模式下时,排序器最多需要 16 个变换通道,4 位通道控制位用来确定 16 个变换通道(CONV00～CONV15)中的其中一位进行变换,这些控制位分布在 4 个 16 位寄存器中(ADCCHSELSEQ1-ADCCHSELSEQ4)。CONVxx 位的值可以是 0～15 中的任意一个。模拟通道能够以任意需要的顺序选择,而且,同一个通道可以进行多次选择。

9.5 连续自动排序模式

在 8 状态排序器(SEQ1 或 SEQ2)模式下,在一次排序过程中 SEQ1 或 SEQ2 能够对最多 8 个转换器(当在级联模式时可达 16 个)进行排序,图 9-6 给出了程序运行的流程图。每个转换结果可以储存在 8 个结果寄存器(SEQ1 为 ADCRESULT0～ADCRESULT7,SEQ2 为 ADCRESULT8～ADCRESULT15)中的任意一个。这些寄存器按地址顺序由低到高依次填装。

一次排序过程的转换个数是由 MAX_CONVn(ADCMAXCONV 寄存器中的一个 3 位或 4 位控制位)控制,该值在自动排序的转换开始时被装载到自动排序状态寄存器 (ADCASEQSR)的排序计数状态位(SEQ_CNTR[3:0])。MAX_CONVn 的值在 0～7(级联模式下为 0～15)之间变化。当排序器从状态 CONV00(CONV01,CONV02,依此类推)起开始连续工作时,SEQ_CNTR 的位值从其装载值开始向下计数,直到 SEQ_CNTR 等于

0，一次自动排序过程完成的转换数等于(MAXCONVn＋1)。

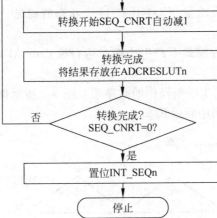

图 9-6　连续自动排序模式程序运行流程图

1. 排序器的启动/停止模式

除了连续自动排序模式之外，任何一个排序器(SEQ1、SEQ2、SEQ)都可工作在启动/停止模式，这种模式可以在时间上分别与多个 SOC 触发信号同步。但应注意，一旦它完成了第一次排序(如排序器在中断服务子程序中未被复位)，可以允许在不复位到初始状态 CONV00 的情况下重新触发排序器。因此，当一个转换序列结束后，排序器停在当前转换状态。在这种模式下，ADCTRL1 寄存器中的连续运行位(CONV_RUN)必须设置为 0。

2. 同步采样模式

A/D 转换器能够同时采样两个 ADCINxx 输入，其中一个输入来自 ADCINA0～ADCINA7，另一个输入来自 ADCINB0～ADCINB7。此外，这两个输入必须具有相同的采样保持偏移量(例如 ADCINA4 和 ADCINB4，而不是 ADCINA7 和 ADCINB6)。为了使 A/D 转换器工作在同步采样模式，必须设置 ADCTRL3 寄存器中的 SMODE_SEL 位。

3. 输入触发源

每个排序器都有一套可以使能/禁用的触发源。SEQ1、SEQ2 和级联模式下 SEQ 的有效输入触发见表 9-2。

表 9-2　输入触发

SEQ1(排序器 1)	SEQ2(排序器 2)	级联 SEQ
软件触发(软件 SOC)	软件触发(软件 SOC)	软件触发(软件 SOC)
ePWMx SOCA	ePWMx SOCB	ePWMx SOCA, ePWMx SOCB
XINT2_ADCSOC		XINT2_ADCSOC

如果当前的转换序列正在进行时发生了一个新的 SOC 触发信号,ADCTRL2 寄存器中的 SOC_SEQn 位(该位在前一个转换序列开始之前已经被清除)被置位。如果这时又发生了一个 SOC 触发信号,则该信号将丢失。也就是说,当 SOC_SEQn 位已经被置位(SOC 信号等待),接下来的触发信号将全部忽略。

一旦被触发,排序器在转换序列的中途不能停止/中断。程序必须等到排序结束(EOS)或者重新复位排序器,从而使排序器立即回复空闲状态(SEQ1 和级联状态下排序器指针指向 CONV00,SEQ2 指针指向 CONV08)。

当 SEQ1/2 用在级联模式下时,到达 SEQ2 的触发信号将被忽略,而 SEQ1 获得的触发信号有效。级联模式可以看成是 SEQ1 具有 16 个状态的情况。

4. 排序器的中断操作

排序器能够在两种运行模式下产生中断。运行模式由 ADCTRL2 寄存器中的中断模式使能控制位决定。

图 9-7 为排序转换中产生中断操作的时序图。图 9-7 所示例子可以说明在不同运行条件下如何使用中断模式 1 和中断模式 2。

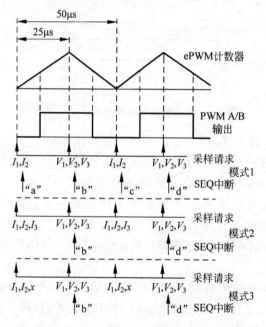

图 9-7　排序转换中产生中断操作的时序图

1) 情况 1:第 1 个和第 2 个序列中采样的个数不相等

对应于中断模式1(如每一个 EOS 产生中断请求)。

(1) 排序器由 MAX_CONVn=1 初始化,转换 I_1 和 I_2。

(2) 在 ISR"a"中(见图 9-7),通过软件将 MAX_CONVn 的值设置为 2,转换 V_1、V_2 和 V_3。

(3) 在 ISR"b"中完成以下任务:

• MAX_CONVn 的值再次设置为 1,转换 I_1 和 I_2;

• 从结果寄存器中读取 I_1、I_2、V_1、V_2 和 V_3 的值;

• 复位排序器。

(4) 重复第 2 步和第 3 步。每次 SEQ_CNTR 到达 0 时设置中断标志位,且中断能够被识别。

2）情况2：第1个和第2个序列中采样的个数相等

对应于中断模式2（如每隔一个EOS产生中断请求）。

（1）排序器由MAX_CONVn＝2初始化，转换I_1、I_2和I_3（或V_1、V_2和V_3）。

（2）在ISR"b"和"d"（见图9-7）中，完成以下任务：

- 从结果寄存器中读取I_1、I_2、I_3、V_1、V_2和V_3的值；
- 复位排序器；
- 重复第（2）步操作。

3）情况3：第1个和第2个序列中采样的个数相等（带空读）

对应于中断模式2（如每隔一个EOS产生中断请求）。

（1）排序器由MAX_CONVn＝2初始化，转换I_1、I_2和x（空采样）。

（2）在ISR"b"和"d"（见图7）中，完成以下任务：

- 从结果寄存器中读取I_1、I_2、x、V_1、V_2和V_3的值；
- 复位排序器。

（3）重复第（2）步。需要注意的是：第3个采样x为一个空采样，采样要求不存在。然而，为了使ISR和CPU的开销最小化，采用模式2间隔产生中断请求的特性。

9.6　ADC预定时钟标

外设时钟HSPCLK由ADCTRL3寄存器的ADCCLKPS[3～0]位分频。再通过ADCTRL1寄存器的CPS位进行2分频。此外，A/D转换器通过扩展采样/获取周期来调整不同的信号源阻抗，这是由ADCTRL1寄存器的ACQ_PS[3～0]位来控制的。这些位不影响采样/保持环节和转换环节过程，但是通过延长启动转换脉冲可以增加采样时间的长度，如图9-8所示。

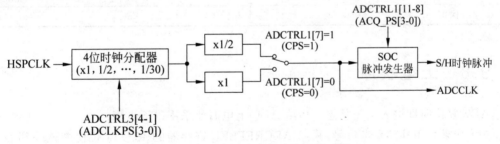

图9-8　ADC内核时钟和采样/保持时钟

A/D转换模块具有一些用以产生所需要的A/D转换器运行时钟速度的预定标。图9-9给出了时钟速度的选择方式。表9-3给出了两个设置的实例，并说明了实例中连续采样的有效速率和采样保持窗的时间。

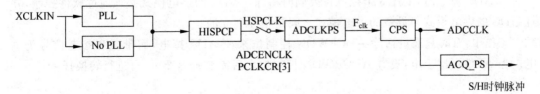

图9-9　输入到ADC模块的时钟

表 9-3 ADC 的时钟选择

XCLKIN	SYSCLKOUT	HISPCLK	ADCTRL3[4~1]
		HSPCP=3	ADCLKPS=0
30MHz	150MHz	150MHz/(2×3)=25MHz	25MHz
		HSPCP=2	ADCLKPS=2
		100MHz/(2×2)=25MHz	25/(2×2)=6.25MHz
ADCTRL1[7]	ADCCLK	ADCTRL1[11-8]	SH 宽度
CPS=0		ACQ_PS=0	
25MHz	25	12.5MHz	1
CPS=1		ACQ_PS=15	
6.25MHz/(2×1)=3.125MHz	3.125MHz	183.842kHz	16

9.7 低功耗模式

A/D 转换器支持 3 种独立的供电模式,即 ADC 上电、ADC 掉电和 ADC 关闭,这 3 种模式均由 ADCTRL3 寄存器的独立控制位控制,如表 9-4 所示。

表 9-4 供电模式选择

供 电 模 式	ADCBGRFDN1	ADCBGRFDN0	ADCPWDN
ADC 上电	1	1	1
ADC 掉电	1	1	0
ADC 关闭	0	0	0
保留	1	0	x
保留	0	1	x

9.8 上电次序

ADC 复位时即进入关闭状态。当给 ADC 上电时要采用以下步骤:

(1) 如果采用外部参考信号,采用 ADCREFSEL 寄存器的 15~14 位使能该外部参考模式。必须在带隙上电之前使能该模式。

(2) 通过置位 ADCTRL3 寄存器的 7~5 位(ADCBGRFDN[1:0],ADCPWDN)能够给参考信号、带隙和模拟电路同时上电。

(3) 在第 1 次转换运行前,至少需要延迟 5ms。

当 ADC 掉电时,上述 3 个控制位要同时清除。ADC 的供电模式必须通过软件控制,并且 ADC 的供电模式与设备的供电模式之间是相互独立的。

工作中,有时只通过清除 ADCPWDN 控制位来使 ADC 掉电,而带隙和参考信号仍供电。当 ADC 再次上电,设置 ADCPWDN 控制位之后需要延迟 $20\mu s$ 再进行转换任务。

注意：F28335 中的 ADC 模块在所有电路上电之后需要延迟 5ms。这一点与 F281x 的 ADC 模块有所不同。

9.9　排序器的覆盖功能

在通常的运行模式下，排序器 SEQ1、SEQ2 或者级联的 SEQ1 用于选择 ADC 通道，并将转换的结果存储在相应的 ADCRESULTn 寄存器中。在 MAXCONVn 设置的转换结束时，排序器将自动返回 0。在使用排序器覆盖功能时，排序器的自动返回可通过软件控制。这由 ADC 控制寄存器 1（ADCCTRL1）的第 5 位控制。例如，假定 SEQ-OVED 位为 0，ADC 工作在级联模式下的连续转换模式 MAXCONV1 设置为 7。通常情况下，排序器会递增并将 ADC 寄存器转换结果更新到结果寄存器 ADCRESULT7，然后返回到 0。当 ADCRESULT7 寄存器更新完成后相应的中断标志位被置位。当 SEQ OVRD 位被重新置位，排序器在更新 7 个结果寄存器后不再循环到 0，而将继续增加，并更新 ADCRESULT8 寄存器，直到 ADCRESULT15 为止。当 ADCRESULT15 寄存器更新完毕，再返回到 0。这可以将结果寄存器（0～15）看作一个 FIFO，用于 ADC 对连续数据的捕捉。当 ADC 在最高数据速率下进行转换时。这个功能有助于捕捉 ADC 的数据。

9.10　ADC 校验

ADC_cal()子程序由生产商直接嵌入 T1 保留的 OTP 存储器内。根据设备的具体校验数据，bootROM 自动调用 ADC_cal()子程序来初始化 ADCREFSEL 和 ADCOFFTRIM 寄存器。在通常的运行过程中，该校验过程是自动完成的，用户无须进行任何操作。

如果在系统开发的过程中，代码编写处理（CCS）禁止了 boot ROM，则需要用户来进行 ADCREFSEL 和 ADCOFFTRIM 寄存器的初始化。

OTP 寄存器是安全的，ADC_cal()子程序必须由安全储存器调用，或者在编码安全模块解锁之后由安全储存器调用。如果复位系统或者通过 ADC 控制寄存器 1 的位 14 复位 ADC 模块，子程序必须重复。

9.11　ADC 内外参考电压选择

在默认情况下，内部带隙参考电压作为 A/D 转换器的供电电压。根据用户要求，有时也需要采用外部参考电压供电，电压分为：2.048V、1.5V 或 1.024V，具体选择哪种电压由 ADCREFSEL 寄存器控制，通常外部电压 2.048V 可以满足工业标准需要。当选择外部供电方式时，ADCREFIN 引脚可以与外部电源相连或者悬空或者接地，不管如何连接，外部电路对于 ADCRESEXT、ADCREFP、ADCREFM 引脚是相同的。

外部参考电压 2.048V 的连接图如图 9-10 所示。

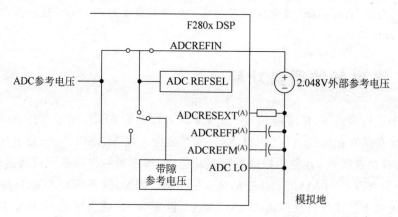

图 9-10 外部参考电压 2.048V 的连接图

9.12 ADC 到 DMA 的接口

ADC 结果寄存器在 DMA 方式下的访问地址对应外设 0(0x0B00～0x0B0F),这些寄存器也可以同时在 DMA 方式下被 CPU 访问。在 DMA 方式下,外设 2(0x7108～0x710F)的结果寄存器是不能访问的。

9.13 ADC 相关寄存器

如表 9-5 所示为 A/D 转换寄存器的地址、容量和功能描述。

表 9-5 A/D 转换器寄存器

名　　称	地址 1	地址 2	容量(×16 位)	功 能 描 述
ADCTRL1	0x7100		1	A/D 转换器控制寄存器 1
ADCTRL2	0x7101		1	A/D 转换器控制寄存器 2
ADCMAXCONV	0x7102		1	A/D 转换器最大转换通道寄存器
ADCCHSELSEQ1	0x7103		1	A/D 转换器通道选择排序控制寄存器 1
ADCCHSELSEQ2	0x7104		1	A/D 转换器通道选择排序控制寄存器 2
ADCCHSELSEQ3	0x7105		1	A/D 转换器通道选择排序控制寄存器 3
ADCCHSELSEQ4	0x7106		1	A/D 转换器通道选择排序控制寄存器 4
ADCASEQSR	0x7107		1	A/D 转换器自动排序状态寄存器
ADCRESULT0	0x7108	0x0B00	1	A/D 转换器转换结果缓冲寄存器 0
ADCRESULT1	0x7109	0x0B01	1	A/D 转换器转换结果缓冲寄存器 1
ADCRESULT2	0x710A	0x0B02	1	A/D 转换器转换结果缓冲寄存器 2
ADCRESULT3	0x710B	0x0B03	1	A/D 转换器转换结果缓冲寄存器 3
ADCRESULT4	0x710C	0x0B04	1	A/D 转换器转换结果缓冲寄存器 4
ADCRESULT5	0x710D	0x0B05	1	A/D 转换器转换结果缓冲寄存器 5
ADCRESULT6	0x710E	0x0B06	1	A/D 转换器转换结果缓冲寄存器 6
ADCRESULT7	0x710F	0x0B07	1	A/D 转换器转换结果缓冲寄存器 7
ADCRESULT8	0x7110	0x0B08	1	A/D 转换器转换结果缓冲寄存器 8

续表

名　　称	地址 1	地址 2	容量（×16 位）	功　能　描　述
ADCRESULT9	0x7111	0x0B09	1	A/D 转换器转换结果缓冲寄存器 9
ADCRESULT10	0x7112	0x0B0A	1	A/D 转换器转换结果缓冲寄存器 10
ADCRESULT11	0x7113	0x0B0B	1	A/D 转换器转换结果缓冲寄存器 11
ADCRESULT12	0x7114	0x0B0C	1	A/D 转换器转换结果缓冲寄存器 12
ADCRESULT13	0x7115	0x0B0D	1	A/D 转换器转换结果缓冲寄存器 13
ADCRESULT14	0x7116	0x0B0E	1	A/D 转换器转换结果缓冲寄存器 14
ADCRESULT15	0x7117	0x0B0F	1	A/D 转换器转换结果缓冲寄存器 15
ADCTRL3	0x7118		1	A/D 转换器控制寄存器 3
ADCST	0x7119		1	A/D 转换器状态寄存器
保留	0x711A 0x711B		2	
ADCREFSEL	0x711C		1	A/D 转换器参考选择寄存器
ADCOFFTRIM	0x711D		1	A/D 转换器偏移量修正寄存器
保留	0x711E 0x711F		2	A/D 转换器状态寄存器

9.13.1　ADC 控制寄存器

ADC 控制寄存器 1（ADCTRL1）（地址偏差 00H）的位信息如下：

15	14	13		12	11			8
保留	RESET	SUSMOD			ACQ_PS			
R-0	R/W＝0	R/W＝0			R/W＝0			

7	6	5	4	3			0
CPS	CONT_RUN	SEQ_OVRD	SEQ_CASC		保留		
R/W＝0	R/W＝0	R/W＝0	R/W＝0		R-0		

ADC 控制寄存器 2（ADCTRL2）（地址偏差 01H）的位信息如下：

15	14	13	12	11	10	9	8
M_SOCB _SEQ	RST_SEQ1	SOC_SEQ1	保留	INT_ENA _SEQ1	INT_MOD _SEQ1	保留	ePWM_SOCA _SEQ1
R/W＝0	R/W＝0	R/W＝0	R-0	R/W＝0	R/W＝0	R-0	R/W＝0

7	6	5	4	3	2	1	0
SOC_SEQ1	RST_SEQ2	SOC_SEQ2	保留	INT_ENA _SEQ2	INT_MOD _SEQ2	保留	ePWM_SOCA _SEQ2
R/W＝0	R/W＝0	R/W＝0	R-0	R/W＝0	R/W＝0	R-0	R/W＝0

ADC 控制寄存器 3(ADCTRL3)(地址偏差 18H)的位信息如下：

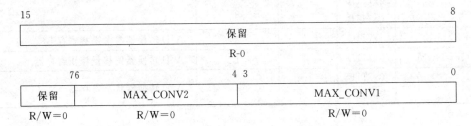

9.13.2　最大转换通道寄存器(ADCMAXCONV)

最大转换通道寄存器(ADCMAXCONV)(地址偏差 02H)的位信息如下：

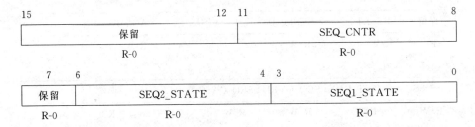

9.13.3　自动排序状态寄存器(ADCCASEQSR)

自动排序状态寄存器(ADCCASEQSR)的信息如下：

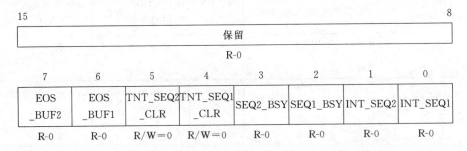

9.13.4　ADC 状态和标志寄存器(ADCST)

位信息如下：

15							8
保留							
R-0							

7	6	5	4	3	2	1	0
EOS _BUF2	EOS _BUF1	TNT_SEQ2 _CLR	TNT_SEQ1 _CLR	SEQ2_BSY	SEQ1_BSY	INT_SEQ2	INT_SEQ1
R-0	R-0	R/W=0	R/W=0	R-0	R-0	R-0	R-0

9.13.5　ADC 参考选择寄存器（ADCREFSEL）

位信息如下：

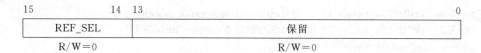

15	14 13	0
REF_SEL		保留
R/W=0		R/W=0

9.13.6　ADC 偏移调整寄存器（ADCOFFTRIM）

位信息如下：

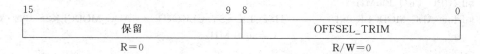

15	9 8	0
保留		OFFSEL_TRIM
R=0		R/W=0

9.13.7　ADC 输入通道选择序列控制寄存器

ADC 输入通道选择序列控制寄存器 1（ADCCHSELSEQ1）（地址偏差 03H）的位信息如下：

15	12 11	8 7	4 3	0
CONV03	CONV02	CONV01	CONV00	
R/W=0	R/W=0	R/W=0	R/W=0	

ADC 输入通道选择序列控制寄存器 2（ADCCHSELSEQ2）（地址偏差 04H）的位信息如下：

15	12 11	8 7	4 3	0
CONV07	CONV06	CONV05	CONV04	
R/W=0	R/W=0	R/W=0	R/W=0	

ADC 输入通道选择序列控制寄存器 3（ADCCHSELSEQ3）（地址偏差 05H）的位信息如下：

15	12 11	8 7	4 3	0
CONV11	CONV10	CONV09	CONV08	
R/W=0	R/W=0	R/W=0	R/W=0	

ADC 输入通道选择序列控制寄存器 4（ADCCHSELSEQ4）（地址偏差 06H）的位信息如下：

15	12 11	8 7	4 3	0
CONV15	CONV14	CONV13	CONV12	
R/W=0	R/W=0	R/W=0	R/W=0	

9.14 ADC 应用例程

```
#include "DSP2833x_Device.h"        //DSP2833x Headerfile Include File
#include "DSP2833x_Examples.h"      //DSP2833x Examples Include File
#define ADC_usDELAY 5000L
///////////////////////////////////////////////////////////////////////////
#if (CPU_FRQ_150MHz)                //Default - 150 MHz SYSCLKOUT
# define ADC_MODCLK 0x1             //HSPCLK=SYSCLKOUT/2 * ADC_MODCLK2=150/(2 * 1)=
                                    //75.0 MHz

#endif
#if (CPU_FRQ_100MHz)
#define ADC_MODCLK 0x1              //HSPCLK=SYSCLKOUT/2 * ADC_MODCLK2=100/(2 *
                                    //1) =50.0 MHz

#endif
#define ADC_CKPS 0x1                //ADC module clock=HSPCLK/2 * ADC_CKPS =25.0MHz/
                                    //(1 * 2)=12.5MHz
#define ADC_SHCLK 0xf               //S/H width in ADC module periods =16 ADC clocks
#define AVG 1000                    //Average sample limit
#define ZOFFSET 0x00                //Average Zero offset
#define BUF_SIZE 40                 //Sample buffer size
void InitAdc(void)
{
extern void DSP28x_usDelay(Uint32 Count);
    EALLOW;
    SysCtrlRegs.PCLKCR0.bit.ADCENCLK=1;
    ADC_cal();
    EDIS;
    AdcRegs.ADCTRL3.all=0x00E0;    //Power up bandgap/reference/ADC circuits
    wait_one_ms();
    AdcRegs.ADCTRL1.bit.CPS=0;      //CPS=0,ADCCLK=Fclk/1;CPS=1,ADCCLK=Fclk/2;
                                    //ADCTRL1[7]=CPS
    AdcRegs.ADCTRL3.bit.ADCCLKPS=3; ////3; //1; ////ADC module clock=HSPCLK/[6 *
                                    //(ADCTRL1[7]+1)]=75M/[6 * (0+1)]=25MHz
    AdcRegs.ADCTRL1.bit.ACQ_PS=2;   //2; //S/H width in ADC module periods,S/H width=
                                    //ADCLK 周期 * (ACQ_PS+1)
    AdcRegs.ADCTRL1.bit.CONT_RUN=0; //0; //Start-stop mode
    AdcRegs.ADCTRL1.bit.SUSMOD=0;       //模式 0,忽略仿真挂起
    AdcRegs.ADCTRL1.bit.SEQ_OVRD=0;    //允许排序器在规定的最大通道数内进行排序循环
    AdcRegs.ADCTRL3.bit.SMODE_SEL=0;   //设置顺序采样模式 Sequential sampling mode is selected
    AdcRegs.ADCTRL1.bit.SEQ_CASC=1;    //建立级联序列器模式
    AdcRegs.ADCMAXCONV.all=15;         //16 个通道
    AdcRegs.ADCCHSELSEQ1.all=0x3210;   //iLa 电压在第一通道,so 排序器排在第 1,对应 Result0
    AdcRegs.ADCCHSELSEQ2.all=0x7654;
    AdcRegs.ADCCHSELSEQ3.all=0xBA98;
    AdcRegs.ADCCHSELSEQ4.all=0xFEDC;
    AdcRegs.ADCREFSEL.bit.REF_SEL=0;
```

习题与思考

9-1　A/D 转换模块排序器有哪几种工作方式？分别是如何工作的？

9-2　A/D 采样模式有哪几种？它们分别是怎样工作的？

9-3　编写一段完整的 ADC 配置程序，并写出各寄存器位的配置。

9-4　怎样通过 ePWM 触发 ADC 采样？写出各寄存器位的配置。

9-5　怎么设置 A/D 中断？

9-6　SOC 触发的优点在于什么？

## 第 10 章

TMS320F2833x 的 ePWM 模块

10.1 ePWM 模块概述

增强型脉冲宽度调制(enhanced Pulse-Width-Modulation,ePWM)外设是商业和工业设备中电力电子系统的关键控制单元,如数字式电动机控制、开关电源、UPS 等。PWM 外设的可编程程度高、灵活性高,并且易于理解和使用。本文所描述的 ePWM 模块为每个PWM 通道根据所需要的时序和控制资源的要求来分配地址,避免了通道间的交叉耦合和资源共享等问题,并且 ePWM 由较小的有独立资源的单通道模块所组成,这些模块可以根据需要形成一个系统。

ePWM 模块中每个完整的 PWM 通道都是由两个 PWM 输出组成,即 ePWMxA 和ePWMxB。多个 ePWM 模块集成在一个器件内,如图 10-1 所示。为了能够更精确地控制PWM 输出,加入了硬件扩展模块——高精度脉冲宽度调制器(HRPWM)。ePWM 模块均采用时间同步方式,在必要的情况下,这些模块可以看作一个系统进行操作。同时,也可以利用捕捉单步方式(eCAP)对模块通道进行同步控制,模块也可以独立操作。每个 ePWM模块支持以下功能:

(1) 精确的 16 位时间定时器,可以进行周期和频率控制。

(2) 两个 PWM 输出(即 EPWMxA、EPWMxB)可以用于:

- 两个独立的 PWM 输出进行单边控制;
- 两个独立的 PWM 输出进行双边对称控制;
- 一个独立的 PWM 输出进行双边非对称控制。

(3) 与其他 ePWM 模块有关的可编程超前和滞后相位控制。

(4) 可编程错误区域分配,包括周期性错误和一次错误控制。

(5) 在一个循环基础上的硬件锁定(同步)相位关系。

(6) 独立的上升沿和下降沿死区延时控制。

(7) 可编程控制故障区(trip zone)用于故障时的周期循环控制(trip)和单次(one-shot)控制。

(8) 一个控制条件可以使 PWM 输出强制为高、低或高阻逻辑电平。

(9) 所有事件都可以触发 CPU 中断,启动 ADC 开始转换。

(10) 可编程事件有效降低了在中断时 CPU 的负担。

(11) PWM 高频斩波信号对于脉冲变压器门极驱动非常有用。

ePWM 模块的结构关系如图 10-1 所示。

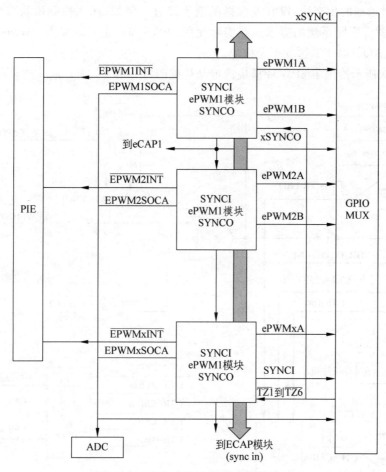

图 10-1　多个 ePWM 模块的结构关系

ePWM 模块总共有 7 个模块：时间基准模块（TB）、计数器比较模块（CC）、动作限定模块（AQ）、死区控制模块（DB）、PWM 斩波模块（PC）、错误控制模块（TZ）和事件触发模块（ET）。每个 ePWM 模块都是由这 7 个子模块组成，并且系统内通过信号进行连接，如图 10-2 所示。

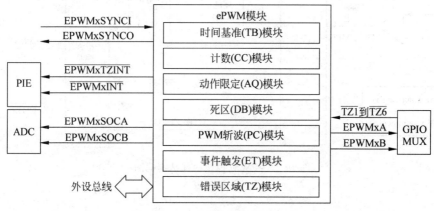

图 10-2　ePWM 模块内部连接关系

ePWM 模块的 7 个模块就像一条生产线，一级一级地经过，也可以通过配置，使得 ePWM 只经过选择的生产线，没有被选择的就不经过。例如，死区控制模块可以需要也可以不需要，这就看实际系统的需求。在实际使用 ePWM 时，正常地发出 PWM 波往往只要配置 TB、CC、AQ、DB、ET 这 5 个子模块。

如图 10-3 所示给出了 ePWM 模块内部结构框图。

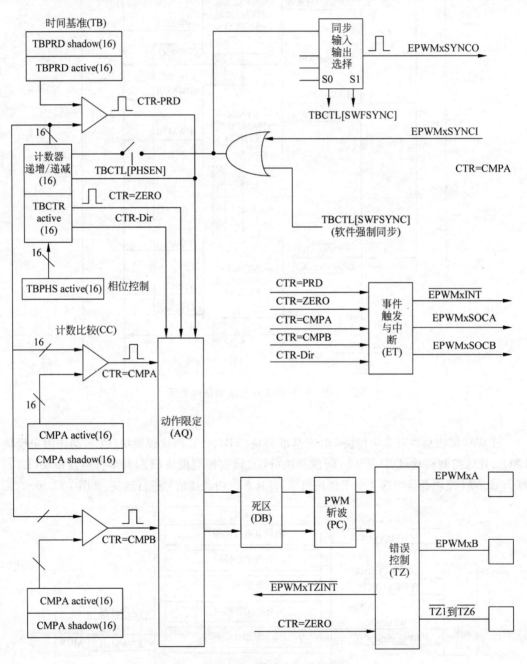

图 10-3　ePWM 模块内部结构框图

（1）PWM 输出信号（ePWMxA 和 ePWMxB）：PWM 输出信号与 GPIO 信号公用，当该引脚作为 PWM 输出使用时，需要对其进行配置。

（2）错误区域信号（$\overline{TZ1}\sim\overline{TZ6}$）：当外部被控单元符合错误条件时，这些输入信号为 ePWM 模块发出错误警告，该模块可以配置为使用或忽略错误区域信号，同时也可以通过 GPIO 外设配置为异步输入。

（3）时间基准同步输入（ePWMxSYNCI）和输出（ePWMxSYNCO）信号：同步信号将 ePWM 模块所有单元联系在一起，每个模块都可以配置为受用或忽略它的同步输入，同步输入和输出信号仅由 ePWM1 引脚产生。例如：产生用于电机控制的对称 PWM 波时，需要对 PWM 输出口进行同步输出配置。

（4）ADC 启动信号（ePWMxSOCA 和 ePWMxSOCB）：每个 ePWM 模块都有两个 ADC 转换启动信号，任何一个 ePWM 模块可以启动 ADC 的排序器。每个事件触发转换启动由 ePWM 的事件触发子模块进行配置。

（5）外设总线：外设总线宽度为 32 位并且允许 16 位和 32 位写操作。

10.2　ePWM 子模块功能

如图 10-4 所示为 ePWM 模块连接图。

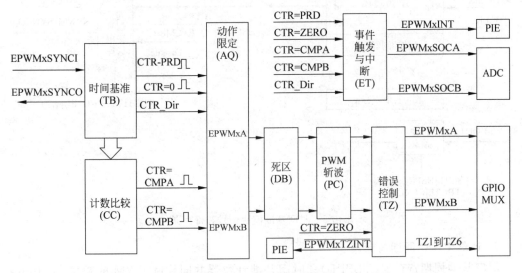

图 10-4　ePWM 模块连接图

10.2.1　时间基准子模块

每个 ePWM 模块都有自己的时间基准模块来决定 ePWM 模块的事件时序。通过同步逻辑信号，可以实现多个 ePWM 模块以相同时间基准进行工作，从图 10-4 中可以清楚地看出时间基准模块与其他模块之间的连接关系。

1. 对时间基准模块的设定与配置

用户通过对时间基准模块的设定与配置实现以下功能：

（1）确定 ePWM 时间基准计数器（TBCTR）的频率或周期。

（2）与其他 ePWM 模块的时间基准同步。

（3）与其他 ePWM 模块的相位关系。

（4）设置时间基准计数模式，如递增、递减计数模式。

（5）产生以下事件：

• CTR=PRD　时间基准计数等于指定的周期（TBCTR=TBPRD）；

• CTR=ZERO　时间基准计数等于 0（TBCTR=0x0000）。

（6）设置时间基准速度。

图 10-5 给出的是时间基准模块的关键信号和寄存器。

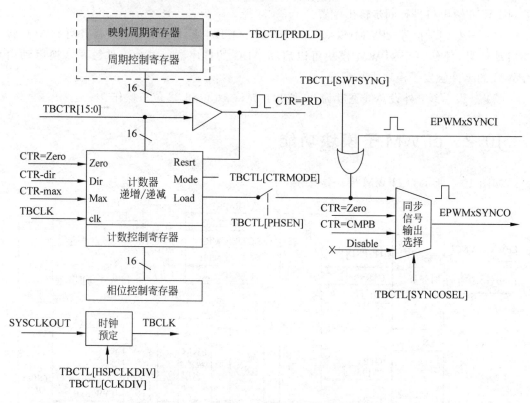

图 10-5　时间基准模块信号和寄存器

2. 计算 PWM 周期与频率

时间基准周期寄存器（TBPRD）和时间基准计数器共同控制 PWM 的频率，图 10-6 给出了当 TBPRD=4 时周期（T_{PWM}）和频率（F_{PWM}）与计数器递增、递减以及递增递减时的关系。系统时钟（SYSCLKOUT）的预定标处理将得到时间基准时钟（TBCLK），由该时钟决定每次时间递增的步数。

时间基准计数器有 3 种工作模式，可由时间基准控制寄存器（TBCTL）进行选择。即：

1）递增计数模式

时间基准计数器从零递增到周期值（TBPRD），当达到周期值时，时间基准计数器复位置零，此时再重新开始递增计数，重复运行。

2）递减计数模式

时间基准计数器从周期值（TBPRD）递减到零，当达到零值时，时间基准计数器重置周

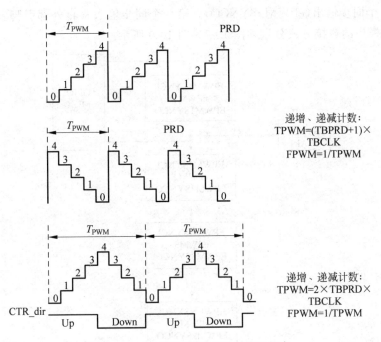

图 10-6　时间基准计数器的周期和频率

期值,此时再重新递减,重复运行。

3）递增递减计数模式

时间基准计数器从零递增到周期值(TBPRD),当达到周期值,时间基准计数器开始递减直至零,此时再递增,重复运行。

3. 时间基准周期映射寄存器

时间基准周期寄存器(TBPRD)有一个映射寄存器,允许寄存器的更新与硬件同步。ePWM 模块内的所有映射寄存器描述如下:

1）工作寄存器

工作寄存器控制硬件及其运行。

2）映射寄存器

映射寄存器提供了缓冲或临时缓冲位置,它不直接影响硬件的控制,系统工作时映射寄存器的内容及时传送到工作寄存器,这就可以防止由于软件设置寄存器不同时而毁坏寄存器内的内容。

映射周期寄存器的存储地址与工作寄存器的相同,并且该寄存器的写或读由 TBCTL[PRDLD]位控制。该位的控制对 TBPRD 映射寄存器实现如下操作:

(1) 时间基准周期映射模式。TBCTL[PRDLD]=0 时,TBPRD 映射寄存器被使能,读写 TBPRD 存储地址操作映射寄存器,当时间基准计数器等于零时(TBCTR=0x0000),映射寄存器的内容传送到工作寄存器,默认情况下 TBPRD 使能映射模式。

(2) 时间基准周期立即装载模式。如果立即装载模式被选中(TBCTL[PRDLD]=1),从 TBPRD 存储地址读写直接操作工作寄存器。

4. 时间基准计数器同步

时间基准同步单元连接所有 ePWM 模块,每个 ePWM 模块有一个同步输入(ePWMx-

SYNCI)和一个同步输出(ePWMxSYNCO)。第一个同步输入来自外部引脚。同步信号与其他 ePWM 模块的连接方式分别如图 10-7～图 10-9 所示。

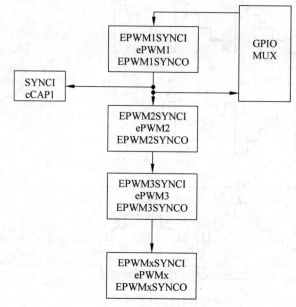

图 10-7　时间基准计数器同步方案 1

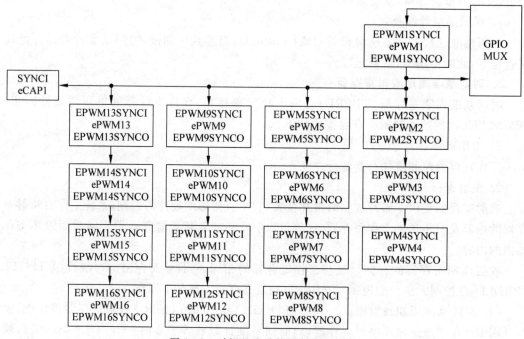

图 10-8　时间基准计数器同步方案 2

每个 ePWM 模块可以配置使用或忽略同步输入,如果 TBCTL[PHSEN]=1,当产生下列条件时,ePWM 模块的时间基准计数器(TBCTR)将会自动装载相位寄存器(TBPHS)。

1) ePWMxSYNCI:同步输入脉冲

当检测到同步输入脉冲(EPWMxSYNC)时,相位寄存器的值就被装载到计数寄存器,

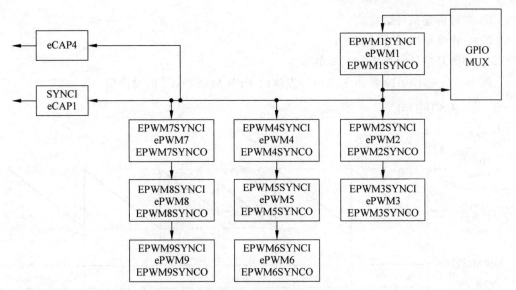

图 10-9 时间基准计数器同步方案 3

在下一个有效时间基准时钟边沿实现此操作。

内部主模型到从模块的延迟时间通过下列方式给出：

- 如果 TBCLK=SYSCLKOUT：延时 2×TBCLK；
- 如果 TBCLK!=SYSCLKOUT：延时 1×TBCLK。

2）软件强制同步脉冲

由软件向控制位 TBCTL[SWFSYNC]写 1 强制产生同步脉冲，该脉冲与外部输入信号经过或操作后再输出到受控模块，所以该脉冲与外部同步输入脉冲 ePWMxSYNCI 的作用相同。这个特点使得 ePWM 模块与其他 ePWM 模块的时间基准自动同步，还可以对不同 ePWM 模块产生的波形进行相位超前或滞后控制。在递增递减模式下，产生同步事件后 TBCTL[PHSDIR]位会立即配置时间基准计数器的计数方向，新的计数方向与之前的同步事件的计数方向相互独立。在递增或递减模式下，忽略 PHSDIR 位。

5. 多 ePWM 模块的时间基准时钟

TBCLKSYNC 位可以使所有使能的 ePWM 模块的时间基准时钟实现全局同步，该位是设备时钟使能寄存器的一部分。当 TBCLKSYNC=0 时，所有 ePWM 模块时间基准时钟停止（默认）；当 TBCLKSYNC=1 时，所有 ePWM 模块时间基准时钟在指定的 TBCLK 上升沿时启动。为了更好地使 TBCLK 同步，每个 ePWM 模块的 TBCLK 寄存器独立进行位设置，操作步骤如下：

① 使能独立 ePWM 模型时钟；

② 设置 TBCLKSYNC=0，使能 ePWM 模块内的时间基准时钟将停止工作；

③ 配置预定值和期望 ePWM 模块；

④ 设置 TBCLKSYNC=1。

6. 时间基准计数器模块和时序波形

时间基准计数器有以下 4 种工作模式：

① 非对称递增计数模式；

② 非对称递减计数模式；

③ 对称递增递减计数模式；

④ 时间基准计数器保持当前值不变。

图 10-10～图 10-13 给出了当事件发生时 EPWMxSYNCI 的时序图。

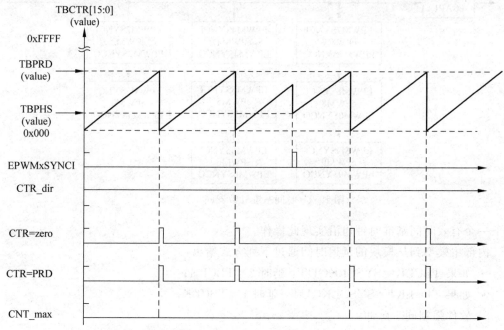

图 10-10　时间基准递增模式波形

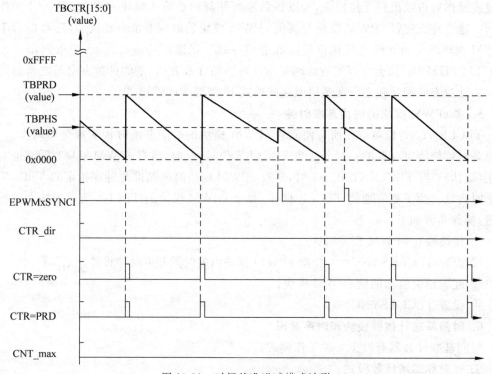

图 10-11　时间基准递减模式波形

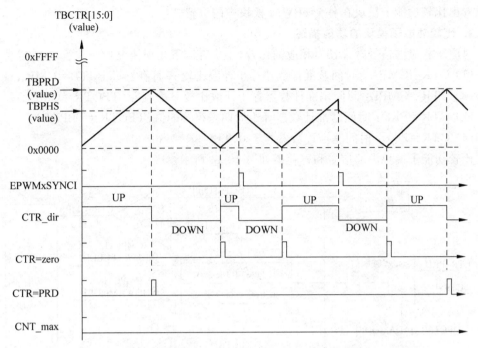

图 10-12 时间基准递增递减波形,TBCTL[PHSDIR=0]同步时间递减波形

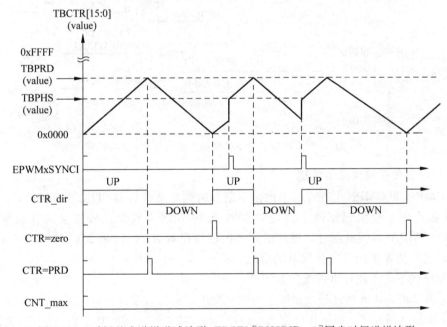

图 10-13 时间基准递增递减波形,TBCTL[PHSDIR=1]同步时间递增波形

10.2.2 比较功能子模块

计数比较子模块的输入为时间基准计数器的值,该值连续同计数器比较器 A(CMPA)和计数器比较器 B(CMPB)寄存器进行比较,当时间基准计数器等于其中一个比较寄存器时,比较寄存器单元产生一个相应的事件,直接输出到动作限定模块。从图 10-4 中可以清

楚地看出比较功能子模块在整个 ePWM 模块中的位置。

1. 比较功能子模块的功能描述

对应于相应的信号寄存器做相应的比较,主要有以下几种情况:

(1) CTR＝CMPA:时间基准计数器等于计数比较 A 寄存器(TBCTR＝CMPA);

(2) CTR＝CMPB:时间基准计数器等于计数比较 B 寄存器(TBCTR＝CMPB);

(3) CTR＝PRD:时间基准计数器等于周期寄存器的值(TBCTR＝TBPRD);

(4) CTR＝Zero:时间基准计数器等于 0(TBCTR＝0x0000)。

比较功能子模块内部信号和寄存器如图 10-14 所示。

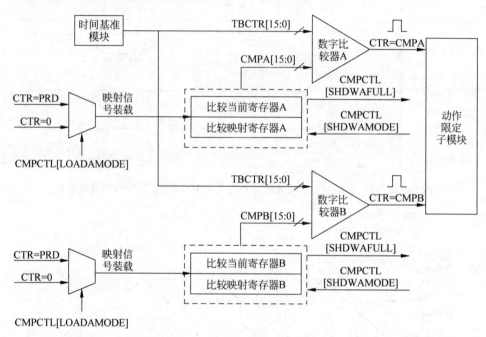

图 10-14　比较功能子模块的内部信号和寄存器

2. 计数比较子模块具体实现

在 CMPA 和 CMPB 主寄存器中的值不断与时间基准计数器(TBCTR)相比较,当值相等时,计数比较子模块根据两个比较寄存器 A 和 B 产生两个比较独立的比较事件,即TBCTR＝CMPA(时间基准计时器的值等于比较寄存器 A 的值)和 TBCTR＝CMPB(时间基准计时器的值等于比较寄存器 B 的值)。

各种模式下产生比较事件次数如下:

(1) 递增模式或者递减模式:每个周期只发生一次比较事件。

(2) 递增递减模式:如果比较值为 0x0000 到 TBPDR 之间的某个数,每个周期发生两次比较事件;如果比较值等于 0x0000 或者等于 TBPDR 时,每周期发生一次比较事件,产生的比较事件直接输出到动作限定子模块。

3. 两种工作模式的控制

1) 映射模式

将 CMPCTL[SHDWAMODE]位和 CMPCTL[SHDWAMODE]位置 0,可以分别使能比较寄存器 A 和比较寄存器 B 的映射寄存器模式,即为映射模式。

在映射模式下,为了防止软件异步更改寄存器的值,只在特定点更新寄存器。如果映射寄存器被使能,只在以下情况下将映射寄存器加载到当前寄存器。

(1) CTR=PDR,时间基准计时器等于周期(TBCTR=TBPRD);

(2) CTR=Zero,时间基准计数器等于零(TBCTR=0x0000);

(3) CTR=PRD 并且 CTR=Zero。

具体是哪种情况,由 CMPCTL[LOADAMODE]和 CMPCTL[LOADBMODE]位决定。

2) 立即装载模式

将 CMPCTL[SHDWAMODE]位和 CMPCTL[SHDWAMODE]位置 1。此时有效寄存器直接读写,即为立即装载模式。

4. 时序波形

计数比较子模块产生比较事件有以下 3 种模式:

(1) 递增模式用于产生不对称的 PWM 波形;

(2) 递减模式用于产生不对称的 PWM 波形;

(3) 递增递减模式用于产生对称 PWM 波形。

10.2.3　动作限定子模块

动作限定子模块在 PWM 波形产生中起到重要的作用,它决定了事件的转换类型,从而使 ePWMxA 和 ePWMxB 输出所需要的开关波形。从图 10-4 中可以清楚地看出动作限定子模块在整个 ePWM 模块中的位置。

1. 动作限定子模块的结构及功能

动作限定子模块包含动作限定控制 A(AQCTLA[15:0])和 B(AQCTLB[15:0]),动作限定软件强制寄存器(AQSFRC[15:0]),连续软件强制寄存器,见图 10-15。

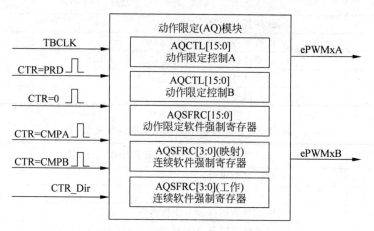

图 10-15　动作限定子模块输入/输出信号

产生事件时,动作限定子模块根据相应事件产生相应操作,当时间基准计时器递增或递减时,提供事件的独立控制。

2. EPWMxA 和 EPWMxB 输出的操作方式

软件强制动作是有效的异步事件,它通过 AQSFRC 和 AQCSFRC 进行控制。AQ 子模块用来控制在一个特殊事件触发时刻如何改变 ePWMxA 及 ePWMxB 的状态,输入到 AQ

子模块内部的事件进一步对计数器的计数方向区别,从而允许在上升时刻和下降时刻的单独控制。其操作具体为:

(1)置高:设置输出 ePWMxA 或 ePWMxB 为高电平;

(2)置低:设置输出 ePWMxA 或 ePWMxB 为低电平;

(3)取反:如果输出 ePWMxA 或 ePWMxB 为高电平,则输出为低电平;如果输出 ePWMxA 或 ePWMxB 为低电平,则输出为高电平;

(4)无动作:保持当前输出状态,虽然无动作,但是相应的事件可以出发中断和 ADC 启动。

3. 动作限定事件优先级

ePWM 动作限定器可以同时接收多个事件,由硬件对这些事件的优先级进行分配,一般情况下,在时间上后发生的事情具有较高的优先级,而且软件强制事件总是有较高的优先级。具体如表 10-1～表 10-3 所示。

表 10-1 递增及递减模式下动作限定事件优先级

优 先 级	如果 TBCTR 递增(0-TBPRD)	如果 TBCTR 递增(0-TBPRD)
1(最高)	软件强制事件	软件强制事件
2	递增计数时(CBU)计数器等于 CMPB	递减计数时(CBD)计数器等于 CMPB
3	递增计数时(CAU)计数器等于 CMPA	递减计数时(CAD)计数器等于 CMPA
4	计数器等于零	计数器等于周期值(TBPRD)
5	递减计数时(CBD)计数器等于 CMPB	递增计数时(CBU)计数器等于 CMPB
6(最低)	递减计数时(CAD)计数器等于 CMPA	递增计数时(CAU)计数器等于 CMPA

表 10-2 递增模式下动作限定事件优先级

优 先 级	如果 TBCTR 递增(0-TBPRD)
1(最高)	软件强制事件
2	计数器等于周期(TBPRD)
3	递增计数时(CBU)计数器等于 CMPB
4	递增计数时(CAU)计数器等于 CMPA
5(最低)	计数器等于零

表 10-3 递减模式下动作限定事件优先级

优 先 级	如果 TBCTR 递增(0-TBPRD)
1(最高)	软件强制事件
2	计数器等于零
3	递减计数时(CBD)计数器等于 CMPB
4	递减计数时(CAD)计数器等于 CMPA
5(最低)	计数器等于周期(TBPRD)

当比较值大于周期时(CMPA/CMPB>TBPRD),事件不发生。

动作限定子模块相应动作能控制占空比,例如:递增递减模式下,计数器增加到 CMPA 值时,PWM 输出高电平,当递减到 CMPA 值时,PWM 输出低电平;当 CMPA＝0 时,PWM 一直输出低电平,占空比为 0%,当 CMPA＝TBPRD 时,PWM 输出高电平,占空比为 100%,

调节 CMPA 来调节占空比。

注意：在实际应用中，如果装载 CMPA/CMPB 为零时，那么设置 CMPA/CMPB 的值要大于或等于 1；如果装载 CMPA/CMPB 为周期寄存器的值时，那么设置 CMPA/CMPB 的值要小于或等于 TBPRD-1，这意味着每个 PWM 周期至少有一个 TBCLK 周期的脉冲。

10.2.4 死区控制子模块

1. 死区定义

由于每个桥的上半桥和下半桥是绝对不能同时导通的，高速的 PWM 驱动信号在达到功率元件的控制极时，往往会由于各种各样的原因产生延迟的效果，造成某个半桥元件在应该关断时没有关断，从而造成功率元件烧毁。死区就是在上半桥关断后，延迟一段时间再打开下半桥或在下半桥关断后，延迟一段时间再打开上半桥，从而避免功率元件烧毁，这段延迟时间就是死区。

2. 死区控制模块功能和结构

通过动作限定模块可以产生死区，但是若要严格控制死区的边沿延时和极性，那么就需要使用到 PWM 死区控制子模块。死区控制模块主要功能有：产生带死区的 EPWMxA 和 EPWMxB 信号；可以设置死区信号是对高电平有效还是对低电平有效；可编程上升和下降沿延时。从图 10-4 中可以清楚地看出死区控制子模块在整个 ePWM 模块中的位置。

死区控制子模块的原理图如图 10-16 所示。

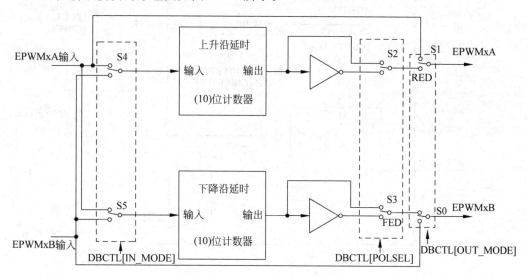

图 10-16　死区控制子模块原理图

死区控制子模块的输入是动作限定子模块的输出 ePWMxA 和 ePWMxB，在使用死区控制子模块时，首先需要选择上升沿和下降沿的触发信号源。一共分为 4 种工作方式：

（1）ePWMxA 作为上升和下降沿延时的信号源（默认）；

（2）ePWMxA 作为下降沿延时的信号源，ePWMxB 作为上升沿延时的信号源；

（3）ePWMxA 作为上升沿延时的信号源，ePWMxB 作为下降沿延时的信号源；

（4）ePWMxB 作为上升和下降沿延时的信号源。

随后，信号经过死区控制子模块中上升沿和下降沿的延时调整计数器，在此可以配置所输出 PWM 的上升沿或者下降沿的延时。最后,在输出时,可以选择输出 PWM 波形是否需要取反。

10.2.5 PWM 斩波器控制子模块

TMS320F28335 的 ePWM 模块具有 PWM 斩波功能,在使用 ePWM 模块时,可以根据需求自行决定是否需要使用 PWM 斩波功能。从图 10-4 中可以清楚地看出 PWM 斩波器子模块在整个 ePWM 模块中的位置。

如图 10-17 所示为 PWM 斩波子模块的原理图。

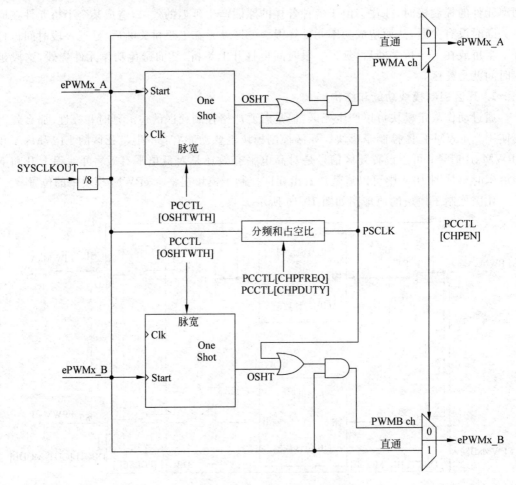

图 10-17 PWM 斩波器子模块原理图

PWM 斩波子模块可以实现对 PWM 波进行再调制,经过 PWM 斩波子模块斩波而生成的 PWM 波可以用于某些相对特殊的工况,如高频变压器直接做驱动的场合、LED 调色温的场合等。斩波子模块实现的功能主要有 3 个:可编程载波频率;可编程第 1 个斩波脉冲的脉冲宽度;可编程第 2 个或其他脉冲的占空比。

PWM 斩波子模块输出的"再调制 PWM 波"的频率及占空比可由 PCCTL 寄存器的 CHPFREQ 位和 CHPDUTY 位控制。另外,PWM 斩波子模块对 PWM 输出的第 1 个脉冲宽度可调(可提供较大能量输出,如脉冲开关管的驱动),通过 OWHTWTH 位可控制单次脉冲的宽度,单次脉冲可以确保功率开关的快速闭合,其余脉冲则是用来维持功率开关的闭合。PWM斩波子模块可以通过CHPEN位来控制其使能与禁止。一般来说,可不使用这个模块。

对PWM斩波子模块来说,"再调制PWM波"的周期、占空比、单次脉冲宽度都可以做一定的调整,这适用于多种不同的工况。

10.2.6 故障控制子模块

当系统工作出现问题时,希望系统能够根据相应的故障做出反应,这就需要用到PWM故障控制子模块。从图10-4中可以清楚地看出PWM故障控制子模块在整个ePWM模块中的位置。

如图10-18所示为PWM故障控制子模块结构原理图。

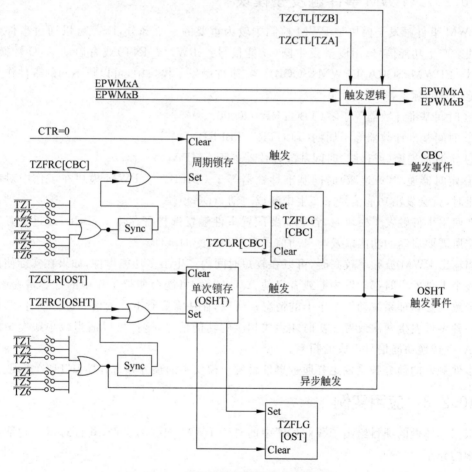

图10-18 PWM故障控制子模块结构原理图

每个ePWM模块都与6个$\overline{TZn}$($\overline{TZ1}$到$\overline{TZ6}$)故障控制信号相连,这些故障控制信号与GPIO口复用。当这些信号出现外部故障或触发条件时,ePWM输出可以通过设置相应寄存器(TZSEL寄存器和TZCTL寄存器)选择其工作方式,从而响应故障信号。一般来说,故障时的工作状态有:

- PWM 输出为高阻态；
- PWM 输出强制为低；
- PWM 输出强制为高。

PWM 故障控制子模块可以起到对系统工作故障的保护作用，有助于提高系统可靠性。

一般来说，故障信号有两种：一次性故障和逐周期故障。在控制 PWM 输出做出相应动作的同时，故障控制子模块可以选择是否对这两种故障产生相应的故障中断。另外，可通过观察故障控制子模块的标志寄存器（TZFLG）来判断一次性故障、逐周期故障和中断是否生成。故障控制子模块清零寄存器（TZCLR）的作用是实现标志寄存器（TZFLG）中故障和中断标志位的清零，以便于接收下一次的故障和中断。在编程时，可以人为地通过软件来生成故障，其具体操作通过故障强制寄存器（TZFRC）实现，适用于系统对故障处理可靠性的验证。

10.2.7 PWM 事件触发子模块

PWM 事件触发子模块是 PWM 控制中较为重要的一个部分，DSP 可以通过事件触发子模块来产生功能信号，用以触发中断（功能信号：ePWMx_INT）或者启动 A/D 转换（功能信号：EPWMxSOCA/EPWMxSOCB）。在事件触发子模块中，可以将不同的事件作为产生功能信号的标志，常用的有：

① 时间基准计数器等于零（TBCTR＝0x0000）。

② 时间基准计数器等于周期（TBCTR＝TBPRD）。

③ 定时器递增（或递减）时间基准计数器等于 CMPA。

④ 定时器递增（或递减）时间基准计数器等于 CMPB。当 PWM 模块在工作中对应事件发生时，就会发出功能信号来产生中断或启动 ADC 模块。

在使用事件触发子模块时，首先需要配置事件触发选择寄存器 ETSEL，通过配置寄存器确定所需要启动的功能以及与启动信号产生相匹配的事件。

当输出 PWM 波频率较高时，可以在较短时间内产生很多功能事件，如果在实际使用中在每一个事件发生时都触发中断或者启动 A/D 转换，可能会使得工作中的计算量变大，也可能导致实际物理系统动作跟不上的情况。所以，往往需要对事件的信号进行预分频，例如当同一种事件发生两次或者三次时才生成相应的功能信号，这样可以适当减小触发中断和启动 A/D 转换功能信号生成的频率。

事件触发的预分频设置主要通过事件触发子模块中的预分频寄存器（ETPS）实现。

10.2.8 应用实例

根据具体做的项目给出了我们程序中的对于 PWM 配置的实例，并且对每一句话进行了详细的介绍：

```
EPwm2Regs.TBCTR=0x0000;              //基准计数器置零
EPwm2Regs.TBPRD=PWM_PRD;             //Period=cgPWM2_TIMER_TBPRD * 2
EPwm2Regs.TBPHS.half.TBPHS=0x0;      //相位寄存器置零
EPwm2Regs.TBCTL.bit.CTRMODE=0x2;     //设定计数方式为递增递减模式，也是 Period 乘
                                     //以 2 的原因
EPwm2Regs.TBCTL.bit.PHSEN=0x1;       //允许相位控制
EPwm2Regs.TBCTL.bit.PRDLD=0x0;       //当 CTR=0 时，将映射寄存器的值加载到当前
```

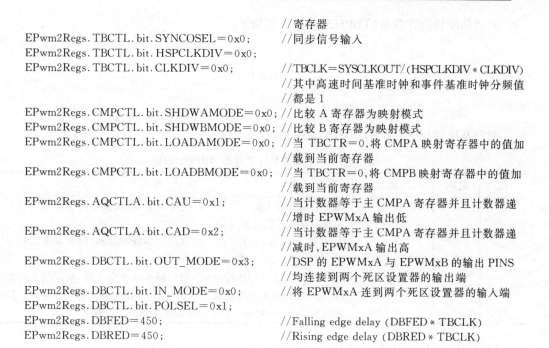

```
                                                        //寄存器
EPwm2Regs.TBCTL.bit.SYNCOSEL=0x0;                       //同步信号输入
EPwm2Regs.TBCTL.bit.HSPCLKDIV=0x0;

EPwm2Regs.TBCTL.bit.CLKDIV=0x0;                         //TBCLK=SYSCLKOUT/(HSPCLKDIV*CLKDIV)
                                                        //其中高速时间基准时钟和事件基准时钟分频值
                                                        //都是1
EPwm2Regs.CMPCTL.bit.SHDWAMODE=0x0;                     //比较A寄存器为映射模式
EPwm2Regs.CMPCTL.bit.SHDWBMODE=0x0;                     //比较B寄存器为映射模式
EPwm2Regs.CMPCTL.bit.LOADAMODE=0x0;                     //当TBCTR=0,将CMPA映射寄存器中的值加
                                                        //载到当前寄存器
EPwm2Regs.CMPCTL.bit.LOADBMODE=0x0;                     //当TBCTR=0,将CMPB映射寄存器中的值加
                                                        //载到当前寄存器
EPwm2Regs.AQCTLA.bit.CAU=0x1;                           //当计数器等于主CMPA寄存器并且计数器递
                                                        //增时EPWMxA输出低
EPwm2Regs.AQCTLA.bit.CAD=0x2;                           //当计数器等于主CMPA寄存器并且计数器递
                                                        //减时,EPWMxA输出高
EPwm2Regs.DBCTL.bit.OUT_MODE=0x3;                       //DSP的EPWMxA与EPWMxB的输出PINS
                                                        //均连接到两个死区设置器的输出端
EPwm2Regs.DBCTL.bit.IN_MODE=0x0;                        //将EPWMxA连到两个死区设置器的输入端
EPwm2Regs.DBCTL.bit.POLSEL=0x1;
EPwm2Regs.DBFED=450;                                    //Falling edge delay (DBFED*TBCLK)
EPwm2Regs.DBRED=450;                                    //Rising edge delay (DBRED*TBCLK)
```

10.3　ePWM 寄存器

对本节将出现的标识约定如下：R/W=读/写；R=只读；—n=复位后的值。

10.3.1　时间基准寄存器

时间基准周期寄存器各位信息如下：

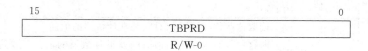

时间基准周期寄存器说明见表 10-4。

表 10-4　时间基准周期寄存器说明

位	名称	值	说　　明
15～0	TBPRD	0000～FFFFH	这些位设定时间基准计数器的周期,相应地决定 PWM 的频率。 该寄存器是否映射由 TBCTL[PRDLD]位决定。默认情况下,寄存器是被映射的。 ① 如果 TBCTL[PRDLD]=0,则映射启动,任何读写操作会自动转到映射寄存器。在这种情况下,当时间基准寄存器为 0 时,主寄存器将从映射寄存器加载; ② 如果 TBCTL[PRDLD]=1,则映射关闭,任何读写操作会直接转到主寄存器; ③ 主寄存器和映射寄存器共享同一内存映射地址

时间基准相位寄存器(TBPHS)各位信息如下:

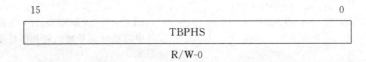

时间基准相位寄存器(TBPHS)说明见表10-5。

表 10-5 时间基准相位寄存器(TBPHS)说明

位	名称	值	说　明
15~0	TBPHS	0000~FFFF	相对于那些提供同步信号的时间基准而言,这些位设定选定 ePWM 的时间基准计数器相位。 ① 如果 TBCTL[PHSEN]=0,则同步事件被忽略,时间基准计数器 不和相位寄存器一起加载; ② 如果 TBCTL[PHSEN]=1,则当同步事件发生时,时间基准计数 器(TBCTR)将和相位寄存器(TBPHS)一起加载。同步事件会以同步输入信号(EPWMxSYNCI)或软件强制同步触发

时间基准计数寄存器(TBPHS)各位信息如下:

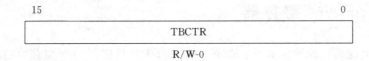

时间基准计数寄存器(TBCTR)说明见表10-6。

表 10-6 时间基准计数寄存器(TBCTR)说明

位	名称	值	说　明
15~0	TBCTR	0000~FFFF	读取这些位得到目前时间基准计数器的值。 向这些位写入设定当前时间基准计数器的值。只要写入操作发生,数据更新将发生;写入不和时间基准时钟(TBCLK)同步而且寄存器 不被映射

时间基准控制寄存器(TBCTL)如下:

15		14		13		12		10 9		7
FREE,SOFT		PHSDIR		CLKDIV				HSPCLKDIV		
R/W-0		R/W-0		R/W-0				R/W-0,0,1		

6		5		4		3		2		1		0
SWFSYNC		SYNCLSEL		PRDLD		PHSEN		CTRMODE		
R/W-0		R/W-0		R/W-0		R/W-0		R/W-11		

时间基准控制寄存器说明见表10-7。

表 10-7　时间基准控制寄存器说明

位	名　称	说　　　　明
15～14	FREE,SOFT	仿真模式位。 这些位在仿真过程中用于选择 ePWM 时间基准计数器的计数情况如下。 00：在下次时间基准计数器递增或递减后停止； 01：当计数器完成整个循环时停止； ① 递增计数模式：当时间基准计时器的值等于周期时停止； ② 递减计数模式：当时间基准计时器的值等于 0x0000 时停止； ③ 递增递减模式：当时间基准计时器的值等于 0x0000 时停止
13	PHSDIR	相位方向位：该位仅当时间基准计数器在递增递减计数模式中配置使用。 PHSDIR 位
12～10	CLKDIV	时间基准时钟预分频位：这些位决定了部分时基时钟预分频值 TBCLK＝SYSCLKOUT/(HSPCLKDIV×CLKDIV)。 ① 000：对应的分频系数为 1； ② 000～111：$k＝$对应的十进制数，则预分频系数为 2^k
7	HSPCLKDIV	高速时间基准时钟预分频位。这些应决定了部分时间基准时钟预分频值 TBCLK＝SYSCLKOUT/(HSPCLKDIV×CLKDIV)。 当用于事件管理器(EV)的外设时这个除数模拟 TMS320x281x 系统中的 HSPCLK： ① 000：预分频系数＝1； ② 000～111：对应的十进制为 k，则预分频系数为 $2k$
6	SWFSYNC	软件强制同步脉冲。 ① 0：没有任何影响，并且读取总返回 0； ② 1：一次性同步脉冲的产生，此事件与 ePWM 模块的 ePWMxSYNCI 相似。 仅在 SYNCOSEL＝00，EPWMxSYNC 有效运行
5～4	SYNCLSEL	同步输出选择：这些位用于选择 EPWMxSYNCO 信号源。 ① 00：EPWMxSYNC； ② 01：CTR＝0：时间基准计数器的值等于 0(TBCTR＝0x0000)； ③ 10：CTR＝CMPB：时间基准计数器等于计数比较器 B(TBCTR＝CMPB)
3	PRDLD	主周期寄存器从映像寄存器选择中加载。 ① 0：周期寄存器(TBPRD)当时间基数计数器(TBCTR)等于零时其从映射寄存器加载，对 TBPRD 寄存器读写访问映像寄存器； ② 1：立即加载到 TBPRD，而无须使用映像寄存器，对 TBPRD 寄存器读写会直接访问主寄存器
2	PHSEN	计数寄存器从使能的相位寄存器加载。 ① 0：禁止从时间基准相位寄存器(TBPHS)加载到时间基准计数器； ② 1：当 EPWMxSYNCI 输入信号产生或 SWFSYNC 位软件强制产生同步时，将时间基准相位寄存器(TBPHS)加载到时间基准计时器
1～0	CTRMODE	计数器模式。时间基准计数器模式通常配置一次而且在正常的操作中不变。 如果改变计数器模式变化将体现在下一个 TBCLK 的信号边沿，而且当前计数器的值会从模式更改前的数值中增减，这些位设定时间基准计数器的模式如下： ① 00：递增计数模式； ② 01：递减计数模式； ③ 10：递增递减计数模式； ④ 11：停止计数模式(复位时是默认)

时间基准状态寄存器(TBSTS)如下：

15		8	7		3	2	1	0
Reserved			Reserved			CTRMAX	SYNCI	CTRDIR
R-0			R-0			R/WIC-0	R/WIC-0	R-1

时间基准状态寄存器(TBSTS)说明见表 10-8。

表 10-8　时间基准状态寄存器(TBSTS)说明

位	名称	说　明
15~3	Reserved	保留
2	CTRMAX	时间基准计数器最大锁存状态位。 ① 0：读取 0 表示时间基准计数器从来没达到过最大值，写入 0 无效； ② 1：读取 1 表示时间基准计数器达到最大值 0xFFFF。写入 1 清楚锁存事件
1	SYNCI	输入同步锁定状态位。 ① 0：写入 0 将没有任何效果，读取 0 表示没有外部同步事件发生； ② 1：写入 1 表示清除锁存事件，读取 1 表示一个外部同步事件发生
0	CTRDIR	时间基准计数器方位状态位。在复位时计数器被冻结，因此，该位没有意义。为了使其有意义，必须借助 TBCTL[CTRMODE]位设置适当的模式： ① 0：时间基准计数器递减计数； ② 时间基准计数器递增计数

10.3.2　计数比较子模块寄存器

计数比较 A/B 寄存器各位信息如下：

15	0
CMPA(CMPB)	
R/W-0	

计数比较 A/B 寄存器(CMPA/CMPB)说明见表 10-9。

表 10-9　计数比较 A/B 寄存器(CMPA/CMPB)说明

位	名称	说　明
15~0	CMPA/CMPB	在 CMPA(或 CMPB)主寄存器中的值不断与时间基准计时器(TBCTR)相比较。当值相等时，计数比较模块生成一个"时间基准计时器等于计数比较器 A"的事件。这一事件被发送到动作限定寄存器，在哪里时间将被限定并转化为一个或多个动作。这些行为可以应用于 EPWMxA 或 EPWMxB 的输出，这取决于 AQCTLA 和 AQCTLB 寄存器的配置。 可被 AQCTLA 和 AQCTLB 寄存器定义的动作包括： ① 无动作：该事件被忽略； ② 清除：EPWMxA 和/或 EPWMxB 信号拉低； ③ 设置：EPWMxA 和/或 EPWMxB 信号拉高； ④ 切换 EPWMxA 和/或 EPWMxB 信号

续表

位	名称	说 明
15~0	CMPA/CMPB	该寄存器是否映射由 CMPCTL[SHDWAMODE]位决定。默认寄存器是被映射的： ① 如果 CMPCTL[SHDWAMODE]=0,则映射启用,任何读写会自动转换到映射寄存器。在这种情况下,CMPCTL[LOADAMODE]位域确定哪个事件从映射寄存器加载到主寄存器。 ② 在写入前,读取 CMPCTL[SHDWAFULL]位可确定映射寄存器目前是否已满。 ③ 如果 CMPCTL[SHDWAMODE]=1,则映射寄存器被禁用,任何读写会直接转到主寄存器,也就是主要控制硬件的寄存器。 ④ 在任一种模式下,主寄存器和映射寄存器共享同一内存映射地址

计数比较控制寄存器(CMPCTL)如下：

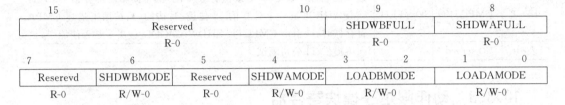

计数比较控制寄存器(CMPCTL)说明见表 10-10。

表 10-10 计数比较控制寄存器(CMPCTL)说明

位	名称	说 明
15~10	Reserved	保留
9	SHDWBFULL	计数比较 B(CMPB)映射寄存器满状态标志,一旦负载选中中发生该位自动清零： ① 0：CMPB 映射 FIFO 未满； ② 1：表示 CMPB 映射 FIFO 已满；CPU 写入将覆盖当前映射值
8	SHDWAFULL	计数比较 A(CMPA)映射寄存器满状态标志。当 32 位写入 CMPA 时,该标志位被置位：CMPAHR 寄存器或 16 位写入 CMPA 被生成。一旦负载选中中发生该位自动清零。 ① 0：CMPA 映射 FIFO 未满； ② 1：表示 CMPA 映射 FIFO 已满；CPU 写入将覆盖当前映射值
5/7	Reserved	保留
6/4	SHDWBMODE /SHDWAMODE	计数比较 B(CMPB)/A(CMPA)寄存器操作模式。 ① 0：映射模式。作为双缓冲操作,所有的写操作通过 CPU 访问映射寄存器。 ② 1：直接模式。仅有主比较 B/A 寄存器使用,所有的写操作直接访问主寄存器获得直接的比较行为
3~2 (1~0)	LOADBMODE /LORDAMODE	主寄存比较 B(CMPB)/A(CMPA)从映射选择模式中加载该位在直接模式中无效(CMPCTL[SHDWBMODE]=1/CMPCTL[SHDWAMODE]=1)。 ① 00：当 CTR==0 时加载：时间基准计数器等于零(TBCTR=0x0000); ② 01：当 CTR=PRD 时加载：时间基准计数器等于周期(TBCTR=TBPRD); ③ 10：当 CTR=0 或 CTR=PRD 时加载； ④ 11：冻结(无负载可能)

比较 A 高精度寄存器(CMPAHR)各位信息如下：

15		8
	CMPAHR	
	R/W-0	

7		0
	Reserved	
	R-0	

比较 A 高精度寄存器(CMPAHR)说明见表 10-11。

表 10-11 比较 A 高精度寄存器(CMPAHR)说明

位	名称	值	说明
15~8	CMPAHR	00~FFH	这 8 位包含计数比较 A(最低有效 8 位)值得高精度部分值 CMPA；CMPAHR 可被一个独立的 32 位读/写访问，当被用来描述 CMPA 寄存器时，映射由 CMPCTL[SHDWAMODE]位决定是否使能
7~0	Reserved		保留提供 TI 公司测试

10.3.3 动作限定子模块寄存器

动作限定软件强制寄存器(AQSFRC)各位信息如下：

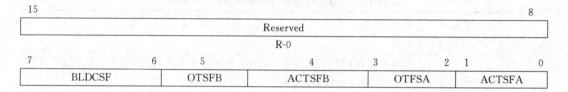

动作限定软件强制寄存器(AQSFRC)说明见表 10-12。

表 10-12 动作限定软件强制寄存器(AQSFRC)说明

位	名称	说明
15~8	Reserved	保留
7~6	BLDCSF	AQCSFRC 主寄存器从映射选项中重新载入。 00：当遇到计数器等于零时加载； 01：当遇到计数器等于周期时加载； 10：当遇到计数器等于零或等于周期时加载； 11：直接加载(CPU 直接访问主寄存器，无须映射寄存器加载)
5/2	OTSFB/OTSFA	对输出事件 B/A 一次性软件强制。 0：写 0 没有效果，始终读回 0。 一旦对该寄存器的写入完成时该位会自动被清零，也就是说一个强制事件被触发这是一次强制事件它会被另一输出后续事件 B 所覆盖。 1：触发单一的 s/w 强制事件
4~3 /1~0	ACTSFB /ACTSFA	当一次性软件强制 B/A 被调用时行动。 00：无动作　　　　01：清除(低) 10：设定(高)　　　11：切换(低切换成高,高切换成低) **注**：这个动作不受计数器方向限定(CNT_dir)

动作连续软件强制寄存器(AQCSFRC)如下:

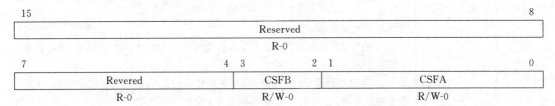

动作连续软件强制寄存器(AQCSFRC)说明见表10-13。

表 10-13 动作连续软件强制寄存器(AQCSFRC)说明

位	名 称	说 明
15~4	Reserved	
3~2 /1~0	CSFB/CSFA	对输出 B 连续软件强制。在直接模式,连续强制会对下一个 TBCLK 信号边沿发生作用;在映射模式,连续强制会在映射加载到主寄存器后对下一个 TBCLK 信号边沿发生作用。 ① 00:强制未启用,即没有作用; ② 01:对输出 B 连续产生低信号; ③ 10:对输出 B 连续产生高信号; ④ 11:软件强制被禁止而无效

10.3.4 PWM 死区控制子模块寄存器

PWM 死区控制寄存器(DBCTL)如下:

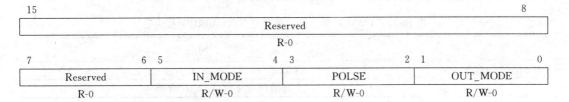

PWM 死区控制寄存器(DBCTL)位说明见表10-14。

表 10-14 PWM 死区控制寄存器(DBCTL)位说明

位	名 称	说 明
15~6	Reserved	保留
5~4	IN_MODE	死区输入模式控制。 ① 00:EPWMxA 是上升沿和下降沿的延时信号源默认; ② 01:EPWMxB 是上升沿延时信号源,EPWMxA 是下降沿延时信号源; ③ 10:EPWMxA 是上升沿延时信号源,EPWMxB 是下降沿延时信号源; ④ 11:EPWMxB 是上升沿和下降沿的延时信号源
3~2	POLSE	极性选择。 ① 00:主高模式。EPWMxA 和 EPWMxB 均不可反相; ② 01:主低互补模式。EPWMxA 可以反相; ③ 10:主高互补模式。EPWMxB 可以反相; ④ 11:主低模式。EPWMxA、EPWMxB 均可反相

续表

位	名　称	说　明
1~0	OUT_MODE	死区输出模式控制。 ① 00：EPWMxA 和 EPWMxB 输入直接传递给 PWM 斩波子模块，死区控制子模块不起作用； ② 01：禁用上升沿延时，EPWMxA 输入直接传递给 PWM 斩波子模块，下降沿延时信号可在 EPWMxB 输出端显示； ③ 10：禁用下降沿延时，EPWMxB 输入直接传递给 PWM 斩波子模块，上升沿延时信号可在 EPWMxA 输出端显示； ④ 11：上升沿延时及下降沿延时完全使能

关于死区控制寄存器(DBCTL)各位的定义可参照死区控制子模块的工作原理图，而上升沿和下降沿的延时主要由上升沿和下降沿的延时寄存器(DBRED、DBFED)决定。

PWM 死区上升沿延时寄存器(DBRED)如下：

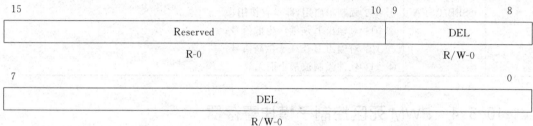

PWM 死区上升沿延时寄存器(DBRED)位说明见表 10-15。

表 10-15　PWM 死区上升沿延时寄存器(DBRED)位说明

位	名称	说　明
15~10	Reserved	保留
9~0	DEL	上升沿延时计数，10 位计数器

下降沿延时寄存器(DBFED)的位定义如上升沿延时寄存器(DBRED)。

10.3.5　PWM 斩波控制子模块寄存器

PWM 斩波控制寄存器(PCCTL)如下：

15		11	10		8
Reserved			DEL		
R-0			R/W-0		

7		5	4		1	0
Reserved			CBC5		CHPEN	
R/W-0			R/W-0		R/W-0	

PWM 斩波寄存器(PCCTL)位说明见表 10-16。

表 10-16　PWM 斩波寄存器(PCCTL)位说明

位	名　称	说　　　明
15～11	Reserved	保留
10～8	DEL	斩波时钟占空比：K 为 000,001,…,111 对应的十进制值,占空比＝$(K+1)/8$,其中 111 保留
7～5	Reserved	斩波时钟频率： ① 000：除以 1(无预分频,100 MHzSYSCLKOUT 里 12.5 的 MHz)； ② 001：除以 2 (100 MHzSYSCLKOUT 里的 6.25MHz)； ③ 010：除以 3 (100 MHzSYSCLKOUT 里的 4.16MHz)； ⋮ ⑧ 111：除以 8 (100 MHzSYSCLKOUT 里的 1.56MHz)
4～1	CBC5	单次脉冲宽度：$K＝0000…1111$ 分别对应十进制值,单次脉冲宽度＝$(K+1)×$ SYSCLKOUT/8
0	CHPEN	PWM 斩波禁用： ① 0：禁用(旁路)PWM 斩波功能； ② 1：启用斩波功能

10.3.6　故障控制和状态寄存器

PWM 错误区模块控制和状态寄存器(TZSEL)如下：

15		14	13	12	11	10	9	8
Reserved			OSHT6	OSHT5	OSHT4	OSHT3	OSHT2	OSHT1
R-0			R/W-0	R/W-0	R/W-0	R/W-0	R/W-0	R/W-0

7		6	5	4	3	2	1	0
Reserved			CBC6	CBC5	CBC4	CBC3	CBC2	CBC1
R-0			R/W-0	R/W-0	R/W-0	R/W-0	R/W-0	R/W-0

PWM 错误区模块控制和状态寄存器(TZSEL)位说明见表 10-17。

表 10-17　PWM 错误区模块控制和状态寄存器(TZSEL)位说明

位	13	12	11	10	9	8
名称	OSHT6	OSHT5	OSHT4	OSHT3	OSHT2	OSHT1
错误区	$\overline{TZ6}$	$\overline{TZ5}$	$\overline{TZ4}$	$\overline{TZ3}$	$\overline{TZ2}$	$\overline{TZ1}$
位值 0	禁用(作为 ePWM 模块中一次性错误源)	禁用	禁用	禁用	禁用	禁用
位值 1	启用(作为 ePWM 模块中一次性错误源)	启用	启用	启用	启用	启用
位	5	4	3	2	1	0
名称	CBC6	CBC5	CBC4	CBC3	CBC2	CBC1
错误区	$\overline{TZ6}$	$\overline{TZ5}$	$\overline{TZ4}$	$\overline{TZ3}$	$\overline{TZ2}$	$\overline{TZ1}$
位值 0	禁用(作为 ePWM 模块中逐周期错误源)	禁用	禁用	禁用	禁用	禁用
位值 1	启用(作为 ePWM 模块中逐周期错误源)	启用	启用	启用	启用	启用

DWM 错误区控制寄存器 TZCTL 定义如下：

15							8
Reserved							
R-0							

7			4	3		2 1	0
Reserved				TZB		TZA	
R-0				R/W-0		R/W-0	

错误区控制寄存器(TZCTL)位说明见表 10-18。

表 10-18　错误区控制寄存器(TZCTL)位说明

位	名　称	说　　明
15～4	Reserved	保留
3～2	TZB	当一个错误事件发生时,以下动作会产生在 EPWMxB 输出上,能够造成错误事件的错误区引脚会被定义。 ① 00：高阻抗(EPWMxB=高阻抗状态)； ② 01：强制 EPWMxB 为高的状态； ③ 10：强制 EPWMxB 为低的状态； ④ 11：没有动作产生在 EPWMxB 上
1～0	TZA	当一个错误事件发生时,以下动作会产生在 EPWMxB 输出上,能够造成错误事件的错误区引脚会被定义。 ① 00：高阻抗(EPWMxB=高阻抗状态)； ② 01：强制 EPWMxB 为高的状态； ③ 10：强制 EPWMxB 为低的状态； ④ 11：没有动作产生在 EPWMxB 上

通过对 TZSEL 的配置,可以选择任一错误区的逐周期或者单次触发信号作为错误源,根据具体需要配置。另外,通过对 TZCTL 的控制,可以选择 ePWM 各通道在错误到来时做出何种响应。在错误源产生时,可以同时触发 DSP 的中断,用以处理突发的错误,其中断配置主要依赖 TZEINT 实现。

PWM 错误区中断寄存器 TZEINT 定义如下：

15							8
Reserved							
R-0							

7			3	2	1	0
Reserved				OST	CBC	Reserved
R-0				R/W-0	R/W-0	R/W-0

PWM 错误区中断寄存器(TZEINT)位说明见表 10-19。

表 10-19　PWM 错误区中断寄存器（TZEINT）位说明

位	名　称	说　明
15～3	Reserved	保留
2	OST	错误区一次性中断使能。 ① 0：禁用一次性产生中断； ② 1：启用中断的产生；一次性错误区事件将导致 EPWMx_TZINT PIE 中断
1	CBC	错误区逐周期中断使能。 ① 0：禁用逐周期中断； ② 1：启用中断的产生；逐周期错误区事件将导致 EPWMx_TZINT PIE 中断
0	Reserved	保留

　　错误控制子模块具有标志位自动置位的功能，当错误产生时，会将其内部寄存器 TZFLAG 自动置位，标志位可以通过软件清除。

　　PWM 错误区标志寄存器 TZFLG 寄存器定义如下：

15					8
		Reserved			
		R-0			

7	3	2	1	0
Reserved		OST	CBC	Reserved
R-0		R-0	R-0	R-0

　　PWM 错误标志寄存器（TZFLG）位说明见表 10-20。

表 10-20　PWM 错误标志寄存器（TZFLG）位说明

位	名　称	说　明
15～3	Reserved	保留
2	OST	一次性错误事件的闭锁状态标志。 ① 0：没有一次性错误事件发生； ② 1：表示错误事件已经发生在一个选做一次性错误源的引脚上，该位通过对 TZCLR 寄存器写入适当的值被清零
1	CBC	逐周期错误事件的闭锁状态标志。 ① 0：没有逐周期错误事件发生。 ② 1：表示错误事件已经发生在一个选作逐周期错误源的引脚上，这个 TZFLG（CBC）位将一直保持设定状态，直到被用户手动解除。如果逐周期错误事件在 CBC 位被清零后依然存在，则 CBC 位将直接被重新设定。如果错误状态不再存在，当 ePWM 时基计数器归零时（TBCLR＝0x0000），引脚上的指定状态会被自动解除。 该位通过对 TZCLR 寄存器写入适当的值被清零
0	Reserved	锁存错误中断状态标志。 ① 0：表示中断没有发生。 ② 1：表示在错误状态下有一个 ePWMx_TZINT PIE 中断生成。 没有更多 ePWMx_TZINT PIE 将产生，除非该标志位被清除。如果当 CBC 或 OST 被设定时中断标志被清除，则另一个中断脉冲将生成。清除所有标志位将避免更多中断生成。 该位通过对 TZCLR 寄存器写入适当的值被清零

PWM 错误区清零寄存器 TZCLR 定义如下：

15						8
			Reserved			
			R-0			

7		3	2	1	0
Reserved			OST	CBC	Reserved
R-0			R/W-0	R/W-0	R/W-0

PWM 错误区清零寄存器（TZCLR）位说明见表 10-21。

表 10-21 PWM 错误区清零寄存器（TZCLR）位说明

位	名　称	说　明
15～3	Reserved	保留
2	OST	一次性错误（OST）锁存清除标志。 ① 0：无效，总是读回 0； ② 1：解除错误（设定）状态
1	CBC	逐周期错误（OST）锁存清除标志。 ① 0：无效，总是读回 0； ② 1：解除错误（设定）状态
0	Reserved	全局中断清除标志。 ① 0：无效，总是读回 0； ② 1：清除 ePWM 模块（TZFLG[INT]）的错误中断标志。 注：没有更多 ePWMx_TZINT PIE 将产生，除非该标志位被清除。如果 TZFLG[INT]位被清零，并且任何其他的标志位被设定，则另一个中断脉冲将生成。清除所有标志位将避免更多中断生成

在实际的编程过程中，可能需要人为地产生错误来验证系统对错误响应是否正确，这可以通过软件强行产生错误信号来实现，其寄存器控制主要依靠错误区强制寄存器（TZFRC）来实现。

PWM 错误区强制寄存器（TZFRC）定义如下：

15						8
			Reserved			
			R-0			

7		3	2	1	0
Reserved			OST	CBC	Reserved
R-0			R/W-0	R/W-0	R-0

PWM 错误区强制寄存器（TZFRC）位说明见表 10-22。

表 10-22　PWM 错误区强制寄存器(TZFRC)位说明

位	名　称	说　明
15～3	Reserved	保留
2	OST	通过软件强制生成一次性错误事件。 ① 0：写入 0 被忽略，总是读回 0； ② 1：强制生成一次性错误事件并设定 TZFLG[OST]位
1	CBC	通过软件强制生成逐周期错误事件。 ① 0：写入 0 被忽略，总是读回 0； ② 1：强制生成逐周期错误事件并设定 TZFLG[CBC]位
0	Reserved	保留

10.3.7　事件触发子模块寄存器

PWM 触发选择寄存器(ETSEL)定义如下：

15	14	12	11	10	8
SOCBEN	SOCBSEL		SOCAEN	SOCASEL	
R/W-0	R/W-0		R/W-0	R/W-0	

7	4	3	2	0
Reserved		INTEN	INTESEL	
R-0		R/W-0	R/W-0	

PWM 触发选择寄存器(ETSEL)位说明见表 10-23。

表 10-23　PWM 触发选择寄存器(ETSEL)位说明

位	名　称	说　明
15	SOCBEN	使能 ADC 开始转换 B(EPWMxSOCB)脉冲。 ① 0：禁止 EPWMxSOCB 脉冲； ② 1：使能 EPWMxSOCB 脉冲
14～12	SOCBSEL	EPWMxSOCB 选项(这些位决定 EPWMxSOCB 脉冲何时被生成)。 ① 000：保留； ② 001：使能事件，使时间基准计数器等于零(TBCTR＝0x0000)； ③ 010：使能事件，使时间基准计数器等于周期(TBCTR＝TBPRD)； ④ 011：保留； ⑤ 100：使能事件，当定时器递增时时间基准计数器等于 CMPA； ⑥ 101：使能事件，当定时器递减时时间基准计数器等于 CMPA； ⑦ 110：使能事件，当定时器递增时时间基准计数器等于 CMPB； ⑧ 111：使能事件，当定时器递减时时间基准计数器等于 CMPB
11	SOCAEN	使能 ADC 开始转换 A(EPWMxSOCA)脉冲。 ① 0：禁止 EPWMxSOCA 脉冲； ② 1：使能 EPWMxSOCA 脉冲
10～8	SOCASEL	EPWMxSOCA 选项(这些位决定 EPWMxSOCA 脉冲何时被生成)。参考 14～12 位
7～4	Reserved	保留
3	INTEN	使能 ePWM 中断(ePWMx_INT)生成。 ① 0：禁止 ePWMx_INT 生成； ② 1：启用 ePWMx_INT 生成
2～0	INTESEL	ePWM 中断选项。参考 14～12

事件触发预分频寄存器(ETPS)定义如下:

15		14 13		12 11		10 9		8
SOCBCNT		SOCBPRD		SOCACNT		SOCAPRD		
R-0		R/W-0		R-0		R/W-0		

7			4 3		2 1		0
Reserved			INTCNT		INTPRD		
R-0			R-0		R/W-0		

事件触发预分频寄存器(ETPS)位说明见表 10-24。

表 10-24 事件触发预分频寄存器(ETPS)位说明

位	名　称	说　明
15~14	SOCBCNT	ePWM ADC 开始变换 B 事件(ePWMxSOCB)计数寄存器。这些位决定有多少选定的 ETSEL[SOCBSEL]事件已经发生。 ① 00：没有事件发生； ② 01：1 个事件发生； ③ 10：2 个事件发生； ④ 11：3 个事件发生
13~12	SOCBPRD	ePWM ADC 开始变换 B 事件(ePWMxSOCB)周期选择。这些位决定在一个 ePWMxSOCB 脉冲信号生成前有多少选定的 ETSEL[SOCBSEL]事件需要发生，这个 SOCB 脉冲信号必须使能(ETSEL[SOCBEN]=1)。即使状态标志从先前的转换启动(ETSEL[SOCB=1])被设定,这个 SOCB 脉冲也会生成。一旦 SOCB 脉冲生成,ETPS[SOCBCNT]位将自动清零。 ① 00：禁用 SOCB 事件计数器,没有 SOCB 脉冲产生； ② 01：在第 1 个事件上生成 SOCB 脉冲(ETPS[SOCBCNT]=0,1)； ③ 10：在第 2 个事件上生成 SOCB 脉冲(ETPS[SOCBCNT]=1,0)； ④ 11：在第 3 个事件上生成 SOCB 脉冲(ETPS[SOCBCNT]=1,1)
11~10	SOCACNT	ePWM ADC 开始变换 A 事件(ePWMxSOCA)计数寄存器。具体设置与 SOCACNT 类似
9~8	SOCAPRD	ePWM ADC 开始变换 A 事件(ePWMxSOCA)周期选择。这些位决定在一个 ePWMxSOCA 脉冲信号生成前有多少选定的 ETSEL[SOCASEL]事件需要发生,这个 SOCA 脉冲信号必须使能(ETSEL[SOCAEN]=1)。即使状态标志从先前的转换启动(ETSEL[SOCA=1])被设定,这个 SOCA 脉冲也会生成。一旦 SOCA 脉冲生成,ETPS[SOCACNT]位将自动清零。 具体设置与 SOCBPRD 类似
7~4	Reserved	保留
3~2	INTCNT	ePWM 中断(ePWM_INT)计数器寄存器。这些位决定有多少选定的 ETSEL[INTSEL]事件已经发生。当一个中断脉冲信号生成时,这些位会自动清零。如果中断被禁用,ETSEL[INT]=0 或中断标志位被设定,ETFLAG[INT]=1,当达到周期值 ETPS[INTCNT]=ETPS[INTPRD]时,计数器将停止计数事件。 具体设置与 15~14 位类似

续表

位	名　称	说　明
1～0	INTPRD	ePWM 中断(ePWMx_INT)周期选择。 这些位决定在一个中断产生前有多少选定的 ETSEL[INTSEL]事件需要发生。若要被生成,中断必须被启动(SEL[INT]=1)。如果中断状态标志从先前的中断(ETFLAG[INT]=1)中设定,则没有中断会生成,除非标志通过 ETCLR[INT]位被清零。这允许一个中断暂时挂起,另一个中断服务。一旦中断产生后,ETPS[INCNT]位将自动被清零。 写入一个等同于目前计数器值的 INTPRD 值,如果它被启用而且标志位被清零,将会触发中断。 写入一个小于目前计数器值的 INTPRD 值,将会导致一种无法确定的状态。 如果计数器事件发生在一个新的零或非零 INTPRD 值写入的时刻,计数器会递减。 ① 00:禁用中断计数器; ② 01:在第 1 个 ETSEL[INTCNT]=0,1 事件发生时中断(第 1 个事件); ③ 10:在第 2 个 ETSEL[INTCNT]=1,0 事件发生时中断(第 2 个事件); ④ 11:在第 3 个 ETSEL[INTCNT]=1,1 事件发生时中断(第 3 个事件)

　　同样地,类似于 PWM 错误控制子模块,PWM 事件触发子模块也具有事件触发标志寄存器(ETFLG)、事件触发清除寄存器(ETCLR)、事件强制触发寄存器(ETFRC)。其具体位定义及操作方法如下:

　　PWM 事件触发标志寄存器(ETFLG)定义如下:

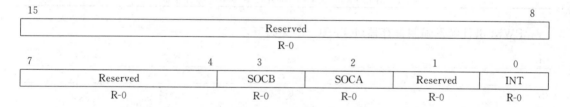

　　PWM 事件触发标志寄存器(ETFLG)位说明见表 10-25。

表 10-25　PWM 事件触发标志寄存器(ETFLG)位说明

位	名　称	说　明
15～4	Reserved	保留
3	SOCB	锁存 ePWM ADC 开始变换 B 事件(EPWMxSOCB)状态标志。 ① 0:表示没有 EPWMxSOCB 事件发生; ② 1:表示在 EPWMxSOCB 产生一个转换脉冲的开始信号。即使该标志位被置位,该 EPWMxSOCB 输出也将继续产生
2	SOCA	锁存 ePWM ADC 开始变换 A 事件(EPWMxSOCA)状态标志。具体标志与 SOCB 类似
1	Reserved	保留
0	INT	锁存 ePWM 中断(ePWM_INT)标志位。 ① 0:表示没有事件发生; ② 1:表示一个 ePWM 中断已经生成。没有更多的中断会生成,除非标志位被清零。当 ETFLG[INT]仍被置位时,其他中断能够暂挂。如果一个中断暂挂,它不会再被生成,除非 ETFLG[INT]位被清零

PWM事件触发清除寄存器(ETCLR)定义如下:

15							8
Reserved							
R-0							

7			4	3	2	1	0
Reserved				SOCB	SOCA	Reserved	INT
R-0				R/W-0	R/W-0	R-0	R/W-0

PWM事件触发清除寄存器(ETCLR)位说明见表10-26。

表 10-26 PWM 事件触发清除寄存器(ETCLR)位说明

位	名　称	说　明
15~4	Reserved	保留
3	SOCB	锁存 ePWM ADC 开始变换 B 事件(EPWMxSOCB)状态标志清零位。 ① 0：写入 0 无效,总是读回 0; ② 1：清除 ETFLG[SOCB]位
2	SOCA	锁存 ePWM ADC 开始变换 A 事件(EPWMxSOCA)状态标志清零位。 ① 0：写入 0 无效,总是读回 0; ② 1：清除 ETFLG[SOCA]位
1	Reserved	保留
0	INT	锁存 ePWM 中断(ePWM_INT)标志位。 ① 0：写入 0 无效,总是读回 0; ② 1：清除 ETFLG[INT]位并使更多中断脉冲生成

PWM事件触发强制寄存器(ETFRC)定义如下:

15							8
Reserved							
R-0							

7			4	3	2	1	0
Reserved				SOCB	SOCA	Reserved	INT
R-0				R/W-0	R/W-0	R-0	R/W-0

PWM事件触发强制寄存器(ETFRC)位说明见表10-27。

表 10-27 PWM 事件触发强制寄存器(ETFRC)位说明

位	名　称	说　明
15~4	Reserved	保留
3	SOCB	SOCB 强制位。 ① 0：写入 0 无效,总是读回 0; ② 1：在 ePWMxSOCB 上产生脉冲,并设定 SOCBFLG 位
2	SOCA	SOCA 强制位。 ① 0：写入 0 无效,总是读回 0; ② 1：在 ePWMxSOCB 上产生脉冲,并设定 SOCAFLG 位
1	Reserved	保留
0	INT	INT 强制位。 ① 0：写入 0 无效,总是读回 0; ② 1：生成一个中断信号 ePWMxINT,并设定 INT 标志位

注：事件触发子模块强制寄存器(ETFRC)的作用主要是用于测试。

10.4 增强型脉冲编码单元 eQEP

增强型脉冲编码单元 eQEP 用于采集高性能电机控制或位置控制系统中的位置、方向和速度信息,同时还可以为直线或旋转编码器提供直接接口。

10.4.1 概述

eQEP 模块通常配合编码器一起使用,用来获取运动控制系统中的位置、方向和转速信息,图 10-19 给出了一种常见增量式编码器码盘的具体结构,码盘上的槽能够在旋转的时候针对光电发送或接收装置产生通断变化,从而产生相应的脉冲信号。另外,除了常规用于相对位置判定的信号外,码盘每旋转一周就会产生一个脉冲索引信号(eQEPI),该信号用于码盘绝对位置的判定。

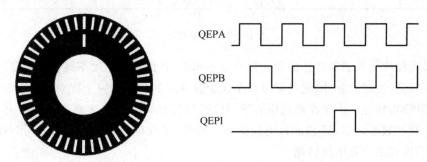

图 10-19 光电编码器码盘的基本结构和输出信号波形

码盘旋转时会产生 QEPA 和 QEPB 两路相位互差 90°的脉冲,根据这两个信号的相位关系就可以判断旋转的方向,我们把 QEPA 和 QEPB 两路信号称作正交编码信号。通常情况下,将 QEPA 超前 QEPB 视为顺时针旋转,QEPB 超前 QEPA 为逆时针旋转。

通常把编码器安装在电动机或其他旋转机构的轴上,所以输出信号 QEPA、QEPB 的数字信号频率与轴的转速成正比。例如,一个具有 2000 槽的编码器安装在一台电机上,如果电机转速为 5000r/min,那么编码器将产生 166.6kHz 的脉冲信号。

编码器常见的输出模式有两种:有门控位置索引脉冲和无门控位置索引脉冲。其中,无门控位置索引脉冲不是标准形式,其索引脉冲边沿没有必要与 A 和 B 的信号一致。有门控位置索引脉冲与输出信号的边沿一致,且脉冲宽度等于正交信号的 1/4、1/2 或一个周期,如图 10-20 所示。

在电机控制中,常见的测速方法有 M 法和 T 法两种,其公式如下所示:

$$M 法测速: v(k) = \frac{x(k) - x(k-1)}{T} = \frac{\Delta x}{T}$$

$$T 法测速: v(k) = \frac{X}{t(k) - t(k-1)} = \frac{x}{\Delta t}$$

其中,$v(k)$ 为 k 时刻的转速;$x(k)$、$x(k-1)$ 分别为 k、$k-1$ 时刻的位置;X 为固定的位移量;T 为固定的单位时间;Δt 为固定位移量所用的时间;Δx 为单位时间内位置的变化量。

M 法测速是在固定的时间段内读取位置的变化量,经过计算得到此段时间的平均转

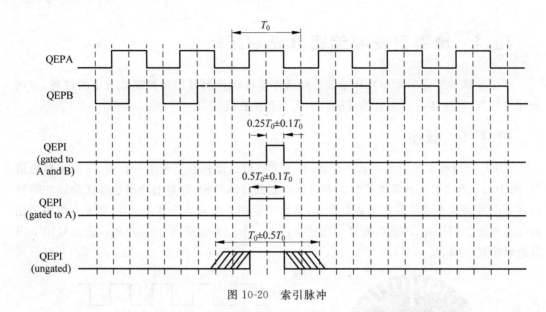

图 10-20 索引脉冲

速,它的测速精度与传感器的精度和计算的频率相关,在低速下精度不高。T法测速是系统先产生一路高频的时钟脉冲,通过记录两个正交脉冲间的高频时钟个数来确定所需的时间,这样也可以测得转速。由于在低速模式下,脉冲时间间隔较大,T法测量较为准确,而在高速模式下,脉冲数量较多,M法测速更加精确。通常,在电机的测速中,往往采用M法和T法相结合的方式来计算电机转速。

10.4.2　eQEP 模块结构

eQEP 模块主要包含以下几个主要的功能单元:

- 可编程量化输入引脚(GPIO MUX);
- 正交编码单元(QDU);
- 用于位置检测的位置计数器和位置计数单元(PCCU);
- 用于低速测量的正交边沿捕捉单元(QCAP);
- 用于速度/频率检测的时间基准单元(UTIME);
- 看门狗检测单元。

eQEP 的输入信号一共有 4 路:

(1) QEPA/XCLK 与 QEPB/XDIR,分为两种工作状态。

- 正交时钟模式:在正交时钟模式下,eQEP 提供两路相位互差 90°的脉冲信号 QEPA 和 QEPB,两者之间的相位关系可判断旋转方向,脉冲信号的频率可判断转速。
- 方向计数模式:在方向计数模式下,方向以及脉冲信号分别由 XDIR 和 XCLK 单独提供。

(2) eQEPI。编码器通过索引脉冲信号 eQEPI 来表明绝对起始地址,这路信号在每个旋转周期内用来复位芯片内部 eQEP 模块的计数器。

(3) QEPS。这路信号用来锁存 eQEP 模块内部的计数器的值,通常这路信号由传感器或限位开关提供,用来提醒控制器电机已经到达指定位置。

eQEP 模块整体结构图如图 10-21 所示。

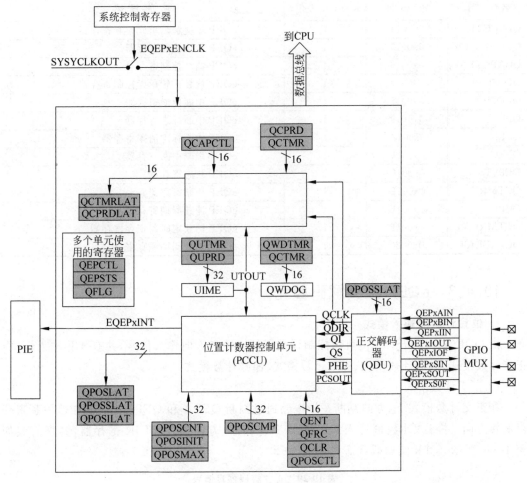

图 10-21　eQEP 模块整体结构

eQEP 模块的寄存器如表 10-28 给出。

表 10-28　eQEP 模块寄存器列表

名　　称	地　　址	长度（×16 位）	功　能　描　述
QPOSCNT	0x0000	2	eQEP 位置计数器寄存器
QPOSINIT	0x0002	2	eQEP 位置计数器初始化寄存器
QPOSMAX	0x0004	2	eQEP 位置计数器最大值寄存器
QPOSCMP	0x0006	2	eQEP 位置比较寄存器
QPOSILAT	0x0008	2	eQEP 位置索引事件位置锁存寄存器
QPOSSLAT	0x000A	2	eQEP 位置提示事件位置锁存寄存器
QPOSLAT	0x000C	2	eQEP 位置计数器锁存寄存器
QUTMR	0x000E	2	eQEP 定时器基准单元寄存器
QUPRD	0x0010	2	eQEP 定时器基准单元周期寄存器
QWDTMR	0x0012	2	eQEP 看门狗定时器
QWDPRD	0x0013	1	eQEP 看门狗周期寄存器

名　　　称	地　　　址	长度(×16 位)	功　能　描　述
QDECCTL	0x0014	1	eQEP 正交解码单元控制寄存器
QEPCTL	0x0015	1	eQEP 模块控制寄存器
QCAPCTL	0x0016	1	eQEP 捕获控制寄存器
QPOSCTL	0x0017	1	eQEP 位置比较单元控制寄存器
QEINT	0x0018	1	eQEP 中断使能寄存器
QFLG	0x0019	1	eQEP 中断标志寄存器
QCLR	0x001A	1	eQEP 中断标志清零寄存器
QFRC	0x001B	1	eQEP 强制中断寄存器
QEPSTS	0x001C	1	eQEP 状态寄存器
QCTMR	0x001D	1	eQEP 捕获寄存器
QCPRD	0x001E	1	eQEP 捕获周期寄存器
QCTMRLAT	0x001F	1	eQEP 捕获定时器锁存寄存器
QCPRDLAT	0x0020	1	eQEP 捕获周期锁存寄存器

10.4.3 eQEP 正交解码单元

1. 位置计数器输入模式

由 QDECCTL[QSRC]位可以控制计数器的时钟和方向输入信号,共有 4 种输入模式:正交计数模式、方向计数模式、递增计数模式、递减计数模式。

1) 正交计数模式

在正交计数模式下,方向判断逻辑电路通过判断 QEPA 和 QEPB 之间的相位关系来获得旋转方向,并将脉冲数量写入 QPOSCNT 寄存器,方向写入 QDIR 寄存器,其真值表如表 10-29 所示。其正交解码状态机如图 10-22 所示。

表 10-29　正交解码器真值表

前一个边沿	当前边沿	计 数 方 向	位 置 计 数
QA 上升沿	QB 上升沿	UP	递增
	QB 下降沿	DOWN	递减
	QA 下降沿	TOGGLE	递增或递减
QA 下降沿	QB 下降沿	UP	递增
	QB 上升沿	DOWN	递减
	QA 上升沿	TOGGLE	递增或递减
QB 上升沿	QA 上升沿	DOWN	递减
	QA 下降沿	UP	递增
	QB 下降沿	TOGGLE	递增或递减
QB 下降沿	QA 下降沿	DOWN	递减
	QA 上升沿	UP	递增
	QB 上升沿	TOGGLE	递增或递减

在工作过程中,QEPA 和 QEPB 的上升沿和下降沿都将作为位置计数器的触发事件,因此 eQEP 逻辑产生的计数脉冲频率为每个输入脉冲的 4 倍(4 倍频),如图 10-23 所示为

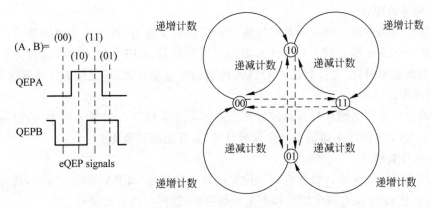

图 10-22 正交解码状态机

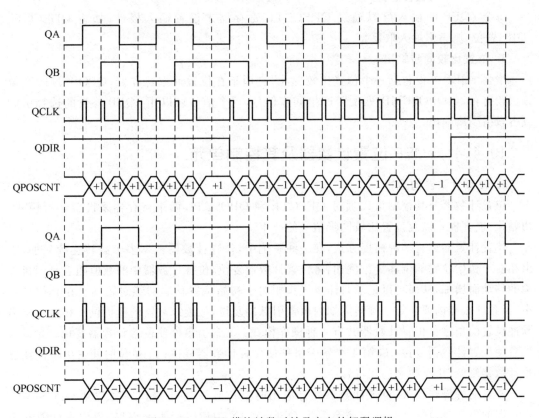

图 10-23 eQEP 模块计数时钟及方向的解码逻辑

eQEP 模块计数时钟及方向的解码逻辑。

在通常的操作条件下,正交输入 QEPA 和 QEPB 在相位上相差 90°,当同时检测到 QEPA 和 QEPB 信号边沿转换时,QFLG 寄存器的相位错误标识位被置位,同时会产生中断事件。另外,在使用 eQEP 模块时,一般来说 QEPA 输入送到正交解码器的 QA 输入, QEPB 的输入送到正交解码器的 QB 输入,但除了这种情况外,还可以反向输入,即 QEPA 输入送到正交解码器的 QB 输入,QEPB 的输入送到正交解码器的 QA 输入,这种情况下需要设置 QDECCTL 的 SWAP 位。

2) 方向计数模式

有一部分编码器是通过方向和时钟输出来代替正交输出,对于这种编码器可以采用方向计数模式。QEPA 输入将为位置计数器提供时钟信号,QEPB 输入将提供方向信息。当方向输入为高电平时,位置计数器在 QEPA 上升沿时递增计数,反之位置计数器递减计数。

3) 递增计数模式

计数器方向信号递增计数并且位置计数器用来测量 QEPA 的输入频率,通过寄存器控制也可以使 QEPA 的两个边沿都产生计数脉冲,这样检测精度更高。

4) 递减计数模式

计数器方向信号递减计数并且利用位置计数器来测量 QEPA 的输入频率,通过寄存器控制,也可以使 QEPA 的两个边沿都产生计数脉冲,这样检测精度更高。

2. eQEP 输入极性选择

每个 eQEP 的输入可以通过 QDECCTL 寄存器来设置输入极性,如将 QDECCTL [QIP]置位,则索引输入取反。

3. 位置比较同步输出

增强 eQEP 外设包括一个位置比较单元,它用于在位置计数寄存器(QPOSCNT)和位置比较寄存器(QPOSCMP)匹配时产生同步信号,这个信号可以用 eQEP 外设的选择引脚或者索引引脚输出。

10.4.4 eQEP 位置计数器及其控制单元

1. 位置计数器的运行

位置计数器及其控制可以通过 QEPCTL 和 QPOSCTL 两个寄存器来设置运行模式、初始化/锁存模式以及位置比较同步信号的产生。

位置计数器拥有多种捕捉方式,在一些系统中,位置计数器根据多个旋转连续累加,给出相对于初始位置的位移量。例如,将位置计数器复位,位置计数器中的数值随着打印机机头的移动而增加,从而可以记录打印机机头相对于初始位置移动的绝对距离。在其他系统中,位置计数器的值在每个旋转周期内由索引脉冲复位,位置计数器的值提供了相对于索引脉冲位置的角度。位置计数器共有 4 种操作模式:①索引事件使位置计数器复位;②最大位置使位置计数器复位;③第 1 个索引事件使位置计数器复位;④单位时间输出事件使位置计数器复位(用于频率的测量)。

不管何种操作模式,位置计数器在上溢出时复位到 0,在下溢出时复位到 GPOSMAX 寄存器的值。当位置计数器递增至等于 QPOSMAX 的值时产生上溢出,当位置计数器递减至 0 时继续递减产生下溢出,寄存器 QFLG 可以标识是否产生溢出。

1) 索引事件使位置计数器复位

如果索引事件发生在正向运动过程中,则位置计数器在下一个 eQEP 时钟复位为 0;如果索引事件发生在反向运动过程中,则位置计数器在下一个时钟复位为寄存器 QPOSMAX 的值。

将第 1 个索引脉冲的边沿到来后的正交信号的边沿定义为索引标志时刻,eQEP 模块记录第 1 个索引标志的发生(QEPSTS[FIMF])以及第 1 个索引事件发生时的方向(QEPSTS[FIDF]),还记录第 1 个索引标志对应的正交信号边沿,从而使用这个相同的正交边沿完成复位操作。例如,在正向运动过程中,第 1 次复位操作发生在 QEPB 的下降沿,那么后来的复位必须分配在正向运动过程中 QEPB 的下降沿和反向运动中 QEPB 的上升沿,如图 10-24 所示。

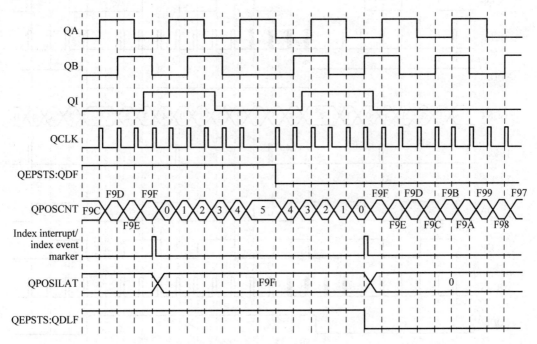

图 10-24   1000 线编码器通过位置脉冲复位的位置计数器时序图(QPOSMAX=0XF9F)

在每个索引事件发生时,位置计数器的值被锁存到 QPOSILAT 寄存器中,运行方向也被记录到 QEPSTS[QDLF]位中。如果 QPOSILAT 中的值不等于 0 或 QPOSMAX,那么位置及初期错误标志位 QEPSTS[PCEF]及中断标志位 QFLG[PCE]将置位。位置计数器的错误标志位在每次索引脉冲事件发生时更新,而中断标志位必须由软件清除。

2) 最大位置计数器复位

正向运行时,如果位置计数器的值到达 QPOSMAX,那么位置计数器将在下一个 eQEP 时钟信号到来时复位为 0,同时位置计数器的上溢标志位置位。反向运行时,如果位置计数器的值到达 0,那么在下一个 eQEP 时钟信号到来时将位置计数器复位到 QPOSMAX,并将位置计数器下溢标志位置位,如图 10-25 所示。

3) 仅由第 1 个索引事件使位置计数器复位

如果第 1 个索引事件发生在正向运动过程中,则位置计数器在下一个 eQEP 时钟置 0;如果索引事件发生在反向运动过程中,则位置计数器在下一个 eQEP 时钟复位为 QPOSMAX 寄存器的值。这个索引事件指的是第 1 个索引事件,接下来的索引事件都不会使位置计数器动作。

4) 单位时间输出事件使位置计数器复位

该模式下,当一次单位时间事件发生时,QPOSCNT 的值被锁存到 QPOSLAT 寄存器中,并且 QPOSCNT 复位到 0 或 QPOSMAX,该模式可用于频率的测量。

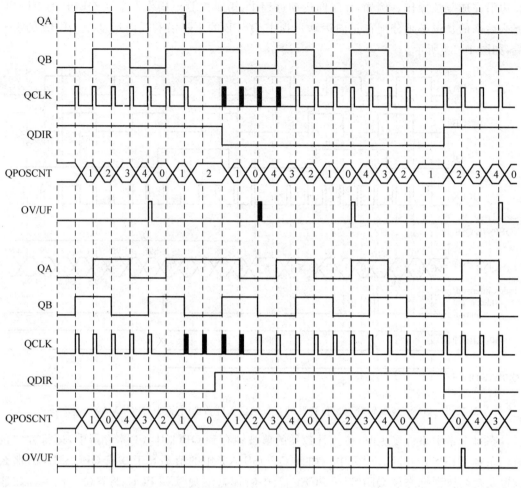

图 10-25   位置计数器上溢/下溢操作(QPOSMAX=4)

2. 位置计数器的锁存

eQEP 模块的索引输入和提示输入可以将位置计数器的值分别锁存到 QPOSILAT 和 QPOSSLAT 寄存器中。

1) 索引事件锁存

在许多情况下,不需要在每个索引事件发生时将位置计数器的值复位。相反,要将位置计数器运行在 32 位模式下。在这种情况下,可在每个索引事件发生时将位置计数器的值以及方向进行锁存,有以下 3 种选择:

(1) 上升沿锁存(QEPCTL[IEL=01])。位置计数器的当前值(QPOSCNT)在每次索引信号的上升沿被锁存到 QPOSILAT 寄存器中。

(2) 下降沿锁存(QEPCTL[IEL=01])。位置计数器的当前值(QPOSCNT)在每次索引信号的下降沿被锁存到 QPOSILAT 寄存器中。

(3) 索引信号标志时刻锁存(QEPCTL[IEL=11])。索引事件的标志时刻定义为索引脉冲的第 1 个边沿后的正交信号的边沿,在这个边沿将位置计数器的当前值锁存到 QPOSILAT 寄存器中。

2）提示事件锁存

当 QEPCTL[SEL]＝0 时，位置计数器的值会在提示信号的上升沿被锁存到 QPOSLAT 寄存器中；当 QEPCTL[SEL]＝1 时，正向运行时将在提示信号的上升沿锁存数据，反向运行时在提示信号的下降沿锁存数据。

位置计数器的值被锁存后，锁存事件中断标志位 QFLG[SEL]被置位。

3. 位置计数器的初始化

位置计数器的初始化一共有 3 种方法：

（1）使用索引事件初始化。在索引脉冲的上升沿或下降沿可对位置计数器进行初始化。

（2）使用提示事件初始化。在提示事件的上升沿或下降沿可以对位置计数器进行初始化。

（3）软件初始化。直接向 QEPCTL[SWI]写 1 将对位置计数器发起一次初始化过程，但 QEPCTL[SWI]位并不会自动清零，而在再次向其写 1 时会发生另一次初始化过程。

10.4.5 eQEP 位置比较单元

eQEP 模块具有一个位置比较单元，当匹配事件发生时用来产生同步输出信号或中断信号。

位置比较寄存器 QPOSCMP 具有映射地址，可通过 QPOSCTL[PSSHDW]位来控制是否使用映射功能。在映射模式下，可通过 QPOSCTL[PCLOAD]位来控制何时将映射寄存器中的内容装载到当前寄存器，装载完成后立刻产生相应的中断。可以选择以下两个事件发生时完成装载：

（1）当 QPOSCNT＝QPOSCMP 时；

（2）当 QPOSCNT＝0 时。

当 QPOSCNT＝QPOSCMP 或 QPOSCNT＝0 时就产生一次比较匹配事件，此时将 QFLG[PCM]置位，并输出一个脉冲宽度可调的同步脉冲来触发外部器件，实现位置比较单元功能的扩展。

10.4.6 eQEP 边沿捕获单元

eQEP 模块内部集成了一个边沿捕获单元（ECAP），用来测量单位位移量之间的时间，利用这个模块可用 T 法测量低速段的转速，其具体公式为：

$$v(k) = \frac{X}{t(k) - t(k-1)} = \frac{x}{\Delta t}$$

式中的单位位移量 x 定义为 N 个正交的脉冲数，如图 10-26 所示。

捕获定时器 QCTMR 的计数脉冲由 QCAPCTL[CCPS]位对系统时钟分频而得，每次出现 UPENENT 事件都会将捕获定时器 QCTMR 中的值锁存到捕获周期寄存器 QCPRD 中，然后捕获定时器复位。捕获定时器两次的差值即为 UPENENT 的间隔时间。DSP 中

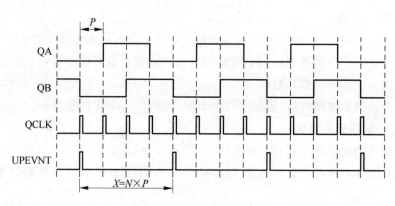

图 10-26　单位位移量定义

用 QEPSTS[UPEVNT]的置位来表示捕获周期寄存器 QCPRD 锁存一个新值,所以在读取 QCPRD 时,可以先检查 QEPSTS[UPEVNT]来判断是否有新值,通过对 QEPSTS [UPEVNT]写 1 可以对其清零。

要保证单位位移量所经历的时间 Δt 测量正确,需要满足两个条件:一是捕获定时器的值不超过 65535(不溢出);二是两次 UPEVNT 事件内转动方向不变。如果捕获定时器的值溢出,则上溢错误标志位 QEPSTS[COFF]将置位;如果两次 UPEVNT 事件间隔内出现方向改变,则错误标志位 QEPSTS[CDFF]将置位。

捕获定时器 QCTMR 及捕获周期寄存器 QCPRD 的值可在如下两个事件发生时被锁存:

(1) CPU 读取 QPOSCNT;

(2) 定时器基准单元超时事件。

定时器的基准单元是由一个 32 位的定时器和一个周期寄存器组成,定时器的计数时钟为 SYSCLKOUT,当定时器的值等于周期寄存器的值时,会产生一次超时事件,将 QFLG [UTO]置位。

如果 QEPCTL[QCLM]=0,那么在 CPU 读取 QPOSCNT 的值时,捕获寄存器及捕获周期寄存器的值将会分别锁存到 QCTMRLAT 和 QCPRDLAT 寄存器中。

单位时间(T)和单位周期(X)通过寄存器 QUPRD 和 QCAPCTL[UPPS]进行设置。递增位置输出和递增时间输出值由寄存器 QPOSLAT 和 QCPRDLAT 提供。边沿捕捉单元时序及 T 法各参数定义如图 10-27 和表 10-30 所示。

表 10-30　速度计算公式中各参数定义

变　量	对应的硬件寄存器
T	单元周期寄存器 QUPRD
Δx	增加的位移量＝QPOSLAT(k)－QPOSLAT(k－1)
x	由 ZCAPCTL[UPPS]位定义的固定位移量
Δt	捕获周期寄存器 QCPRDLAT

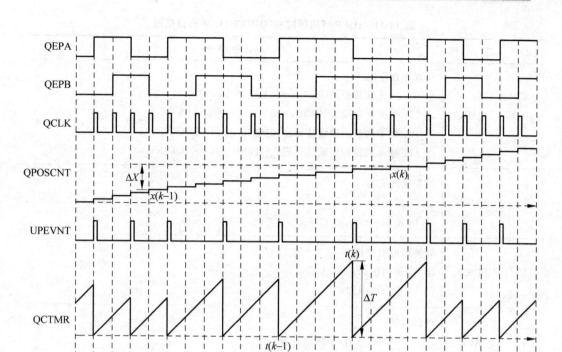

图 10-27　eQEP 边沿捕捉单元时序图

10.4.7　eQEP 看门狗和 eQEP 中断单元

1. eQEP 看门狗

eQEP 模块内部包含一个 16 位的看门狗定时器,用来监测正交脉冲信号,定时器的计数时钟由系统时钟 64 分频后得到。在 eQEP 模块工作时,定时器不断进行累加,当累加到等于周期设定寄存器 QWDPRD 中值的过程中如果未监测到正交脉冲信号,定时器将溢出,并将看门狗中断标志位 QFLG[WTO]置位。如果监测到正交脉冲信号,则定时器复位,重新开始计时。

2. eQEP 中断

eQEP 模块可产生 11 路中断信号:PCE、PHE、QDC、WTO、PCU、PCO、PCR、PCM、SEL、IEL 以及 UTO。通过中断控制寄存器 QEINT 来使能/禁止相应的中断事件,中断标志寄存器 QFLG 用来标识各中断是否发生(包括一个全局中断标志)。在中断程序中,应当通过 QCLR 寄存器清除全局中断标志以使 DSP 接来下能够接收其他的中断,通过 QFRC 寄存器可以强制产生中断,这个寄存器主要用于测试。

10.4.8　eQEP 模块寄存器

eQEP 模块寄存器描述见表 10-31～表 10-38。

表 10-31　eQEP 解码器控制（QDECCTL）寄存器描述

位	名　称	功　能　描　述
15～14	QSRC	位置计数器选择如下。 ① 00：正交计数模式（QCLK＝iCLK，QDIR＝iDIR）； ② 01：正交计数模式（QCLK＝xCLK，QDIR＝xDIR）； ③ 10：频率测量的递增计数模式（QCLK＝xCLK，QDIR＝1）； ④ 11：频率测量的递减计数模式（QCLK＝xCLK，QDIR＝0）
13	SOEN	同步输出使能： ① 0：禁止； ② 1：使能
12	SPSEL	同步输出引脚选择： ① 0：索引引脚； ② 1：被选择引脚
11	XCR	外部时钟： ① 0：2 分频，上升/下降沿计数； ② 1：1 分频，上升沿计数
10	SWAP	交换正交时钟输入。交换信号输入到正交解码器,改变计数方向： ① 0：不交换； ② 1：交换
9	IGATE	索引脉冲门选择： ① 0：禁止； ② 1：选择
8	QAP	QEPA 输入极性： ① 0：无作用； ② 1：反向 QEPA 输入
7	QBP	QEPB 输入极性： ① 0：无作用； ② 1：反向 QEPB 输入
6	QIP	QEPI 输入极性： ① 0：无作用； ② 1：反向 QEPI 输入
5	QSP	QEPS 输入极性： ① 0：无作用； ② 1：反向 QEPS 输入
4～0	Reserved	保留

表 10-32 eQEP 控制 (QEPCTL) 寄存器描述

位	名 称	功 能 描 述
15~14	FREE, SOFT	仿真控制位。QPOSCNT 动作如下： ① 00：位置计数器计数立即停止； ② 01：位置计数器继续计数直到完成当前周期后定时器停止； ③ 1x：不受影响。 QWDTMR 动作如下： ① 00：看门狗计数器计数立即停止； ② 01：看门狗计数器继续计数直到完成 WD 周期匹配后停止； ③ 1x：不受影响。 QUTMR 动作如下： ① 00：单元定时器立即停止； ② 01：单元定时器继续计数直到完成当前周期后定时器停止； ③ 1x：不受影响。 QCTMR 动作如下： ① 00：捕捉定时器立即停止； ② 01：捕捉定时器继续计数直到下一个单位周期事件发生； ③ 1x：不受影响
13~12	PCRM	位置计数器复位模式： ① 00：索引事件时位置计数器复位； ② 01：最大位置时位置计数器复位； ③ 10：第一索引事件时位置计数器复位； ④ 11：单位时间事件时位置计数器复位
11~10	SEI	位置计数器的选择事件初始化。 ① 00/01：无动作； ② 10：QEPS 信号上升沿初始化位置计数器； ③ 11：顺时针方向——QEPS 信号上升沿初始化位置计数器/计数器顺时针方向——QEPS 信号下降沿初始化位置计数器
9~8	IEI	位置计数器的索引事件初始化。 ① 00/01：无动作； ② 10：QEPI 信号上升沿初始化位置计数器(QPOSCNT＝QPOSINIT)； ③ 11：QEPI 信号下降沿初始化位置计数器(QPOSCNT＝QPOSINIT)
7	SWI	位置计数器的软件初始化： ① 0：无动作； ② 1：初始化
6	SEL	位置计数器的选择事件锁存。 ① 0：在 QEPS 选中的上升沿锁存位置计数器(QPOSSLAT＝POSCCNT)； ② 1：可以通过 QDECCTL 寄存器的 QSP 位转化选中输入的下降沿锁存： • 顺时针方向：QEPS 选中的上升沿锁存位置计数器； • 计数器顺时针方向：QEPS 选中的上升沿锁存位置计数器

位	名　称	功　能　描　述
5～4	IEL	位置计数器的索引事件锁存。 ① 00：保留； ② 01：索引信号上升沿锁存位置计数器； ③ 10：索引信号下升沿锁存位置计数器； ④ 11：软件索引标识。索引事件标识锁存位置计数器和正交方向标识，位置计数器被锁存到 QPOSILAT，方向标识存在 QEPSTS[QDLF]位
3	QPEN	正交位置计数器使能/软件复位。 ① 0：复位 eQEP 外设内部操作标识/只读寄存器,控制/配置寄存器不受软件影响； ② 1：正交位置计数器使能
2	QCLM	eQEP 捕捉锁存模式。 ① 0：通过 CPU 锁存位置计数器操作。当 CPU 读取 QPOSCNT 寄存器时,捕捉定时器和捕捉周期值分别锁存到 QCTMRLAT 和 QCPRDLAT； ② 1：锁存直到超时
1	UTE	eQEP 单元定时器使能： ① 0：禁止； ② 1：使能
0	WDE	eQEP 看门狗使能： ① 0：禁止； ② 1：使能

表 10-33　eQEP 位置比较(QEPCTL)寄存器描述

位	名　称	功　能　描　述
15	PCSHDW	位置比较映射使能： ① 0：禁止,立即装载； ② 1：使能
14	PCLOAD	位置比较映射装载模式： ① 0：装载 QPOSCNT＝0； ② QPOSCNT＝QPOSCMP 装载
13	PCPOL	同步输出极性： ① 0：高脉冲输出； ② 1：低脉冲输出
12	PCE	位置比较使能： ① 0：禁止； ② 1：使能
11～0	PCSPW	选择位置比较同步输出脉冲宽度。 ① 0x000：$1 \times 4 \times$ SYSCLKOUT 周期； ② 0x001：$2 \times 4 \times$ SYSCLKOUT 周期； ③ 0xfff：$4096 \times 4 \times$ SYSCLKOUT 周期

表 10-34　eQEP 中断使能(QEINT)寄存器描述

位	名　称	功　能　描　述
15～12	Reserved	保留
11	UTO	单位超时中断使能：0,禁止；1,使能
10	IEL	索引事件锁存中断使能：0,禁止；1,使能
9	SEL	选择事件锁存中断使能：0,禁止；1,使能
8	PCM	位置比较匹配中断使能：0,禁止；1,使能
7	PCR	位置比较准备中断使能：0,禁止；1,使能
6	PCO	位置计数器上溢中断使能：0,禁止；1,使能
5	PCU	位置计数器下溢中断使能：0,禁止；1,使能
4	WTO	看门狗超时中断使能：0,禁止；1,使能
3	QDC	正交方向转换中断使能：0,禁止；1,使能
2	QPE	正交相位错误中断使能：0,禁止；1,使能
1	PCE	位置计数器错误中断使能：0,禁止；1,使能
0	Reserved	保留

表 10-35　eQEP 中断标志(QFLG)寄存器描述

位	名　称	功　能　描　述
15～12	Reserved	保留
11	UTO	单位超时中断标识：0,无中断；1,通过 eQEP 单位定时器周期匹配置位
10	IEL	索引事件锁存中断标识：0,无中断；1,QPOSCNT 锁存到 QPOSILAT 之后置位
9	SEL	选择事件锁存中断标识：0,无中断；1,QPOSCNT 锁存到 QPOSILAT 之后置位
8	PCM	位置比较匹配中断标识：0,无中断；1,位置比较匹配时置位
7	PCR	位置比较准备中断标识：0,无中断；1,映射寄存器的值转移到有效地位置之后置位
6	PCO	位置计数器上溢中断标识：0,无中断；1,位置计数器上溢时置位
5	PCU	位置计数器下溢中断标识：0,无中断；1,位置计数器下溢时置位
4	WTO	看门狗超时中断标识：0,无中断；1,看门狗超时时置位
3	QDC	正交方向转换中断标识：0,无中断；1,变换方位时置位
2	QPE	正交相位错误中断标识：0,无中断；1,QEPA 和 QEPB 发生同时转换时置位
1	PCE	位置计数器错误中断标识：0,无中断；1,位置计数器错误时置位
0	INT	全局中断状态标识：0,无；1,有

表 10-36　eQEP 中断清除(QCLR)寄存器描述

位	名　称	功　能　描　述
15～12	Reserved	保留
11	UTO	清除单位超时中断标识：0,无作用；1,清除
10	IEL	清除索引事件锁存中断标识：0,无作用；1,清除
9	SEL	清除选择事件锁存中断标识：0,无作用；1,清除
8	PCM	清除位置比较匹配中断标识：0,无作用；1,清除
7	PCR	清除位置比较准备中断标识：0,无作用；1,清除
6	PCO	清除位置计数器上溢中断标识：0,无作用；1,清除
5	PCU	清除位置计数器下溢中断标识：0,无作用；1,清除
4	WTO	清除看门狗超时中断标识：0,无作用；1,清除

位	名 称	功 能 描 述
3	QDC	清除正交方向转换中断标识：0，无作用；1，清除
2	QPE	清除正交相位错误中断标识：0，无作用；1，清除
1	PCE	清除位置计数器错误中断标识：0，无作用；1，清除
0	INT	全局中断状态标识：0，无作用；1，清除，如果事件标识设置为1，则将使能即将产生的中断

表 10-37 eQEP 中断强制（QFCR）寄存器描述

位	名 称	功 能 描 述
15～12	Reserved	保留
11	UTO	强制单位超时中断标识：0，无作用；1，强制中断
10	IEL	强制索引事件锁存中断标识：0，无作用；1，强制中断
9	SEL	强制选择事件锁存中断标识：0，无作用；1，强制中断
8	PCM	强制位置比较匹配中断标识：0，无作用；1，强制中断
7	PCR	强制位置比较准备中断标识：0，无作用；1，强制中断
6	PCO	强制位置计数器上溢中断标识：0，无作用；1，强制中断
5	PCU	强制位置计数器下溢中断标识：0，无作用；1，强制中断
4	WTO	强制看门狗超时中断标识：0，无作用；1，强制中断
3	QDC	强制正交方向转换中断标识：0，无作用；1，强制中断
2	QPE	强制正交相位错误中断标识：0，无作用；1，强制中断
1	PCE	强制位置计数器错误中断标识：0，无作用；1，强制中断
0	Reserved	保留

表 10-38 eQEP 状态（QEPSTS）寄存器描述

位	名 称	功 能 描 述
15～8	Reserved	保留
7	UPEVNT	单位位置事件标识。 ① 0：没有检测到单位位置事件标识； ② 1：单位位置事件被检测，写1清除
6	FIDF	第1个索引标识的方向。第1个索引事件被锁存的方向状态。 ① 0：第1个索引事件标的计数器顺时针旋转（或反向运动）； ② 1：第1个索引事件的逆时针旋转（或正向运动）
5	QDF	正交方向标识。 ① 0：计数器顺时针旋转（或反向运动）； ② 1：逆时针旋转（或正向运动）
4	QDLF	eQEP方向锁存标识。每一个索引事件标识时锁存的方向状态。 ① 0：索引事件标识时计数器顺时针旋转（或反向运动）； ② 1：索引事件标识时计数器逆时针旋转（或正向运动）
3	COEF	捕捉上溢错误标识： ① 0：写1清除； ② 1：eQEP捕捉定时器发生上溢

续表

位	名　称	功　能　描　述
2	COEF	捕捉方向错误标识： ① 0：写1清除； ② 1：两个捕捉位置事件之间发生方向变换
1	FIMF	第一索引事件标识： ① 0：写1清除； ② 1：第1个索引脉冲发生时置位
0	PCEF	位置计数器错误标识，每个索引事件时都会随之更新。 ① 0：最后一个索引转变期间没有发生错误； ② 1：位置计数器错误

10.4.9　eQEP 相关例程

下面程序为 eQEP 模块初始化及测速中频率计算的简单例程，给出了两种频率计算的方法：

```
#include "DSP28x_Project.h"            //Device Headerfile and Examples Include File
#include "Example_freqcal.h"           //Example specific include file
void FREQCAL_Init(void)
{
    EQep1Regs.QUPRD=1500000;           //系统基频150MHz
    EQep1Regs.QDECCTL.bit.QSRC=2;      //频率测量的增计数模式
    EQep1Regs.QDECCTL.bit.XCR=0;       //2分频，上升/下降沿计数
    EQep1Regs.QEPCTL.bit.FREE_SOFT=2;
    EQep1Regs.QEPCTL.bit.PCRM=00;      //索引事件时位置计数器复位
    EQep1Regs.QEPCTL.bit.UTE=1;        //使能eQEP单位定时器
    EQep1Regs.QEPCTL.bit.QCLM=1;       //锁存位置计数器、捕捉定时器、捕捉周期值直到超时
    EQep1Regs.QPOSMAX=0xffffffff;
    EQep1Regs.QEPCTL.bit.QPEN=1;       //eQEP位置计数器使能
    EQep1Regs.QCAPCTL.bit.UPPS=2;      //ECAP模块基频为150M的1/4
    EQep1Regs.QCAPCTL.bit.CCPS=7;      //单位事件预定标为系统时间的1/128
    EQep1Regs.QCAPCTL.bit.CEN=1;       //使能eQEP捕捉
}

void FREQCAL_Calc(FREQCAL * p)
{
    unsigned long tmp;
    _iq newp,oldp;
// **** 使用eQEP位置计数计算频率 **** //
    if(EQep1Regs.QFLG.bit.UTO==1)      //单位计数器超时
    {
    newp=EQep1Regs.QPOSLAT;            //单位计数器超时事件发生时位置计数器的值
    oldp=p->oldpos;
    if (newp>oldp)
```

```
            tmp=newp － oldp;                    //x2－x1 in v=(x2－x1)/T
        else
            tmp=(0xFFFFFFFF－oldp)＋newp;
            p－＞freq_fr=_IQdiv(tmp,p－＞freqScaler_fr); //p－＞freq_fr=(x2－x1)/(T＊10kHz)
            tmp=p－＞freq_fr;
            if (tmp＞=_IQ(1))                    //频率大于限定值
                p－＞freq_fr=_IQ(1);
            else
                p－＞freq_fr=tmp;
            p－＞freqhz_fr=_IQmpy(p－＞BaseFreq,p－＞freq_fr);
                            //Q0=Q0＊GLOBAL_Q=＞_IQXmpy(),X=GLOBAL_Q
                            //p－＞freqhz_fr=(p－＞freq_fr)＊10kHz=(x2－x1)/T

        //更新位置计数器
        p－＞oldpos=newp;
        EQep1Regs.QCLR.bit.UTO=1;    //Clear interrupt flag
    }

// ＊＊＊＊ 使用 eQEP 捕捉模块计算频率 ＊＊＊ //
    if(EQep1Regs.QEPSTS.bit.UPEVNT==1)    //单位位置时间
    {
        if(EQep1Regs.QEPSTS.bit.COEF==0)  //捕捉定时器无上溢
            tmp=(unsigned long)EQep1Regs.QCPRDLAT;
        else                              //捕捉定时器溢出
            tmp=0xFFFF;
        p－＞freq_pr=_IQdiv(p－＞freqScaler_pr,tmp); //p－＞freq_pr=X/[(t2－t1)＊10kHz]
        tmp=p－＞freq_pr;
        if (tmp＞_IQ(1))
            p－＞freq_pr=_IQ(1);
        else
            p－＞freq_pr=tmp;
        p－＞freqhz_pr=_IQmpy(p－＞BaseFreq,p－＞freq_pr);
                            //Q0=Q0＊GLOBAL_Q=＞_IQXmpy(),X=GLOBAL_Q
                            //p－＞freqhz_pr=( p－＞freq_pr)＊10kHz=X/(t2－t1)
        EQep1Regs.QEPSTS.all=0x88;    //清除单位位置事件标识
                                      //清除上溢错误标识
    }
}
```

10.5 增强型捕捉模块单元 eCAP

对于某些需要精确外部事件来计时的系统,能否正确地捕捉脉冲是非常重要的,增强型捕捉(eCAP)模块为这一需求提供了可能性,它主要适用于需要精确测量外部信号时序的场合,如:

• 旋转设备的转速测量;
• 位置传感器脉冲时间测量;

- 脉冲信号周期和占空比测量；
- 根据电流/电压传感器的占空比周期计算电流/电压的幅值。

不同型号的 DSP 具有数量不等的 eCAP 模块，每一个 eCAP 模块具有其独立的功能，多个 eCAP 模块可集成在同一块芯片中，任务中使用模块的数量由任务的需要来决定，如图 10-28 所示。

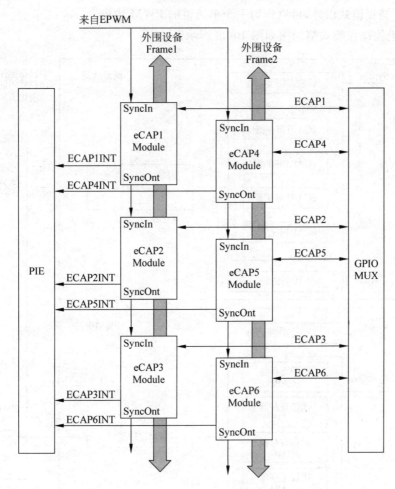

图 10-28　多个 eCAP 连接示意图

10.5.1　eCAP 模块概述

eCAP 模块具有两种工作模式，即捕捉模式和 APWM 模式，其中捕捉模式可以完成输入脉冲的捕捉和相关参数的测量，而 APWM 模式则是将 eCAP 模块作为一个单通道的脉冲宽度调制（PWM）发生器，可以用来输出 PWM 波形。两种模式都可以触发其对应的中断来实现不同的程序功能。

eCAP 模块的主要特点如下：

- 具有一个 32 位的时间基准，当 DSP 主频为 150MHz 时，精度为 6.67ns；
- 具有 4 个 32 位的时间标签寄存器用于存储捕捉事件的发生时刻；

- 分别可以为最多 4 个序列的事件(CEVT1～CEVT4)来选择任意需要的边沿极性（上升沿或下降沿捕捉）；
- 任意 4 个事件(CEVT1～CEVT4)都可以产生中断；
- 可以实现 4 个事件(CEVT1～CEVT4)的连续捕捉，同时，可以捕捉绝对/差分的时间标签；
- 除了捕捉模式以外，可以作为一个单通道的 PWM 输出。

eCAP 模块操作模式结构图如图 10-29 所示。

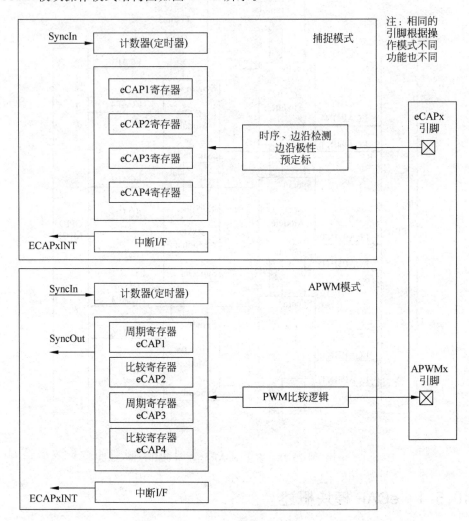

图 10-29   eCAP 模块操作模式结构图

当工作在输入捕捉模式时，CAP1～CAP4 作为捕捉状态控制寄存器使用。当工作在 APWM 模式时，CAP1 和 CAP2 分别作为周期寄存器和比较寄存器使用，而此时 CAP3 和 CAP4 分别作为周期寄存器和比较寄存器的映射寄存器。eCAP 模块的寄存器具体如表 10-39 所示。

表 10-39　eCAP 模块寄存器列表

名　　称	地　　址	长度(×16)	功 能 描 述
TSCTR	0x0000	2	时间标志计数器寄存器
CTRPHS	0x0002	2	计数器相位控制寄存器
CAP1	0x0004	2	捕获寄存器 1/周期寄存器
CAP2	0x0006	2	捕获寄存器 2/比较寄存器
CAP3	0x0008	2	捕获寄存器 3/周期寄存器(映射)
CAP4	0x000A	2	捕获寄存器 4/比较寄存器(映射)
ECCTL1	0x0014	1	eCAP 模块控制寄存器 1
ECCTL2	0x0015	1	eCAP 模块控制寄存器 2
ECEINT	0x0016	1	eCAP 模块中断使能寄存器
ECFLG	0x0017	1	eCAP 模块中断标志寄存器
ECCLR	0x0018	1	eCAP 模块中断标志清除寄存器
ECFRC	0x0019	1	eCAP 模块中断强制产生寄存器

10.5.2　eCAP 模块功能

一般来说,eCAP 模块最常用的是增强捕捉模式,其具体功能的实现主要分为以下几个部分。

(1) 事件预分频。eCAP 捕捉脉冲时,可通过预分频寄存器对捕捉模块的输入信号进行 $N(N=2\sim62)$ 分频,当外部信号频率较高时,启用此功能可减少工作量,当然,也可将外部信号直接通过预分频器,这样可以不使用预分频寄存器。

(2) 边沿极性选择和量化。eCAP 模块具有 4 个边沿事件(CEVT1~CEVT4),可以使用多路选择器分别将 4 个边沿事件分别配置成脉冲的上升沿或下降沿捕获,在模块内部每个边沿都可通过一个 Mod4 序列发生器进行限定。这个 Mod4 计数器可以将每个边沿事件的发生时刻锁存到相应的 CAPx 寄存器中,可以实现绝对/差分时刻的测量。

(3) 连续/单次捕捉。在捕捉模式时,Mod4 计数器(2 位)有连续捕捉和单次捕捉两种工作状态。连续捕捉状态时,每来一个边沿事件 Mod4 计数器就进行一次增计数,通过设置使计数器工作在循环模式(0-1-2-3-0),在计数的同时,将时间数据装载至 CAP1~CAP4 寄存器,故称为连续捕捉模式。单次捕捉状态时,在计数器工作时可以通过设置比较停止寄存器的值来使其停止 Mod4 计数器计数,同时禁止时间数据装载至 CAP1~CAP4 寄存器,故称为单次捕捉模式,即捕捉一个序列就停止,若要重新启动需要对寄存器重新赋值。

(4) 相位控制。eCAP 模块是通过一个 32 位计数器来为捕捉事件提供基准时钟,它直接由系统时钟 SYSCLKOUT 驱动。相位控制指的是通过软件或硬件的方式可以将多个 eCAP 模块的计数器进行同步,这样可以实现多个 eCAP 模块的协同工作。

(5) 中断功能。eCAP 模块一共可以产生 7 种中断事件(捕捉模式 5 种,APWM 模式 2 种),可以实现对不同事件的中断响应。

eCAP 模块当作一个 APWM 模式在实际工程中使用得较少,其寄存器功能及设置直接在后文 eCAP 模块寄存器介绍中给出。使用时应注意：

① APWM 模式下有两种装载模式：立即装载（CAP1，CAP2），映射装载（CAP3，CAP4），映射装载的时刻为周期相等时，即 CTR[31～0]＝PRD[31～0]。

② 在 APWM 模式下，写入 CAP1，CAP2 寄存器的值也会同样写入相应的 CAP3，CAP4 寄存器，而写入 CAP3，CAP4 寄存器值会直接调用映射模式。

③ 在初始化时，必须给周期和比较寄存器写入初始值。初始值会自动复制到映射寄存器中，在接下来使用时，只需使用映射寄存器即可。

10.5.3 eCAP 模块寄存器介绍

eCAP 模块中的时间标志寄存器（TSCTR）用于设定 eCAP 模块的时间基准计数器值。TSCTR 寄存器定义如下：

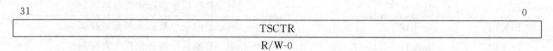

时间标志寄存器（TSCTR）位说明见表 10-40。

表 10-40 时间标志寄存器（TSCTR）位说明

位	名　称	说　明
31～0	TSCTR	eCAP 模块的时间基准计数器

计数器相位控制寄存器（CTRPHS）用于实现不同 eCAP 模块间的同步，可实现相位的滞后和超前（DSP 内部表现为计数器数值滞后和超前）。

CTRPHS 寄存器定义如下：

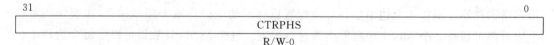

相位控制寄存器（CTRPHS）位说明见表 10-41。

表 10-41 相位控制寄存器（CTRPHS）位说明

位	名　称	说　明
31～0	CTRPHS	时间基准计数器的相位控制寄存器，用来控制多个 eCAP 模块间的相位关系，在外同步事件 SYNCI 或软件强制同步事件 S/W 时，CTRPHS 的值装载到 TSCTR

捕获寄存器 CAP1～CAP4 这 4 个寄存器用以捕获模式中捕获时刻以及 APWM 模式中的参数设定。

捕获寄存器 CAP1 定义如下：

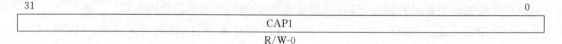

捕获寄存器 CAP1 位说明见表 10-42。

表 10-42 捕获寄存器 CAP1 位说明

位	名　称	说　明
31～0	CAP1	用来装载如下值： ① 捕获事件发生时 TSCTR 的值； ② 软件写入值； ③ APWM 模式下的周期 APRD 的值

捕获寄存器 CAP2 定义如下：

31	0
CAP2	
R/W-0	

捕获寄存器 CAP1 位说明见表 10-43。

表 10-43 捕获寄存器 CAP1 位说明

位	名　称	说　明
31～0	CAP2	用来装载如下值： ① 捕获事件发生时 TSCTR 的值； ② 软件写入值； ③ APWM 模式下的比较值 ACMP 的值

捕获寄存器 CAP3 定义如下：

31	0
CAP3	
R/W-0	

捕获寄存器 CAP3 位说明见表 10-44。

表 10-44 捕获寄存器 CAP3 位说明

位	名　称	说　明
31～0	CAP3	在捕获模式下，这个寄存器用来存储捕获事件发生时 TSCTR 的值； 在 APWM 模式下，这个寄存器作为周期寄存器(CAP1)的映射单元

捕获寄存器 CAP4 定义如下：

31	0
CAP4	
R/W-0	

捕获寄存器 CAP1 位说明见表 10-45。

表 10-45 捕获寄存器 CAP1 位说明

位	名　称	说　明
31～0	CAP4	在捕获模式下，这个寄存器用来存储捕获事件发生时 TSCTR 的值； 在 APWM 模式下，这个寄存器作为比较寄存器(CAP2)的映射单元

eCAP 模块的控制寄存器用于实现各个参数的配置以及具体工作模式的实现。ECCTL1 寄存器定义如下：

15		14	13				9	8
FREE/SOFT				PRESCALE				CAPLDEN
R/W-0				R/W-0				R/W-0

7	6	5	4	3	2	1	0
CTRRST4	CAP4POL	CTRRST3	CAP3POL	CTRRST2	CAP2POL	CTRRST1	CAP1POL
R/W-0	R/W-0	R/W-0	R/W-0	R/W-0	R/W-0	R/W-0	R/W-0

eCAP 模块的控制寄存器(ECCTL1)位说明见表 10-46。

表 10-46 eCAP 模块的控制寄存器(ECCTL1)位说明

位	名　称	说　明
15～14	FREE/SOFT	仿真控制位。 ① 00：仿真挂起时，TSCTR 计数器立即停止； ② 01：TSCTR 计数器计数直到＝0； ③ 1x：TSCTR 计数器不受影响
13～9	PRESCALE	事件预分频控制位。 ① 0000：不分频； ② 0001～1111(k)：分频系数为 2k
8	CAPLDEN	控制在捕获事件发生时是否装载 CAP1～CAP4。 ① 0：禁止装载； ② 1：使能装载
7	CTRRST4	捕获事件 4 发生时计数器复位控制位。 ① 0：在捕获事件发生时不复位计数器(绝对时间模式)； ② 1：在捕获事件发生时复位计数器(差分时间模式)
6	CAP4POL	选择捕获事件 4 的触发极性。 ① 0：在上升沿触发捕获事件； ② 1：在下降沿触发捕获事件
5	CTRRST3	捕获事件 3 发生时计数器复位控制位。 此处设置同第 7 位
4	CAP3POL	选择捕获事件 3 的触发极性。 此处设置同第 6 位
3	CTRRST2	捕获事件 2 发生时计数器复位控制位。 此处设置同第 7 位
2	CAP2POL	选择捕获事件 2 的触发极性。 此处设置同第 6 位
1	CTRRST1	捕获事件 1 发生时计数器复位控制位。 此处设置同第 7 位
0	CAP1POL	选择捕获事件 1 的触发极性。 此处设置同第 6 位

ECCTL2 寄存器定义如下：

15				11	10	9	8
	Reserved			APWMPOL	CAP/APWM		SWSYNC
	R-0			R/W-0	R/W-0		R/W-0

7	6	5	4	3	2	1	0
SYNCO_SEL		SYNCI_EN	TSCIRSTOP	REARM	STOP_WRAP		CONT/ONESHT
R/W-0		R/W-0	R/W-0	R/W-0	R/W-0		R/W-0

eCAP 模块的控制寄存器（ECCTL2）位说明见表 10-47。

表 10-47　eCAP 模块的控制寄存器（ECCTL2）位说明

位	名　　称	说　　明
15～11	Reserved	保留
10	APWMPOL	APWM 输出极选择位（仅适用于 APWM 模式）。 ① 0：输出为高电平有效（比较值决定高电平时间）； ② 1：输出为低电平有效（比较值决定低电平时间）
9	CAP/APWM	CAP/APWM 工作模式选择位。 ① 0：工作在捕获模式； ② 1：工作在 APWM 模式
8	SWSYNC	软件强制同步脉冲产生，用来同步所有 eCAP 模块内的计数器 ① 0：无效，返回 0； ② 1：强制产生一次同步事件，写 1 后自动清零
7～6	SYNCO_SEL	同步输出选择位。 ① 00：同步输入 SYNC_IN 将作为同步输出 SYNC_OUT 信号； ② 01：选择 CTR＝PRD 事件作为 SYNC_OUT 信号； ③ 1x：禁止 SYNC_OUT 信号
5	SYNCI_EN	计数器 TSCTR 同步使能位。 ① 0：禁止同步功能； ② 1：在外部同步事件 SYNCI 信号或软件强制复位 S/W 事件时，将 CTRPHS 装载到 TSCTR 事件中
4	TSCIRSTOP	TSCTR 控制位。 ① 0：TSCTR 停止； ② 1：TSCTR 继续计数
3	REARM	单次运行时重新装载控制，在单次和连续运行时都有效。 ① 0：无效； ② 1：将单次运行序列装载如下。 • Mod4 计数器复位到 0； • 解冻 Mod4 计数器； • 使能捕获事件装载功能

续表

位	名　称	说　明
2～1	STOP_WRAP	单次控制方式下的停止值,连续控制方式下的溢出值。 ① 00:在捕获事件 1 发生后停止(单次控制),在捕获事件 1 发生后环绕(连续控制); ② 01:在捕获事件 2 发生后停止(单次控制),在捕获事件 2 发生后环绕(连续控制); ③ 10:在捕获事件 3 发生后停止(单次控制),在捕获事件 3 发生后环绕(连续控制); ④ 11:在捕获事件 4 发生后停止(单次控制),在捕获事件 4 发生后环绕(连续控制)。 注:STOP_WRAP 的值与 Mod4 的值进行比较,相等时发生如下动作:Mod4 计数器停止;捕获寄存器装载停止。在单次控制方式下,重新装载后才能产生新的中断信号
0	CONT/ONESHT	连续/单次控制方式选择位。 ① 0:连续控制方式; ② 1:单次控制方式

为实现 eCAP 中断的正确使能和产生,需要正确配置 eCAP 模块的中断控制寄存器(ECEINT)。

ECEINT 寄存器定义如下:

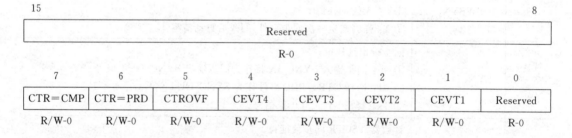

15							8
			Reserved				
			R-0				

7	6	5	4	3	2	1	0
CTR=CMP	CTR=PRD	CTROVF	CEVT4	CEVT3	CEVT2	CEVT1	Reserved
R/W-0	R/W-0	R/W-0	R/W-0	R/W-0	R/W-0	R/W-0	R-0

eCAP 模块的中断控制寄存器(ECEINT)位说明见表 10-48。

表 10-48　eCAP 模块的中断控制寄存器(ECEINT)位说明

位	名　称	说　明
15～8	Reserved	保留
7	CTR=CMP	计数器等于比较值中断使能位。 ① 0:禁止中断; ② 1:使能中断
6	CTR=PRD	计数器等于最大值中断使能位。 ① 0:禁止中断; ② 1:使能中断
5	CTROVF	计数器上溢中断使能位。 ① 0:禁止中断; ② 1:使能中断

续表

位	名　称	说　明
4	CEVT4	捕获事件 4 中断使能位。 ① 0：禁止中断； ② 1：使能中断
3	CEVT3	捕获事件 3 中断使能位。 ① 0：禁止中断； ② 1：使能中断
2	CEVT2	捕获事件 2 中断使能位。 ① 0：禁止中断； ② 1：使能中断
1	CEVT1	捕获事件 1 中断使能位。 ① 0：禁止中断； ② 1：使能中断
0	Reserved	保留

eCAP 中断标志(ECFLG)、中断清零(ECCLR)和中断强制使能(ECFRC)寄存器信息如下，ECFLG 寄存器定义如下：

15							8
Reserved							
R-0							

7	6	5	4	3	2	1	0
CTR=CMP	CTR=PRD	CTROVF	CEVT4	CEVT3	CEVT2	CEVT1	INT
R-0	R-0	R-0	R-0	R-0	R-0	R-0	R-0

eCAP 模块的中断标志寄存器(ECFLG)位说明见表 10-49。

表 10-49　eCAP 模块的中断标志寄存器(ECFLG)位说明

位	名　称	说　明
15～8	Reserved	保留
7	CTR=CMP	计数器等于比较值中断标志位(仅在 APWM 模式下有效)。 0：无中断事件；1：有中断事件
6	CTR=PRD	计数器等于最大值中断标志位(仅在 APWM 模式下有效)。 0：无中断事件；1：有中断事件
5	CTROVF	计数器上溢中断标志位。 0：无中断事件；1：有中断事件
4	CEVT4	捕获事件 4 中断标志位。 0：无中断事件；1：有中断事件
3	CEVT3	捕获事件 3 中断标志位。 0：无中断事件；1：有中断事件
2	CEVT2	捕获事件 2 中断标志位。 0：无中断事件；1：有中断事件
1	CEVT1	捕获事件 1 中断标志位。 0：无中断事件；1：有中断事件
0	INT	全局中断标志位。 0：无中断事件；1：有中断事件

ECCLR 寄存器定义如下：

15							8
Reserved							
R-0							

7	6	5	4	3	2	1	0
CTR=CMP	CTR=PRD	CTROVF	CEVT4	CEVT3	CEVT2	CEVT1	INT
R/W-0	R/W-0	R/W-0	R/W-0	R/W-0	R/W-0	R/W-0	R/W-0

eCAP 模块的中断标志寄存器（ECCLR）位说明见表 10-50。

表 10-50 eCAP 模块的中断标志寄存器（ECCLR）位说明

位	名　称	说　　明
15～8	Reserved	保留
7	CTR=CMP	计数器等于比较值中断标志清除位。 0：写 0 无效,返回 0；1：写 1 清除相应中断标志
6	CTR=PRD	计数器等于最大值中断标志清除位。 0：写 0 无效,返回 0；1：写 1 清除相应中断标志
5	CTROVF	计数器上溢中断标志清除位。 0：写 0 无效,返回 0；1：写 1 清除相应中断标志
4	CEVT4	捕获事件 4 中断标志清除位。 0：写 0 无效,返回 0；1：写 1 清除相应中断标志
3	CEVT3	捕获事件 3 中断标志清除位。 0：写 0 无效,返回 0；1：写 1 清除相应中断标志
2	CEVT2	捕获事件 2 中断标志清除位。 0：写 0 无效,返回 0；1：写 1 清除相应中断标志
1	CEVT1	捕获事件 1 中断标志清除位。 0：写 0 无效,返回 0；1：写 1 清除相应中断标志
0	INT	全局中断标志清除位。 0：写 0 无效,返回 0；1：写 1 清除相应中断标志

ECFRC 寄存器定义如下：

15							8
Reserved							
R-0							

7	6	5	4	3	2	1	0
CTR=CMP	CTR=PRD	CTROVF	CEVT4	CEVT3	CEVT2	CEVT1	Reserved
R/W-0	R/W-0	R/W-0	R/W-0	R/W-0	R/W-0	R/W-0	R -0

eCAP 模块的中断强制使能寄存器（ECFRC）位说明见表 10-51。

表 10-51　eCAP 模块的中断强制使能寄存器(ECFRC)位说明

位	名　　称	说　　明
15～8	Reserved	保留
7	CTR＝CMP	计数器等于比较值中断强制产生位。 0：写 0 无效，返回 0；1：写 1 将相应中断标志位置 1
6	CTR＝PRD	计数器等于最大值中断强制产生位。 0：写 0 无效，返回 0；1：写 1 将相应中断标志位置 1
5	CTROVF	计数器上溢中断强制产生位。 0：写 0 无效，返回 0；1：写 1 将相应中断标志位置 1
4	CEVT4	捕获事件 4 中断强制产生位。 0：写 0 无效，返回 0；1：写 1 将相应中断标志位置 1
3	CEVT3	捕获事件 3 中断强制产生位。 0：写 0 无效，返回 0；1：写 1 将相应中断标志位置 1
2	CEVT2	捕获事件 2 中断强制产生位。 0：写 0 无效，返回 0；1：写 1 将相应中断标志位置 1
1	CEVT1	捕获事件 1 中断强制产生位。 0：写 0 无效，返回 0；1：写 1 将相应中断标志位置 1
0	Reserved	保留

10.5.4　eCAP 相关例程

如下所示为 eCAP 模块初始化及 APWM 功能实现的简单例程：＃include "DSP28x_Project. h"。

```
//Device Headerfile and Examples Include File
Uint16 direction＝0;
void main(void)
{
    InitSysCtrl();
    IniteCAPGpio();
    DINT;
    IER＝0x0000;
    IFR＝0x0000;
    InitPieVectTable();

    //设置捕捉寄存器 1 为 APWM 模式,设置周期和比较寄存器
    eCAP1Regs.ECCTL2.bit.CAP_APWM＝1;      //使能 APWM 模式
    eCAP1Regs.CAP1＝0x01312D00;            //设置周期值
    eCAP1Regs.CAP2＝0x00989680;            //设置比较值
    eCAP1Regs.ECCLR.all＝0x0FF;            //清除 eCAP 中断标志位
    eCAP1Regs.ECEINT.bit.CTR_EQ_CMP＝1;    //允许比较相等作为中断源

    //设置捕捉寄存器 2 为 APWM 模式,设置周期和比较寄存器
    eCAP2Regs.ECCTL2.bit.CAP_APWM＝1;      //使能 APWM 模式
    eCAP2Regs.CAP1＝0x01312D00;            //设置周期值
    eCAP2Regs.CAP2＝0x00989680;            //设置比较值
```

```
    eCAP2Regs.ECCLR.all=0x0FF;                //清除 eCAP 中断标志位
    eCAP1Regs.ECEINT.bit.CTR_EQ_CMP=1;       //允许比较相等作为中断源

    //设置捕捉寄存器 3 为 APWM 模式,设置周期和比较寄存器
    eCAP3Regs.ECCTL2.bit.CAP_APWM=1;         //使能 APWM 模式
    eCAP3Regs.CAP1=0x05F5E100;                //设置周期值
    eCAP3Regs.CAP2=0x02FAF080;                //设置比较值
    eCAP3Regs.ECCLR.all=0x0FF;                //清除 eCAP 中断标志位
    eCAP1Regs.ECEINT.bit.CTR_EQ_CMP=1;       //允许比较相等作为中断源

    //设置捕捉寄存器 4 为 APWM 模式,设置周期和比较寄存器
    eCAP4Regs.ECCTL2.bit.CAP_APWM=1;         //使能 APWM 模式
    eCAP4Regs.CAP1=0x00001388;                //设置周期值
    eCAP4Regs.CAP2=0x000009C4;                //设置比较值
    eCAP4Regs.ECCLR.all=0x0FF;                //清除 eCAP 中断标志位
    eCAP1Regs.ECEINT.bit.CTR_EQ_CMP=1;       //允许比较相等作为中断源

    //运行计数器(TSCTR)
    eCAP1Regs.ECCTL2.bit.TSCTRSTOP=1;
    eCAP2Regs.ECCTL2.bit.TSCTRSTOP=1;
    eCAP3Regs.ECCTL2.bit.TSCTRSTOP=1;
    eCAP4Regs.ECCTL2.bit.TSCTRSTOP=1;

    for(;;)
    {
        //使下一个工作周期变为原来的 50%
        eCAP1Regs.CAP4=eCAP1Regs.CAP1 >> 1;

        //vary freq between 7.5 Hz and 15 Hz (for 150MHz SYSCLKOUT) 5 Hz and 10 Hz (for 100
MHz SYSCLKOUT)
        if(eCAP1Regs.CAP1 >=0x01312D00)
        {
          direction=0;
        } else if (eCAP1Regs.CAP1 <=0x00989680)
        {
          direction=1;
        }

        if(direction==0)
        {
            eCAP1Regs.CAP3=eCAP1Regs.CAP1 - 500000;
        } else
        {
            eCAP1Regs.CAP3=eCAP1Regs.CAP1+500000;
        }
    }
}
```

习题与思考

10-1　相位寄存器 TBPHS 的作用是什么？ePWM 模块中时间基准计数器在什么情况下能自动加载相位寄存器 TBPHS 中的内容？

10-2　ePWM 模块中哪个子模块能够改变占空比？具体是怎么实现的？

10-3　为什么设置 PWM 死区，设置 PWM 死区对输出电压产生什么影响？

10-4　简述错误控制子模块的作用。

10-5　在电机控制系统中最基本的转速计算方法有哪几种？它们有什么区别？

10-6　简述 eQEP 模块正交计数模式和方向计数模式的区别。

10-7　eCAP 模块有哪两种捕获方式？这两种工作方式中 Mod4 计数器如何工作的？

10-8　eCAP 模块工作在 APWM 模式下时，映射寄存器 CAP3 和 CAP4 的值可以在什么情况下装载到周期寄存器和比较寄存器 CAP1 和 CAP2？

## 第 11 章

同步串口 SPI 模块和
异步串口 SCI 模块

11.1 同步串口 SPI 模块

同步串口(Serial Peripheral Interface,SPI)是一个高速同步的串行输入/输出接口,其传输数据的位长及传输速率可以自由选择。SPI 模块通常用于 DSP 和外设及其他处理器之间的通信。典型的应用包括扩展 I/O,还可以通过移位寄存器、显示驱动器、模拟转换器(ADC)等器件所做的外设进行扩展。下文将首先介绍 SPI 接口通用的一些基本知识,然后将详细介绍 DSP TMS320F28335 内部 SPI 的结构、特点、中断、工作方式等内容,并通过实例说明如何通过编程来实现 SPI 的数据通信。

11.1.1 同步串口 SPI 模块的通用知识

SPI 最早是由 Freescale 公司在其 MC68HCxx 系列处理器上定义的一种高速同步串行接口。SPI 的总线系统可以直接与各个厂家生产的多标准外围器件直接接口,SPI 接口一般使用 4 条线,SCK、MISO、MOSI、$\overline{\text{CS}}$,见表 11-1。当然,并非所有的 SPI 都采用四线制,有的 SPI 接口带有中断信号 INT,有的 SPI 接口没有 MOSI。TMS320F2833x 中 SPI 接口采用四线制。

表 11-1   SPI 接口通用的 4 根线

线 路 名 称	线 路 作 用	线 路 名 称	线 路 作 用
SCK	串行时钟线	MOSI	主机输出/从机输入线
MISO	主机输入/从机输出线	$\overline{\text{CS}}$	低电平有效的从机选择线

SPI 接口的通信原理很简单,它以主从方式进行工作,这种模式的通信系统中通常有一个主设备和多个从设备。其中,$\overline{\text{CS}}$信号用于控制从机的芯片是否被选中,系统内有一个主设备 M1 和两个从设备 S1 和 S2。如图 11-1 所示为 SPI 主从工作方式示意图,当 S1 的片选信号为低电平,S1 被选中,M1 通过引脚 MOSI 发送数据,S1 通过引脚 MOSI 接收数据;或者 S1 通过引脚 MISO 发送数据,M1 通过引脚 MISO 接收数据。同理,当 S2 的片选信号为低电平,S2 被选中,M1 通过引脚 MOSI 发送数据,S2 通过引脚 MOSI 接收数据;或者 S2 通过引脚 MISO 发送数据,M2 通过引脚 MISO 接收数据。从机只有通过 CS 信号被选中后,对此从机的操作才会有效,可见片选信号的存在使得允许在同一总线上连接多个 SPI 设

备成为可能。

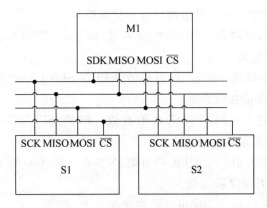

图 11-1　SPI 主从工作方式示意图

11.1.2　增强型同步串口 SPI 模块的概述

TMS320F2833x 同步串口 SPI 模块的 CPU 及外设接口如图 11-2 所示。

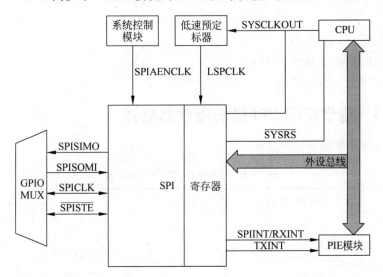

图 11-2　SPI 外设接口图

SPI 模块的特征如下。

（1）4 个外部引脚：

SPISOMI：SPI 从输出/主输入引脚；

SPISIMO：SPI 从输入/主输出引脚；

SPISTE：SPI 从传送使能引脚；

SPICLK：SPI 串行时钟引脚。

说明：如果未使用 SPI 模块，4 个外部引脚可以作为通用 I/O 口。

（2）两种工作模式：主控制器模式和从控制器模式。

（3）波特率：125 种可编程波特率。能够使用的最大波特率受到 SPI 引脚使用的 I/O 缓冲器的最大速率限制。

（4）数据字长：1～16 位数据位。

（5）4 种时钟模式（由时钟极性位和时钟相位位控制）。

① 不带相位延时的下降沿：SPICLK 高有效，SPI 在 SPICLK 的下降沿发送数据，在 SPICLK 的上升沿接收数据。

② 带相位延时的下降沿：SPICLK 高有效，SPI 在 SPICLK 的下降沿的前半周期发送数据，在 SPICLK 的下降沿接收数据。

③ 不带相位延时的上升沿：SPICLK 低有效，SPI 在 SPICLK 的上升沿发送数据，在 SPICLK 的下降沿接收数据。

④ 带相位延时的上升沿：SPICLK 低有效，SPI 在 SPICLK 的下降沿的前半周期发送数据，在 SPICLK 的上升沿接收数据。

（6）接收和发送同步（发送功能可以通过软件禁止）。

（7）发送器和接收器可以通过中断或者查询算法完成工作。

（8）12 个 SPI 模块控制寄存器：位于控制寄存器帧中起始地址为 7040H。

说明：SPI 模块中的寄存器都是 16 位寄存器，与外设帧 2 相连。当访问寄存器时，寄存器数据在低字节(7～0)，而对高 8 位(15～8)进行读时，结果为 0；把数据写入高 8 位是无效的。

（9）增强型 SPI 的特点：

- 具有 16 级发送/接收 FIFO；
- 能够实现延时发送控制。

11.1.3　同步串口 SPI 模块寄存器概述

同步串口 SPI 模块寄存器见表 11-2。

表 11-2　同步串口 SPI 模块寄存器

名　　称	地　址　范　围	大小（×16 位）	描　　　述
SPICCR	0x0000～0x7040	1	SPI 配置控制寄存器
SPICTL	0x0000～0x7041	1	SPI 操作控制寄存器
SPIST	0x0000～0x7042	1	SPI 状态寄存器
SPIBRR	0x0000～0x7044	1	SPI 波特率寄存器
SPIRXEMU	0x0000～0x7046	1	SPI 仿真缓冲器寄存器
SPIRXBUF	0x0000～0x7047	1	SPI 串行接收缓冲器寄存器
SPITXBUF	0x0000～0x7048	1	SPI 串行发送缓冲器寄存器
SPIDAT	0x0000～0x7049	1	SPI 串行数据寄存器
SPIFFTX	0x0000～0x704A	1	SPI FIFO 发送寄存器
SPIFFRX	0x0000～0x704B	1	SPI FIFO 接收寄存器
SPIFFCT	0x0000～0x704C	1	SPI FIFO 控制寄存器
SPIPRI	0x0000～0x704F	1	SPI 优先级控制寄存器

同步串口 SPI 模块具有 16 位的数据发送和接收能力，接收和发送都是双缓冲方式。所有数据寄存器都是 16 位字长。向串行数据寄存器 SPIDAT 及新的发送缓冲寄存器 SPITXBUF 写入的数据必须是一个左对齐的 16 位寄存器数据。

同步串口 SPI 模块接口可以配置成通用的 I/O 使用,因为用于控制选择通用 I/O 口和专用功能口的切换控制位从寄存器 SPIPC1(704DH)和 SPIPC2(704EH)中移除,位于通用 I/O 寄存器中。

同步串口 SPI 模块通过 12 个寄存器配置 SPI 的功能:

(1) SPICCR(SPI 配置控制寄存器):包含用于 SPI 配置的控制位。

* SPI 模块软件复位;
* SPICLK 极性选择位;
* 4 个 SPI 字符长度控制位。

(2) SPICTL(SPI 操作控制寄存器):包含数据传送的控制位。

* 两个 SPI 中断使能位;
* SPICLK 相位选择位;
* 工作模式(主控制器模式/从控制器模式)选择位;
* 数据传送使能位。

(3) SPISTS(SPI 状态寄存器):包含两个接收缓冲器状态位和一个发送缓冲器状态位。

* 接收器溢出标志位;
* SPI 中断标志位(SPI INT FLAG);
* 发送缓冲器满标志位。

(4) SPIBRR(SPI 波特率控制寄存器):包含确定传输速率的 7 位控制位。

(5) SPIRXEMU(SPI 仿真缓冲寄存器):存放接收的数据。该寄存器仅用于仿真。正常操作时采用 SPIRXBUF。

(6) SPIRXBUF(SPI 串行接收缓冲寄存器):存放接收的数据。

(7) SPITXBUF(SPI 串行发送缓冲寄存器):存放下一个要发送的字符。

(8) SPIDAT(SPI 数据寄存器):存放 SPI 要发送的数据,用作发送/接收移位寄存器。写入 SPIDAT 的数据在随后的 SPECLK 周期中被移出。对于从 SPI 移出的每一位,接收数据流都有一位被移入位移寄存器的另一端。

(9) SPIPRI(SPI 优先级控制寄存器):包含中断优先级控制位,在程序挂起时还能确定 XDS 仿真器的 SPI 操作。

11.1.4　同步串口模块 SPI 主从工作方式

主控制器通过发送 SPICLK 信号启动数据传输。主控制器和从控制器都是在 SPICLK 的一个边沿移出移位寄存器。如果 CLOCK PHASE(SPICTL.3)位为高电平,则数据在 SPICLK 跳变之前的半个周期被发送和接收。因此,两个控制器可同时发送和接收数据,数据的真伪由应用软件决定。

SPI 接口有 3 种可以使用的发送数据方式:

* 主控制器发送数据,从控制器发送伪数据;
* 主控制器发送数据,从控制器发送数据;
* 主控制器发送伪数据,从控制器发送数据。

主控制器可以控制 SPICLK 信号,故它可以在任何时刻启动数据传送。但是需要通过软件确定主控制器如何检测从控制器何时准备好发送数据。

同步串口 SPI 模块可以工作于主控制器模式,也可以工作于从控制器模式。主/从位(MASTER/SLAVE 位 SPICTL.2)用于选择操作模式和 SPICLK 信号的来源。

1. 主控制器模式

主控制器操作模式下(主/从=1,即 MASTER/SLAVE=1),SPI 通过 SPICLK(时钟)引脚为整个串行通信网络提供串行时钟。数据将从 SPISIMO 引脚输出,并将锁存 SPISOMI 引脚输入的数据。

SPIBRR 寄存器可以配置 126 种不同的传输速率,该寄存器决定了整个串行通信网络发送和接收数据的位传输率。写入 SPIDAT 或 SPITXBUF 的数据启动 SPISIMO 引脚的数据传送,数据最高有效位(MSB)最先发送。与此同时接收的数据通过 SPISIMO 引脚移入 SPIDAT 的最低有效位(LSB)。当设定的位发送完毕后,已接收的数据已入 SPIRXBUF(串行输入缓冲寄存器)供 CPU 读取。数据以右对齐的方式存储于 SPIRXBUF 寄存器中。

当指定数量的数据已经通过 SPIDAT 寄存器移出后,则会引起下列事件:

- SPIDAT 寄存器中内容将转存到 SPIRXBUF 寄存器。
- SPI 中断标志位(SPISTS.6)将置高电平。
- 如果 SPISTS 的 TXBUF FULL 位指示在串行发送缓冲寄存器 SPITXBUF 中有有效位的数据,则该数据将被传送到 SPIDAT 寄存器并发送出去;否则,所有位从 SPIDAT 寄存器移除后,SPICLK 时钟立即停止。
- 如果 SPI 中断使能位(SPICTL.0)置高电平,则产生中断。

在典型应用中,SPISTE 引脚用作从 SPI 控制器的片选控制信号。主控制器发送数据给从控制器前将 SPISTE 引脚置为低电平,待数据发送完毕后,再将 SPISTE 置为高电平。

2. 从控制器模式

从控制器操作模式下(主/从=0,即 MASTER/SLAVE=0),数据将从 SPISOMI 引脚输入,从 SPISIMO 引脚输出。外部网络主控器提供的串行移位时钟由 SPICLK 引脚输入,传输速率由此时钟决定,SPICLK 的输入频率应不超过 LSPCLK 频率的 1/4。

当从 SPI 设备检测到网络主控器发送的 SPICLK 信号的合适时钟边沿时,已经写入 SPIDAT 或 SPITXBUF 寄存器中的数据将被发送到整个通信网络。当要发送字符的所有位都移出 SPIDAT 寄存器后,SPITXBUF 寄存器中的数据将会传送到 SPIDAT 寄存器。

当 TALK 位(SPICTL.1)清零时,数据传送被禁止,输出引脚被置高阻状态,如果在数据发送期间将 TALK 位清零,即使输出引脚被迫设置成高阻状态,当前的字符也会被完全传送,以保证 SPI 仍然可以正确接收上传数据。TALK 位允许在网络上有多个从设备,但某一时刻只能有一个从设备驱动输出引脚。

SPISTE 是从器件的选通引脚。当 SPISTE 引脚为低电平时,允许从 SPI 设备向串行总线发送数据;当 SPISTE 为高电平时,从 SPI 串行移位寄存器停止工作,串行输出引脚被设置成高阻状态。一个通信网络可以连接多个从设备,但某一时刻只能一个从设备起作用。

11.1.5 同步 SPI 模块中断

1. SPI 中断控制位

SPI 有 5 个控制位用于初始化的中断,分别是:

- SPI ENT ENA 位(SPICTL.0)——SPI 中断使能位;

- SPI INT FLAG 位（SPISTS. 6）——SPI 中断标志位；
- OVERRUN INT ENA 位（SPICTL. 4）——超时中断使能位；
- RECEIVER OVERRUN FLAG 位（SPISTS. 7）——接收超时中断标志位；
- SPI PRIORITY（SPIPRI. 6）——SPI 优先级控制位。

1）SPI 中断使能位（SPICTL. 0）

当 SPI 中断使能位，且满足发生中断条件时，将产生一个相应的中断。

① SPI 中断使能位置 0，禁止 SPI 中断；

② SPI 中断使能位置 1，使能 SPI 中断。

2）SPI 中断标志位（SPISTS. 6）

SPI 中断标志位表示在 SPI 接收缓冲寄存器中已经存在一个字符，可以被读取。当一个完整的字符被移入或移出 SPIDAT 寄存器时，SPI 中断标志位被置位，若此时 SPI 中断使能位置 1，则产生一个中断。SPI 中断位一直保持置位状态，直到下列事件发生时才会清除该状态标志位。

① 中断确认；

② CPU 读取 SPIRXBUF 寄存器（读 SPIRXBUF 寄存器不清除 SPI 中断标志位）；

③ 使用 IDLE 指令使芯片进入 IDLE2 或 HALT 模式；

④ 使用软件清除 SPI SW RESET 位（SPICCR. 7）；

⑤ 发生系统复位。

当 SPI 中断标志置位时，一个字符已经存入 SPIRXBUF 寄存器，准备被 CPU 读取。如果 CPU 没有在下一个完整字符接收之前读取该字符，新的字符将被写入 SPIRXBUF 寄存器，此时接收超时中断标志位将被置位。

3）超时中断使能位（SPICTL. 4）

当接收超时中断标志位被硬件置位时，设置超时中断使能位允许产生一个中断。接收超时标志位（SPISTS. 7 位）产生的中断和 SPI 中断标志位（SPISTS. 6）共享同一个中断向量。

① 超时中断使能位置 0，禁止接收超时标志位中断；

② 超时中断使能位置 1，使能接收超时标志位中断。

4）接收超时标志位（SPISTS. 7）

当 SPIRXBUF 中前一个字符被读取前，又接收到一个新的字符，当新字符存储到 SPIRXBUF 寄存器时，接收超时标志位被置位。接收超时标志位的清除必须通过软件实现。

2. 数据格式

在字符数据中，SPICCR. 3～SPICCR. 0 这 4 个控制位指定字符的位数（1～16 位）。状态控制逻辑根据 SPICCR. 3～SPICCR. 0 的值计数接收和发送字符的位数，从而确定何时处理完一个完整字符。

根据条件给出 SPIRXBUF 寄存器的位传送，条件如下：

① 发送字符的长度等于 1（在 SPICCR. 3～SPICCR. 0 中指定）；

② SPIDAT 的当前值为 737BH。

3. 波特率和时钟设置

SPI 模块支持 125 种不同的波特率和 4 种不同的时钟方式。在主控制器模式下,SPI 通过 SPICLK 引脚向网络输出时钟,且时钟频率不能大于 LSPCLK 频率的 1/4。

1) 波特率的确定

下式给出了波特率的计算方法:

$$SPI\ 波特率 = \begin{cases} \dfrac{LSPCLK}{SPIBBR+1} & SPIBBR = 3 \sim 37 \\ \dfrac{LSPCLK}{4} & SPIBBR = 0,1\ 或\ 2 \end{cases}$$

式中,LSPCLK 为器件的低速外设时钟频率;SPIBBR 为主 SPI 模块 SPIBBR 寄存器的值。

为了确定 SPIBBR 寄存器中所写入的值,用户必须知道器件的系统时钟频率(LSPCLK)和用户希望使用的波特率。

2) 最大 SPI 波特率的计算

芯片能够进行通信的最大波特率为 LSPCLK 频率的 1/4。假设某器件的系统时钟频率 LSPCLK=40MHz,那么

$$最大\ SPI\ 波特率 = \frac{LSPCLK}{4} = \frac{40 \times 10^6}{4}\text{b/s} = 10 \times 10^6\ \text{b/s}$$

3) SPI 的时钟设计

时钟极性选择位(SPICCR.6)和时钟相位选择位(SPICTL.3)控制 LSPCLK 引脚上 4 种不同的时钟设计。时钟极性选择位选择有效的时钟信号沿(上升沿或者下降沿),时钟相位选择位选择时钟沿的半周期延时。4 种不同的时钟设计如下。

① 无相位延时的下降沿:SPICLK 为高电平有效。SPI 在 SPICLK 信号的下降沿发送数据,在 SPICLK 信号的上升沿接收数据。

② 有相位延时的下降沿:SPICLK 为高电平有效。SPI 在 SPICLK 信号的下降沿之前的半个周期发送数据,在 SPICLK 信号的下降沿接收数据。

③ 无相位延时的上升沿:SPICLK 为低电平有效。SPI 在 SPICLK 信号的上升沿发送数据,在 SPICLK 信号的下降沿接收数据。

④ 有相位延时的上升沿:SPICLK 为低电平有效。SPI 在 SPICLK 信号的上升沿之前的半个周期发送数据,在 SPICLK 信号的上升沿接收数据。

SPI 串行外设时钟设计的选择如表 11-3 所示。

表 11-3 外设时钟设计的选择

SPICLK 方案	时钟极性选择位 SPICCR.6	时钟相位选择位 SPICTL.3
无相位延时的下降沿	1	0
有相位延时的下降沿	1	1
无相位延时的上升沿	0	0
有相位延时的上升沿	0	1

对于 SPI 来说,当(SPIBRR+1)为偶数时,SPICLK 是对称的。当(SPIBRR+1)为奇数时,且 SPIBBR 大于 3 时,SPICLK 变成非对称。当时钟极性选择位清零时,SPICLK 的低脉冲比它的高脉冲多一个系统时钟;当时钟极性选择位置为高脉冲比它的低脉冲多一个系

统时钟。

4）复位的初始化

系统的复位是 SPI 外设模块进入下列默认配置状态：

① 该单元被配置成从控制器模块（主/从＝0 即 MASTER/SLAVE＝0）；

② 发送功能被禁止（TALK＝0）；

③ 在 SPICLK 信号的下降沿锁存输入的数据；

④ 字符长度设定为 1 位；

⑤ SPI 中断被禁止；

⑥ SPIDAT 寄存器中的数据复位为 0000H；

⑦ SPI 模块引脚功能被配置为通用的输入（在 I/O 多路复用控制寄存器 B[MCRB]中配置完成）。

为了改变 SPI 的这种配置，应进行以下操作：

① 清除 SPI 的 SW RESET 位（SPICCR.7），迫使串行外设接口进入复位状态；

② 初始化串行外设接口的配置、格式、波特率和所需的引脚功能；

③ 置 SPI 的 SW RESET 位为 1，将串行外设接口从复位状态释放；

④ 向 SPIDAT 或 SPITXBUF 寄存器写入数据（这就启动了主模式通信过程）；

⑤ 数据传送完成后（SPISTS.6＝1），读取 SPIRXBUF 中的数据。

为了防止在初始化改变期间或之后出现不需要和不可预见的情况，应在初始化改变之前清除 SPI SW RESETS 位（SPICCR.7），然后在初始化完成后设置该位。

注意：当通信正在进行时不要改变 SPI 的设置。

5）数据传送示例

用时序图可以描述了使用堆成 SPICLK 信号时，两个 SPI 器件之间进行长度为 5 位字符的 SPI 数据传送。说明如下：

① 从控制器将 0D0H 写入 SPIDAT 寄存器，并等待主控制器移出数据；

② 主控制器将从控制器的 SPISTE 信号置低（有效）；

③ 主控制器将 058H 写入到 SPIDAT 寄存器来启动传送过程；

④ 第一字节发送完成后，置位 SPI 中断标志位；

⑤ 从控制器从它的 SPIRXBUF 寄存器（右对齐）读取 0BH；

⑥ 从控制器 04CH 写入 SPIDAT 寄存器，且等待主控制器移出数据；

⑦ 主控制器将 06CH 写入 SPIDAT 寄存器，同时启动传送过程；

⑧ 主控制器从它的 SPIRXBUF 寄存器（右对齐）读取 01AH；

⑨ 第二字节发送完成后，置位 SPI 中断标志位；

⑩ 主从控制器分别从各自的 SPIRXBUF 寄存器读取 89H 和 8DH。在用户软件屏蔽了未使用的位后，主、从控制器分别接收 09H 和 0DH；

⑪ 主控制器将从控制器的 SPISTE 信号置高（无效）。

11.1.6 SPI 的 FIFO 功能介绍

本节通过具体步骤说明 FIFO 的特点，并对 SPI FIFO 的使用给出指导。

1. 复位

在上电复位后,SPI 工作在标准模式下,禁止 FIFO 功能。SPI 的发送寄存器 SPIFFTX、接收寄存器 SPIFFRX 和控制寄存器 SPIFFCT 都处于无效状态。

2. 标准 SPI

标准的 SPI 模式,将使用 SPITNT/SPIRXINT 作为中断源。

3. 模式转换

FIFO 模式的使能是通过设置接收寄存器 SPIFFRX 的 SPIFFEN 位为 1 来实现的。控制寄存器 SPIFFCT 能在操作的任何一个阶段复位 FIFO 模式。

4. 激活寄存器

所有的 SPI 寄存器和 SPI FIFO 寄存器 SPIFFTX、SPIFFRX 和 SPIFFCT 都将被激活。

5. 中断

FIFO 模式有两个中断,一个用于发送 FIFO(SPITXINT)中断,另一个用于接收 FIFO(SPIINT/SPIRXINT)中断。SPIINT/SPIRXINT 是 SPI FIFO 发送、接收错误和接收 FIFO 溢出的共用中断。标准 SPI 作为发送和接收的单一 SPIINT 中断被禁用,该中断将作为 SPI 接收 FIFO 中断。

6. 缓冲器

发送和接收缓冲器增加了两个 16×16 位的 FIFO。标准 SPI 功能的单字发送缓冲器(TXBUF)作为在发送 FIFO 和移位寄存器间的传送缓冲器。只有在移位寄存器的最后一位被移出后,单字发送缓冲器将从发送 FIFO 装载。

7. 延时发送

FIFO 中待发送的字传送入发送移位寄存器的速率是可编程的。SPIFFCT 控制寄存器的位(7~0)FFTXDLY7~FFTXDLY0 定义在两个字传送间的延时。这个延时以 SPI 串行时钟周期的个数来定义,8 位寄存器可以定义最小 0 个,最大 255 个串行时钟周期的延时。零延时表示 SPI 模块以连续模式发送数据,FIFO 字连续地移出。SPI 模块的最大发送延时模式可以有 255 个时钟延时,即 FIFO 中两个移出的数据字间有 255 个 SPI 时钟延时。由可编程延时的特点,使得 SPI 接口可以与多种低速 SPI 外设(如 RRPROMs、ADC、DAC 等)方便地直接通信。

8. FIFO 状态位

发送和接收 FIFO 都有状态位,分别为 TXFFST 和 RXFFST(位 12~0)。状态位用来定义任何时刻在 FIFO 中可获得的数字的量。当发送 FIFO 复位位 TXFIFO 和接收复位位 RXFIFO 被置 1 时,FIFO 指针将指向 0。FIFO 将在这两个状态位清零后重新开始操作。

9. 可编程的中断级别

发送和接收 FIFO 都能产生 CPU 中断。当发送 FIFO 状态位 TXFFST(位 12~8)和中断触发等级位 TXFFIL(位 4~0)匹配(小于或者等于)时,将触发中断,这就给 SPI 的发送和接收提供了一个可编程的中断触发。接收 FIFO 的触发等级位默认值为 0x11111,而发送 FIFO 的触发等级位默认值为 0x00000。

11.1.7 SPI 相关寄存器

SPI 中断标志模式如表 11-4 所示。

表 11-4　SPI 中断标志模式

FIFO 选项	SPI 中断源	中断标志	中断使能	FIFO 使能 SPIFFENA	中断线
SPI 不使用 FIFO	接收溢出	RXOVRN	OVRNINTENA	0	SPIRXINT
	数据接收	SPIINT	SPIINTENA	0	SPIRXINT
	发送空	SPIINT	SPIINTENA	0	SPIRXINT
SPI FIFO 模式	FIFO 接收	RXFFIL	RXFFIENA	1	SPIRXINT
	发送空	TXFFIL	TXFFIENA	1	SPIRXINT

SPI 的控制和访问是通过寄存器文件中的控制寄存器实现的。

1. SPI 配置控制寄存器（SPICCR）

如表 11-5 所示为 SPI 配置控制寄存器位功能描述。

表 11-5　SPI 配置控制寄存器（SPICCR）描述

位	名　称	功 能 描 述
7	SPI SW RESET	SPI 软件复位。当改变配置时，用户应该在改变前清零该位，并在恢复操作前置位该位。 ① 0：将 SPI 操作标志初始化为复位条件。特别是将接收器溢出标志位（SPISTS. 7）、SPI INT FLAG 位（SPI STS. 6）和 TXBUF FULL 标志位（SPISTS. 5）清除。SPI 配置保持不变。如果模块工作在主控制器模式，SPICLK 信号输出回到无效状态。 ② 1：SPI 准备发送或接收下一个字符。如果 SPI SW RESET 位为 0，则该位置位时写入发送器的字符将不会被移出，新字符必须写入串行数据寄存器
6	CLOCK PRIOROTY	移位时钟极性位。该位控制 SPICLK 信号的极性。 ① 0：数据在上升沿输出，下降沿输入。当无数据被传送时，SPICLK 处于低电平。数据的输入和输出边沿取决于时钟相位选择位（SPICTL. 3） • 时钟相位选择位＝0，SPI 在 SPICLK 信号的上升沿输出数据，在 SPICLK 信号的下降沿将输入数据锁存； • 时钟相位选择位＝1，SPI 在 SPICLK 信号第一个上升沿之前的半个周期和随后的下降沿输出数据，在 SPICLK 信号的上升沿将输入数据锁存。 ② 1：数据在下降沿输出、上升沿输入。当无数据被传送时，SPICLK 处于高电平。数据的输入/输出边沿取决于时钟相位选择位（SPICTL. 3）。 • 时钟相位选择位＝0，SPI 在 SPICLK 信号的下降沿输出数据，在 SPICLK 信号的上升沿将数据锁存； • 时钟相位选择位＝1，SPI 在 SPICLK 信号第一个下降沿之前的半个周期和随后的上升沿输出数据，在 SPICLK 信号的下降沿将输入数据锁存
5	保留位	读访问返回 0；写操作无效
4	SPILBK	SPI 环路返回位。环路返回模式允许模块在器件测试时验证，该模式只有在 SPI 为主控制器模式才有效 ① 0：禁用 SPI 环路返回模式； ② 1：使能 SPI 环路返回模式。SIMO/SOMI 线在内部连接在一起。用于模块自测
3～0	SPI CHAR3～SPI CHAR0	字符长度控制位 3～0，这 4 位决定了一个移位序列中单个字符被移入或移出的位数。表 11-6 列出了由位值选定的字符长度

表 11-6　SPICCR 的字符长度控制位值

SPI CHAR3	SPI CHAR2	SPI CHAR1	SPI CHAR0	字符长度
0	0	0	0	1
0	0	0	1	2
0	0	1	0	3
0	0	1	1	4
0	1	0	0	5
0	1	0	1	6
0	1	1	0	7
0	1	1	1	8
1	0	0	0	9
1	0	0	1	10
1	0	1	0	11
1	0	1	1	12
1	1	0	0	13
1	1	0	1	14
1	1	1	0	15
1	1	1	1	16

2. SPI 操作控制寄存器(SPICTL)

如表 11-7 所示为 SPI 控制寄存器功能描述。

表 11-7　SPI 控制控制寄存器(SPICTL)描述

位	名　称	功　能　描　述
7～5	保留位	读访问返回 0;写操作无效
4	Overrun INT ENA	溢出中断使能。接收器溢出标志位(SPISTS.7)由硬件置位时,该置位将产生一个中断。接收器溢出标志位和 SPI 中断标志位(SPISTS.6)共用一个中断向量。 ① 0:禁止接收器溢出标志位(SPISTS.7)中断; ② 1:使能接收器溢出标志位(SPISTS.7)中断
3	CLOCK PHASE	SPI 时钟相位选择。 该位控制着 SPICLK 信号的相位。时钟极性选择位和时钟相位选择位的组合形成 4 种不同的时钟方案。当时钟相位选择高电平时,无论 SPI 工作在主控制器模式下还是从控制器模式下,在数据写入 SPIDAT 寄存器后且在 SPICLK 信号的第 1 个信号沿到来之前,SPI 就绪第 1 位数据。 ① 0:无延时的 SPI 时钟方案,有效的时钟信号沿取决于时钟极性选择位(SPICCR.6); ② 1:SPICLK 信号延时半个周期,极性取决于时钟极性选择位(SPICCR.6)
2	MASTER/ SLAVE	SPI 网络控制位。该位决定 SPI 网络的工作模式为主控制器模式或是从控制器模式。 ① 0:SPI 配置为主控制器模式; ② 1:SPI 配置为从控制器模式

续表

位	名 称	功 能 描 述
1	TALK	主/从发送使能位。TALK 位能够通过设置串行数据输出线为高阻态来禁用数据发送。如果在传送过程中该位被禁用,发送移位寄存器将继续工作直至上一个字符被移出。TALK 位禁用时,SPI 仍然可以接受字符和更新状态标志。系统复位时,TALK 位被清空(禁用)。 ① 0:禁用发送。 • 从控制器模式:如果之前没有配置一个通用 I/O,SPISOMI 引脚被设置成高阻态; • 主控制器模式:如果先前没有配置一个通用 I/O 引脚,SPISIMO 引脚将被设置为高阻态。 ② 1:使能 4 个引脚的数据发送,确保使能接收器的 SPISTE 输入引脚
0	SPI INT ENA	SPI 中断使能位。该位控制产生发送/接收中断的能力。SPI 中断标志位(SPISTS.6)不受该位影响。 ① 0:禁用中断; ② 1:使能中断

3. SPI 状态寄存器(SPISTS)

如表 11-8 所示为 SPI 状态寄存器功能描述。

表 11-8　SPI 状态寄存器(SPISTS)描述

位	名 称	功 能 描 述
7	RECEIVER OVERRUN FLAG	SPI 接收器溢出标志位。当前一个字符还没有从缓冲器读出且接收或发送操作已经完成时,SPI 硬件置位该位。该位表示最后一个接受的字符已经被覆盖写入并因此而丢失
6	SPI INT FLAG	SPI 中断标志位。SPI 中断是一个只读标志。SPI 硬件置位该位来表示已经完整的接收或者发送字符的最后一位,准备好后续服务。该位置位的同时接收到的字符放在接收器缓冲器。如果 SPI INT ENA 位(SPICTL.0)被置位,该标志位将引起一个中断请求。 ① 0:写入 0 操作无效; ② 1:清除该位有 3 种方法。 • 读 SPIRXBUF; • 向 SPI SW RESET(SPICCR.7)写 0; • 复位系统
5	TX BUF FULL FLAG	SPI 发送缓冲器满标志位。当一个字符写入 SPI 发送缓冲寄存器 SPITXBUF 时该只读标志位被置 1。当上一个字节被完全移出,当前字节自动载入 SPIDAT 寄存器时该位被清除。 ① 0:写入 0 操作无效; ② 1:复位时清除该标志位
4~0	保留位	读访问返回 0,写操作无效

4. SPI 波特率寄存器(SPIBRR)

SPI 波特率寄存器 SPIBRR 中的各位用于选择波特率,如表 11-9 所示。

表 11-9 SPI 波特率寄存器(SPIBRR)描述

位	名 称	功 能 描 述
7	保留位	读访问返回 0;写操作无效
6~0		SPI 位率(波特)控制位。 如果 SPI 是网络的主控制器件,则这些位决定了位传输速率。有 125 种数据传输速率可供选择。每个 SPICLK 周期只有一个数据位移位。如果 SPI 是网络的从控制器件,该模块通过 SPICLK 引脚接收来自网络主控制器件的时钟,因此 SPI 波特率控制位对 SPICLK 信号没有影响。主控制器输入的时钟频率应不超过从 SPI 器件 SPICLK 信号的 1/4。 主控制器模式中,SPI 时钟由 SPI 产生并从引脚 SPICLK 输出。SPI 的波特率由下面的公式计算,SPI 波特率为 $$SPI\ 波特率 = \begin{cases} \dfrac{LSPCLK}{SPIBBR+1} & SPIBBR = 3 \sim 37 \\ \dfrac{LSPCLK}{4} & SPIBBR = 0,1\ 或\ 2 \end{cases}$$ 式中的 LSPCLK 为器件的低速外设时钟频率的函数;SPIBRR 为主 SPI 模块 SPIBRR 寄存器的值

5. SPI 仿真缓冲寄存器(SPIRXEMU)

SPI 仿真缓冲寄存器 SPIRXEMU 保存了待接收的数据。读 SPIRXEMU 不会清除 SPI 中断标志位(SPISTS.6)。SPIRXEMU 不是一个真实的寄存器而是一个虚拟地址,从该地址仿真器可以读出 SPIRXBUG 的内容而不清除 SPI 中断标志位。仿真缓冲器寄存器 SPIRXEMU 的各位如表 11-10 所示。表 11-10 所列为 SPI 仿真缓冲寄存器功能描述。

表 11-10 SPI 仿真缓冲器寄存器 SPIRXEMU 描述

位	名 称	功 能 描 述
15~0	ERXB 15~ERXB 0	仿真缓冲器接收的数据位。SPIRXEMU 寄存器与 SPIRXBUF 寄存器功能几乎相同,唯一区别是 SPIRXEMU 寄存器不会清除 SPI 中断标志位(SPISTS.6)。一旦 SPIDAT 寄存器接收到完整的字符,该字符就传送到 SPIRXEMU 和 SPIRXBUF 寄存器,在这两个寄存器中字符会被读取。同时 SPI 中断标志位被置位。创建该镜像寄存器是为了支持仿真

6. SPI 串行接收缓冲器寄存器(SPIRXBUF)

SPI 串行接收缓冲器寄存器(SPIRXBUF)保存了待接收的数据。读 SPIRXBUF 清除 SPI 中断标志位(SPISTS.6)。如表 11-11 所示为 SPI 串行接收缓冲器寄存器(SPIRXBUF)功能描述。

表 11-11 SPI 仿真缓冲寄存器功能描述

位	名 称	功 能 描 述
15~0	ERXB 15~ERXB 0	接收到的数据位。一旦 SPIDAT 寄存器接收到完整的字符,字符将被移入 SPIRXBUF 寄存器。在 SPIRXBUF 寄存器中字符可被读取。与此同时,SPI 中断寄存器标志位(SPISTS.6)被置位。由于数据首先被移位到 SPI 的最高有效位,所以数据在该寄存器中采用右对齐方式存储

7. SPI 串行发送缓冲寄存器（SPITXBUF）

串行发送缓冲寄存器 SPITXBUF 存储要发送的下个字符,其各位功能如表 11-12 所列。

表 11-12　SPI 仿真缓冲寄存器功能描述

位	名　称	功 能 描 述
15～0	TXB 15～TXB 0	发送数据缓冲器位。存储要发送的下一个字符。当前发送的字符已经发送完成后,如果 TX BUF FULL 标志位被置位了,那么该寄存器中的内容将会自动载入 SPIDAT 寄存器,与此同时 TX BUF FULL 标志位将被清除。数据写入 SPITXBUF 寄存器必须采用左对齐的方式

向 SPITXBUF 寄存器写操作置位（SPISTS.5）。当前字符发送结束时,该寄存器中内容自动装载到 SPIDAT,同时 TX BUF FULL 被清除。如果当前没有有效的传送,被写入此寄存器的数据传送到 SPIDAT 失败且 TX BUF FULL 不被置位。在主控制器模式下,如果当前没有有效的传送,对 SPITXBUF 寄存器写入操作会初始化一个发送过程,就像以同样的方式写入 SPIDAT 寄存器一样。

8. SPI 串行数据寄存器（SPIDAT）

SPIDAT 是发送/接收移位寄存器,其各位功能如表 11-13 所示。写入 SPIDAT 寄存器的数据将在下一个 SPICLK 周期被依次移出（从最高有效位依次移出）。对于移出 SPI 的每一位（最高有效位）都对应一位被移入移位寄存器的最低有效位。

表 11-13　SPI 串行数据寄存器（SPIDAT）描述

位	名　称	功 能 描 述
15～0	SDAT 15～SDAT 0	串行数据位。 写入 SPIDAT 寄存器的操作执行两种功能: ① TALK 位被置位时,SPIDAT 寄存器提供了将被输出到串行输出引脚的数据; ② 当 SPI 工作于主控制器模式时,开始传送数据

9. SPI FIFO 发送,接收和控制寄存器

SPI FIFO 发送寄存器 SPIFFTX 各位功能描述如表 11-14 所示。

表 11-14　SPI FIFO 发送寄存器（SPFIFOIFFTX）描述

位	名　称	功 能 描 述
15	SPIRST	SPI 复位位。 ① 0:写 0 复位 SPI 的发送和接收渠道,SPI FIFO 寄存器配置位保持不变; ② 1:SPI FIFO 能够恢复发送和接收,对 SPI 寄存器没有影响
14	SPIFFENA	SPI FIFO 增强功能使能位位。 ① 0:禁用 SPI FIFO 增加功能; ② 1:使能 SPI FIFO 增加功能
13	TXFIFO	发送 FIFO 复位位。 ① 0:写 0 复位 FIFO 指针为 0,且一直处于复位; ② 1:再次使能发送 FIFO 工作

续表

位	名　称	功　能　描　述
12～8	TXFFST4～0	发送 FIFO 状态位。 ① 00000：发送 FIFO 空； ⋮ ㉜ 10000：发送 FIFO 有 16 个字
7	TXFFINT	TXFIFO 中断只读位。 ① 0：没有发生 TXFIFO 中断； ② 1：已经发生 TXFIFO 中断
6	TXFFINT CLR	TXFIFO 清除位。 ① 0：写 0 对 TXFFINT 标志位没有影响，读该位时返回 0； ② 1：写 1 清除 TXFFINT 标志位
5	TXFFIENA	TXFIFO 中断使能位。 ① 0：禁用基于 TXFFIBL 匹配（小于或等于）的 TX FIFO 中断； ② 1：使能基于 TXFFIBL 匹配（小于或等于）的 TX FIFO 中断
4～0	TXFFIL4～0	发送 FIFO 中断等级位。 当发送 FIFO 状态位（TXFFST4～0）和发送 FIFO 中断等级位（TXFFIL4～0）匹配（小于或等于）时，发送 FIFO 将产生中断。 0000 默认值为 0x00000

SPI FIFO 接收寄存器 SPIFFRX 各位功能描述如表 11-15 所示。

表 11-15　SPI FIFO 接收寄存器 SPIFFRX 描述

位	名　称	功　能　描　述
15	RXFFOVF Flag	接收 FIFO 溢出标志位。 ① 0：接收 FIFO 没有溢出 ② 1：接收 FIFO 已经溢出。FIFO 已经接收了多于 16 个字，第 1 个接收的字已经丢失
14	RXFFOVF CLR	接收 FIFO 溢出清除位。 ① 0：写 0 不影响 RXFFOVF 标志位，读操作返回 0； ② 1：写 1 清除 RXFFOVF 标志位
13	RXFIFO Reset	接收 FIFO 复位位。 ① 0：写 0 复位接收 FIFO 指针为 0，且一直处于复位； ② 1：再次使能接收 FIFO 工作
12～8	RXFFST4～0	接收 FIFO 状态位。 ① 00000：接收 FIFO 空； ⋮ ㉜ 10000：接收 FIFO 有 16 个字。接收 FIFO 最多有 16 个字
7	RXFFINT Flag	接收 FIFO 中断，只读位。 ① 0：RXFIFO 中断没有发生； ② 1：RXFIFO 中断已经发生
6	RXFFINT CLR	接收 FIFO 中断清除位。 ① 0：写 0 不影响 RXFIFINT 标志位，读操作返回 0； ② 1：写 1 清除 RXFIFINT 标志位

续表

位	名　称	功　能　描　述
5	RXFFIENA	RX FIFO 中断使能位。 ① 0：禁用基于 RXFFIL 匹配(小于或等于)的 RX FIFO 中断； ② 1：使能基于 RXFFIL 匹配(小于或等于)的 RX FIFO 中断
4~0	RXFFIL4~0	接收 FIFO 中断等级位。 当接收 FIFO 状态位(RXFFST4~0)大于或等于 FIFO 等级位(R 接收 XFFIL4~0)匹配(小于或等于)时，接收 FIFO 将产生中断。默认值为 11111。这样可以避免复位后的重复中断，因为接收 FIFO 大多数时间为空

SPI FIFO 控制寄存器 SPIFFCT 各位功能描述如表 11-16 所示。

表 11-16　SPI FIFO 控制寄存器(SPIFFCT)描述

位	名　称	功　能　描　述
15~8	Reserved	保留位
7~0	FFTXDLY7~0	FIFO 发送延时位。 ① 0：这些位决定了每次从 FIFO 发送缓冲器到发送移位寄存器之间传送的延时。 延时定义为 SPI 串行时钟周期的个数。 8 位寄存器能够设置最小 0 个，最大 255 个串行时钟周期延时。 ② 1：在 FIFO 模式，位于移位寄存器和 FIFO 之间的缓冲器(TXBUF)只有在移位寄存器最后一位被移出后才会被加载。这需要在向数据流传送的过程中传递延时时间。FIFO 模式中，TXBUF 不能够作为一个附加级的缓冲器

10. SPI 优先级控制寄存器(SPIPRI)

SPI 优先级控制寄存器 SPIPRI 各位功能描述如表 11-17 所示。

表 11-17　SPI 优先级控制寄存器(SPIPRI)描述

位	名　称	功　能　描　述
7~6	Reserved	读访问返回 0；写操作无效
5~4	SPI SUS PSOFT SPI SUSP FREE	这两位决定了当仿真器挂起时(例如调试遇到断点)的操作。该外设在自由运行模式下，无论处于什么状态都可连续，如果在停止模式，它可立即停止或者当前操作(当前的接收/传送序列)完成后停止。 ① 00：当 TSUSPEND 信号提出时，发送将立即中途停止。如果没有系统复位，一旦 TSUSPEND 信号撤销，DATBUF 中剩余的位被移出。 ② 10：如果仿真器挂起发生在一次传送的开始前(即第一个 SPICLK 脉冲前)，传送将不会发生。如果仿真器挂起发生在一次传送开始后，数据将被全部移出。何时启动发送取决于使用的波特率。 • 标准 SPI 模式：发送完移位寄存器和缓冲器中数据，即 TXBUF 和 SPIDAT 空后停止工作。 • FIFO 模式：发送完移位寄存器和缓冲器中数据即 TXFIFO 和 SPIDAT 空后停止工作。 ③ X1 自由运行。SPI 持续工作，无论是否有挂起
3~0	Reserved	读访问返回 0；写操作无效

11.2 异步串口 SCI 模块

11.2.1 异步串口 SCI 模块概述

双线 SCI(Serial Communication Interface,异步串行端口)是具有发送和接收两根信号线的异步串口,就如 UART。异步串口 SCI 模块支持 CPU 和其他使用标准不归零格式(NRZ)的异步外围设备间的数字通信。TMS320F2833x 的内部具有两个相同的 SCI 模块,SCIA 和 SCIB。每个模块各有一个接收器和发送器,SCI 发送器和接收器各自具有一个 16 级深度的 FIFO,并各自具有独立的使能位和中断位,发送器和接收器之间既可进行半双工通信,也可进行全双工通信。SCI 与 CPU 间的接口如图 11-3 所示。

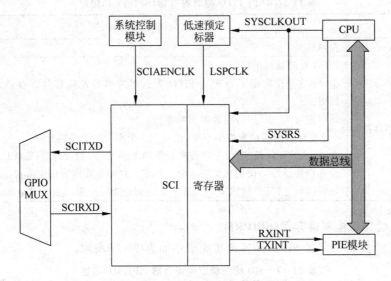

图 11-3 SCI 与 CPU 间的接口

1. 异步串口 SCI 的模块特征

① 异步串口 SCI 模块有两个引脚：SCITXD 和 SCIRXD。这两个引脚是复用引脚,分别对应于 GPIOF 模块的第 4 位和第 5 位。在编程初始化时,需要将 GPIOMUX 的第 4 位和第 5 位置 1,否则两个引脚是 I/O 口。

② SCI 的 4 种错误检测标志：极性错误,超时错误,帧错误,间断检测。

③ 多处理器模式下 SCI 的唤醒方式：空闲线和地址位。

④ 半双工或全双工操作。

⑤ 异步串口 SCI 模块具有独立的发送中断使能位和接收中断使能位,发送和接收可以通过中断方式或查询方式实现。

⑥ 16 级深度发送/接收 FIFO。

2. 异步串口 SCI 的模块信号

异步串口 SCI 的模块信号如表 11-18 所示。

表 11-18 SCI 模块信号

信 号 分 类	信 号 名 称	信 号 说 明
外部信号	SCIRXD	SCI 异步串口接收数据
	SCITXD	SCI 异步串口发送数据
控制信号	LSPCLK	低速外设预定标时钟
中断信号	TXINT	发送中断
	RXINT	接收中断

3. 多处理器和异步通信模式

SCI 拥有两个多处理器协议：空闲多处理器模式和地址位多处理器模式。当两个处理器进行通信时，如 PC 和 DSP 或者两个 DSP 之间，更适合使用空闲线方式；当多处理器进行通信时，一般会使用地址位处理方式。这些协议允许在多处理器之间进行有效的数据传送。

4. 异步串口 SCI 模块通信的数据格式

SCI 接收和发送数据都使用 NRZ(不归零)格式。NRZ 数据格式组成为：

* 1 位起始位；
* 1~8 位数据位；
* 1 位奇偶校验位(可选择)；
* 1~2 位停止位；
* 1 位附加位用于区分地址和数据(只用于地址位模式)。

典型的 SCI 数据帧格式如图 11-4 所示。

图 11-4 典型的 SCI 数据帧格式

5. 异步串口 SCI 的通信格式

SCI 的数据帧包括 1 个起始位，1~8 个数据位，1 个可选的奇偶校验位和 1 或 2 个停止位。每个数据位占用 8 个 SCI 的时钟周期 SCICLK，即 LSPCLK。SCI 的接收器在收到一个起始位后开始工作。如果 SCIRXD 连续检测到 4 个 SCICLK 的低电平，SCI 就认为接收到了一个有效的起始位，否则就要寻找新的起始位。对于每个帧起始位后面的数据位，CPU 采用多数表决的机制来确定该位的值，具体的做法是在第 4，5，6 个 SCICLK 周期进行采样，3 次采样中两次以上相同的值即为最终接收值。

6. 异步串口 SCI 模块通信的波特率

内部生成的串行时钟由低速外设时钟(LSPCLK)和波特率选择寄存器决定。BRR 为波特率选择寄存器中的值。BRR 从十进制转换为十六进制后，高 8 位存入 SCIHBAUD，低 8 位存入 SCILBAUD。SCI 可以通过编程实现 64K 种不同的波特率进行传输。表 11-19 列出了各种寄存器值对应的波特率。

表 11-19　常用 SCI 波特率的确定

LSPCLK=37.5MHz			
理想波特率/b·s^{-2}	BRR	实际波特率	误差%
2400	1952	2400	0
4800	976	4798	−0.04
9600	487	9606	0.06
19200	243	19211	0.06
38400	121	38422	0.06

7. 异步串口 SCI 模块的中断

SCI 会产生两种中断：接收中断 RXINT 和发送中断 TXINT。SCI 可以工作在标准的 SCI 模式下，也可以工作在增强的 FIFO 模式下，在不同模式下，中断信号产生的情况会有所不同。

（1）在标准 SCI 模式下。

当 SCIFFTX 寄存器的 SCIFFENA 位为 0，也即 FIFO 模块未使能时，SCI 工作于标准 SCI 模式。对于接收操作，当 RXSHF 将接收到的数据写入 SCIRXBUF，等待 CPU 读取时，接收缓冲器就绪标志位 RXRDY 被置位，表示已经接收了一个数据，同时产生了一个接收中断 RXINT 的请求信号。如果 SCI 的控制寄存器 SCICTL2 的位 RX/BKINTENA 为 1，也即接收中断已经使能，此时 SCI 会向 PIE 控制器提出中断请求。

通过接收中断的中断使能位 RX/BKINTENA 可以看出，RXINT 是一个复用的中断。当 SCI 接收出现错误（RX ERROR）时，或者当 SCI 接收出现中断（RX BREAK），都会产生接收中断 RXINT 的请求信号。当极性错误、超时错误、帧错误、间断检测这 4 种错误检测标志位中任何一个标志位被置 1，SCI 的接收错误标志 RX ERROR 就会被置 1，同时产生 RXINT 的中断请求信号。如果 SCI 的控制寄存器 SCICTL1 的位 RXERRINTENA 位为 1，也就是接收中断已经使能，那么 SCI 将向 PIE 提出中断请求。

从 SCI 丢失第 1 个停止位起，如果 SCIRXD 连续接收了至少 10 位的低电平，则 SCI 认为接收产生了一次间断，此时 SCI 接收状态寄存器 SCIRXST 的位 BRKDT 被置位，即间断检测标志位被置位，同时产生 RXINT 的中断请求信号。如果 SCI 的控制寄存器 SCICTL2 的位 RX/BKINTENA 为 1，也即接收中断已经使能，此时 SCI 会向 PIE 控制器提出中断请求。

对于发送操作，当发送缓冲寄存器 SCITXBUF 将数据写入发送移位寄存器 TXSHF，SCITXBUF 为空，发送缓冲器就绪标志位 TXRDY 被置位，表示 CPU 将下一个发送的数据写到 SCITXBUF，同时产生一个发送中断 TXINT 的请求信号。如果 SCI 的控制寄存器 SCICTL2 的位 TXINTENA 为 1，也即发送中断已经使能，此时 SCI 会向 PIE 控制器提出中断请求。

（2）在 FIFO 模式下。

当 SCIFFTX 寄存器的 SCIFFENA 位为 1，也即 FIFO 模块使能时，SCI 工作于 FIFO 模式。接收 FIFO 队列有状态位 RXFFST，表示接收 FIFO 有多少个接收到的数据。同时

SCI FIFO 接收寄存器 SCIFFRX 还有一个可编程的中断级位 RXFFIL。当 RXFFST 和预设的 RXFFIL 值相等时，接收 FIFO 就会产生接收中断 RXINT 信号，如果 SCIFFRX 寄存器的位 RXFFIENA 为 1，也就是 FIFO 接收中断已使能，那么 SCI 将向 PIE 控制器提出中断请求。

同工作于标准 SCI 模式类似，接收 FIFO 的接收中断 RXINT 也是复用的。当 SCI 接收出现错误（RX ERROR）时，也会产生接收中断 RXINT 的请求信号。

对于发送操作，发送 FIFO 队列有状态位 TXFFST，表示发送 FIFO 中有多少个数据需要发送。同时 SCI FIFO 发送寄存器 SCIFFTX 也有一个可编程的中断级位 TXFFIL。当 TXFFST 的值与预设的 TXFFIL 值相等时，发送 FIFO 就会产生发送中断 TXINT 信号，如果 SCIFFTX 寄存器的位 TXFFIENA 为 1，也就是 FIFO 发送中断已经使能，SCI 将向 PIE 提出中断请求，见表 11-20。

表 11-20　SCI 的中断

工作模式	SCI 中断源	中断标志位	中断使能位	SCIFFENA	中断线
标准 SCI 模式	接收完成	RXRDY	RX/BKINTENA	0	RXINT
	接收错误	RXERR	RXERRINTENA	0	RXINT
	接收间断	BRKDT	RX/BKINTENA	0	RXINT
	发送完成	TXRDY	TXINTENA	0	TXINT
FIFO 模式	接收错误和接收间断	RXEER	RXERRINTENA	1	RXINT
	FIFO 接收中断	RXFFIL	RXFFIENA	1	RXINT
	FIFO 发送中断	TXFFIL	TXFFIENA	1	TXINT

11.2.2　异步串口 SCI 模块多处理器通信模式

多处理器通信，顾名思义，就是多个处理器之间进行数据通信。SCI 处理器之间的通信原理是：在某一时刻，一个处理器只能和其他处理器中的一个进行数据传输。当一个处理器给某一个处理器发送数据时，处理器和其他的处理器之间的通路都会出现相同数据，且数据包含着接收方的地址信息。在接收数据时，处理器首先进行地址核对，如果地址符合，才读取数据。根据地址信息识别方式的不同，多处理器通信方式分为空闲线模式和地址位模式。

1. 地址位多处理器通信模式

处理器的信息称为数据块，数据块由帧组成。数据块的第 1 帧是地址信息，接下去的帧是数据信息，在一些空闲周期后又有 1 个数据块，块中的第 1 帧也是地址信息，后面是数据信息。在块内，第 1 帧地址信息后面的一位是 1，代表此帧是地址信息；第 2 帧数据信息后面的 1 位是 0，代表此帧是数据信息。这个位就是地址位，用于识别帧是数据信息还是地址信息，这种在通信格式中加入地址位来判断帧是数据信息还是地址信息的方式称为多处理器通信的地址位模式。

2. 空闲线多处理器通信模式

在空闲线多处理器通信模式中,没有地址位,块与块间的空闲周期明显长于块内帧与帧之间的空闲周期。当一个帧之后有一段 10 位或者更长的空闲周期,就表明新的数据块开始了。

11.2.3 异步串口 SCI 模块相关寄存器

SCI 的功能都是可以通过对寄存器的设置来实现 SCI 通信格式初始化,包括工作模式和协议、波特率、数据格式和中断使能等。

SCIA 的寄存器见表 11-21,SCIB 的寄存器见表 11-22。

表 11-21 SCIA 寄存器

寄存器名	地址范围	尺寸(×16 位)	说　明
SCICCR	0x00007050	1	SCIA 通信控制寄存器
SCICTL1	0x00007051	1	SCIA 控制寄存器 1
SCIHBAUD	0x00007052	1	SCIA 波特率寄存器高位
SCILBAUD	0x00007053	1	SCIA 波特率寄存器低位
SCICTL2	0x00007054	1	SCIA 控制寄存器 2
SCIRXST	0x00007055	1	SCIA 接收状态寄存器
SCIRXEMU	0x00007056	1	SCIA 接收仿真数据缓冲寄存器
SCIRXBUF	0x00007057	1	SCIA 接收数据缓冲寄存器
SCITXBUF	0x00007059	1	SCIA 发送数据缓冲寄存器
SCIFFTX	0x0000705A	1	SCIA FIFO 发送寄存器
SCIFFRX	0x0000705B	1	SCIA FIFO 接收寄存器
SCIFFCT	0x0000705C	1	SCIA FIFO 控制寄存器
SCIPRI	0x0000705F	1	SCIA 优先权控制寄存器

表 11-22 SCIB 寄存器

寄存器名	地址范围	尺寸(×16 位)	说　明
SCICCR	0x00007750	1	SCIB 通信控制寄存器
SCICTL1	0x00007751	1	SCIB 控制寄存器 1
SCIHBAUD	0x00007752	1	SCIB 波特率寄存器高位
SCILBAUD	0x00007753	1	SCIB 波特率寄存器低位
SCICTL2	0x00007754	1	SCIB 控制寄存器 2
SCIRXST	0x00007755	1	SCIB 接收状态寄存器
SCIRXEMU	0x00007756	1	SCIB 接收仿真数据缓冲寄存器
SCIRXBUF	0x00007757	1	SCIB 接收数据缓冲寄存器
SCITXBUF	0x00007759	1	SCIB 发送数据缓冲寄存器
SCIFFTX	0x0000775A	1	SCIB FIFO 发送寄存器
SCIFFRX	0x0000775B	1	SCIB FIFO 接收寄存器
SCIFFCT	0x0000775C	1	SCIB FIFO 控制寄存器
SCIPRI	0x0000775F	1	SCIB 优先权控制寄存器

1. SCI 通信寄存器

SCICCR 各位说明见表 11-23。

表 11-23　SCICCR 各位说明

位	名　称	说　明
7	STOP BITS	该位表示发送的结束位个数。 ① 1：2 个结束位； ② 0：1 个结束位
6	EVEN/ODD PARITY	奇偶校验位选择。 ① 1：偶极性校验； ② 0：奇极性校验
5	PARITY ENABLE	SCI 奇偶校验使能位。 ① 1：奇偶校验位使能； ② 0：奇偶校验位禁止
4	LOOPBACKENA	回送测试模式使能。 ① 1：使能； ② 0：禁止
3	ADDR/IDLE MODE	SCI 多处理模式控制位。 ① 1：选择地址位模式协议； ② 0：选择空闲线模式协议
2~0	SCI CHAR2~SCI CHAR0	字符长度控制位如下： <table><tr><td>SCI CHAR2~SCI CHAR0</td><td>字符长度（位）</td></tr><tr><td>000</td><td>1</td></tr><tr><td>001</td><td>2</td></tr><tr><td>010</td><td>3</td></tr><tr><td>011</td><td>4</td></tr><tr><td>100</td><td>5</td></tr><tr><td>101</td><td>6</td></tr><tr><td>110</td><td>7</td></tr><tr><td>111</td><td>8</td></tr></table>

2. SCI 控制寄存器 1

SCICTL1 各位说明见表 11-24。

表 11-24　SCICTL1 各位说明

位	名　称	说　明
7	Reserved	保留位。读操作时，返回 0；写操作时，无影响
6	RXEER INTENA	SCI 接收错误中断使能位。 ① 1：启动接收错误中断； ② 0：禁止接收错误中断
5	SW RESET	SCI 软件复位（低有效）
4	Reserved	保留位。读操作时，返回 0；写操作时，无影响

续表

位	名　称	说　明
3	TXWAKE	SCI 发送器唤醒方式选择。 ① 1：根据通信模式的不同选择发送特征； ② 0：发送特征不被选择
2	SLEEP	休眠位。 ① 1：启动睡眠模式； ② 0：禁止睡眠模式
1	TXENA	发送器使能位。 ① 1：启动发送器工作； ② 0：禁止发送器工作
0	RXENA	接收器使能位。 ① 1：将接收到的字符发送到 SCIRXEMU 和 SCIRXBUF； ② 0：禁止接收的字符发送到 SCIRXEMU 和 SCIRXBUF

3. SCI 控制寄存器 2

SCI 控制寄存器 SCICTL2 各位说明见表 11-25。

表 11-25　SCI 控制寄存器 SCICTL2 各位说明

位	名　称	说　明
15～8	Reserved	保留位。
7	TXRDY	发送器缓冲寄存器就绪标志位。 ① 1：SCITXBUF 准备接收下一个字符； ② 0：SCITXBUF 满
6	TX EMPTY	发送器空标志。 ① 1：发送器缓冲和移位寄存器都空； ② 0：发送器缓冲或者移位寄存器都装载了数据
5～2	Reserved	保留位。读操作时，返回 0；写操作时，无影响
1	RX/BK INTENA	接收中断使能位。 ① 1：使能 RXRDY/BRKDT 中断； ② 0：禁止 RXRDY/BRKDT 中断
0	TX INT ENA	① 1：使能 TXRDY 中断； ② 0：禁止 TXRDY 中断

SSCI 接收器状态寄存器（SCIRXST）位说明见表 11-26。

表 11-26　SSCI 接收器状态寄存器（SCIRXST）位说明

位	名　称	说　明
7	RX ERROR	SCI 接收器错误标志位。表示接收状态寄存器中的某一个标志位被置位。它是间断检测、帧错误、溢出和奇偶校验错误使能标志（位 5～2：BRKDT，FE，OE 和 PE）的逻辑或操作。此位为 1，则在 RX ERR INT ENA（SCICTL1.6）置位时引发一个中断。在中断服务程序中，该位可用于快速错误条件检测。该位不能直接清除，要用一个有效的 SW RESET 或者一个系统复位来清除。 0：无错误标志位；1：有错误标志位

位	名　称	说　明
6	RXRDY	SCI 接收器就绪标志位。如果 SCIRXBUF 寄存器中的一个新字符已准备好可被 CPU 读取，则接收器置位此位；并且如果 RX/BK INT ENA 位(SCICTL2.1)置 1，会产生一个接收器中断。读取 SCIRXBUF 寄存器或者有效的软件复位或系统复位，都会清除 RXRDY。 0：SCIRXBUF 中没有新的字符；1：准备从 SCIRXBUF 中读取字符
5	BRKDT	SCI 间断检测标志位。当一个间断条件发生时，SCI 置位此位。在丢失第一个停止位后，当 SCI 接收数据线(SCIRXD)连续保持至少 10 位以上的低电平时，将发生一个间断条件。如果 RX/BK INT ENA 位为 1，间断的发生会引发一个接收器中断，但是间断不会引起接收缓冲器从新载入数据。即使接收器 SLEEP 位置 1，BRKDT 中断也能发生。BRKDT 可由一个有效的软件复位(SW RESET)或者系统复位来清除。检测到间断后，字符的接收不会清除该位。为了接收更多的字符，SCI 必须通过触发软件复位或者系统复位来复位。 0：无间断产生；1：有间断条件发生
4	FE	SCI 帧错误标志位。当 SCI 检测不到一个期望的停止位时，将置位此位。只有第一个停止位才会被 SCI 检测。缺失的停止位表明没有和起始位同步，且字符帧是错误的。该位可通过清除 SW REST 位或者系统复位来复位。 0：未检测到帧错误；1：检测到帧错误
3	OE	SCI 溢出错误标志位。在前一个字符被 CPU 或 DMCA 完全读取前，另一个字符就被传入 SCIRXEMU 和 SCIRXBUF 寄存器时，SCI 置位此位。前一个字符将被覆盖并丢失。可通过一个有效的软件复位或系统复位来复位该位。 0：未检测到溢出错误；1：检测到溢出错误
2	PE	SCI 奇偶校验错误标志位。当接收到的一个字符中高电平的个数与其奇偶校验位不匹配，此标志位置位。地址位包含在计算机中，如果奇偶校验的产生和检测被禁止，则 PE 标志被禁用且读取为 0。PE 位可通过一个有效的软件复位或系统复位来复位 0：无奇偶校验错误或奇偶校验被禁用；1：检测到奇偶校验错误
1	RXWAKE	接收器唤醒检测标志位。此位为 1 表明检测到一个接收器唤醒条件。在地址位多处理器模式(SCICCR.3＝1)中，RXWAKE 反映了 SCIRXBUF 中所包含字符地址位的值。在空闲线多处理器模式中，如果 SCIRXD 数据线检测为空闲，则 RXWAKE 被置位。RXWAKE 是一个只读标志位，由以下之一清除： • SCIRXBUF 的地址字节之后传送的第一个字节 • 读取 SCIRXBUF 寄存器 • 一个有效的软件复位 • 系统复位
0	Reserved	读取为 0，写入无效

SCI 接收数据缓冲寄存器(SCIRXBUF)说明见表 11-27。

表 11-27　SCI 接收数据缓冲寄存器(SCIRXBUF)说明

位	名　称	说　明
15	SCIFFFE	SCI FIFO 帧错误标志位(只在 FIFO 使能时可用)。 0：接收字符位 7～0 时，无帧错误发生。此位与 FIFO 顶端字符有关。 1：接收字符位 7～0 时，有帧错误发生。此位与 FIFO 顶端字符有关
14	SCIFFPE	SCI FIFO 奇偶校验错误标志位(只在 FIFO 使能时可用)。 0：接收字符位 7～0 时，无奇偶校验错误发生。此位与 FIFO 顶端字符有关。 1：接收字符位 7～0 时，有奇偶校验错误发生。此位与 FIFO 顶端字符有关
13～8	Reserved	保留
7～0	RXDT7～0	接收数据位

SCI FIFO 发送寄存器(SCIFFTX)见表 11-28。

表 11-28　SCI FIFO 发送寄存器(SCIFFTX)

位	名　称	说　明
15	SCIRST	SCI 复位位。 ① 0：写入 0，复位 SCI 发送和接收通道。SCI FIFO 寄存器配置位保持不变； ② 1：SCI FIFO 可以重新发送或接收，即便是工作在自动波特率逻辑时，SCIRST 也应为 1
14	SCIFFENA	SCI FIFO 使能。 ① 0：禁用 SCI FIFO 增强功能； ② 1：使能 SCI FIFO 增强功能
13	TXFIFO Reset	发送 FIFO 复位位。 ① 0：复位 FIFO 指针为 0，并保持复位状态； ② 1：再次使能发送 FIFO 操作
12～8	TXFFST4～0	00000 发送 FIFO 为空； 00001 发送 FIFO 有 1 个字； … 10000 发送 FIFO 有 16 个字
7	TXFFINT Flag	发送 FIFO 中断位 0：TXFIFO 中断没有发生，只读位 1：TXFIFO 中断发生，只读位
6	TXFFINT CLR	发送 FIFO 清除位 0：写入 0 对 TXFFINT 标志位无效，读取此位为 0 1：写入 1 清除第 7 位的发送 FIFO 中断标志
5	TXFFIENA	发送 FIFO 中断使能位 0：禁止基于 TXFFIVL 匹配(小于等于)的发送 FIFO 中断 1：使能基于 TXFFIVL 匹配(小于等于)的发送 FIFO 中断
4～0	TXFFIL4～0	发送 FIFO 中断级别位 当 FIFO 状态位(TXFFET4～0)和 FIFO 等级位(TXFFIL4～0)相匹配(小于等于)时，发送 FIFO 将产生中断 默认值为 0x00000

SCI FIFO 接收寄存器(SCIFFRX)介绍见表 11-29。

表 11-29 SCI FIFO 接收寄存器(SCIFFRX)介绍

位	名 称	功 能 说 明
15	RXFFOVF	接收 FIFO 溢出位,此位作为标志位,它自身无法产生中断。在接收中断有效时才产生这个情况。接收中断会处理这种标志状况。 ① 0:接收 FIFO 未发生溢出,只读位; ② 1:接收 FIFO 发生溢出,只读位。超过 16 个字被接收,且第一个被接收的字已经丢失
14	RXFFOVF CLR	RXFFOVF 清除位. ① 0:写入 0 对 RXFFOVF 标志位无效,读取此位为 0; ② 1:写入 1 清除第 15 位的接收 FIFO 溢出(RXFFOVF)标志
13	RXFIFO Reset	接收 FIFO 复位位。 ① 0:写入 0 则复位 FIFO 指针为 0,并保持复位状态; ② 1:再次使能接收 FIFO 操作
12~8	RXFFST4-0	00000 接收 FIFO 为空; 00001 接收 FIFO 有 1 个字; 00010 接收 FIFO 有 2 个字; ⋮ 10000 接收 FIFO 有 16 个字
7	RXFFINT	接收 FIFO 中断位。 ① 0:未发生接收 FIFO 中断,只读位; ② 1:发生接收 FIFO 中断,只读位
6	RXFFINT CLR	接收 FIFO 中断清除位。 ① 0:写入 0 对 RXFFINT 标志位无效,读取此位为 0; ② 1:写入 1 清除第 7 位的 RXFFINT 标志
5	RXFFIENA	接收 FIFO 中断使能位。 ① 0:禁止基于 RXFFIVL 匹配(小于或等于)的接收 FIFO 中断; ② 1:使能基于 RXFFIVL 匹配(小于或等于)的接收 FIFO 中断
4~0	RXFFIL4-0	接收 FIFO 中断等级位。 当 FIFO 的状态位(RXFFST4-0)和 FIFO 的级别位(RXFFIL4-0)匹配(高于或等于)时,接收 FIFO 产生中断。复位后,这些位的默认值为 11111。这会避免复位后频繁的中断,接收 FIFO 多数时间为空

SCI FIFO 控制寄存器(SCIFFCT)介绍见表 11-30。

表 11-30 SCI FIFO 控制寄存器(SCIFFCT)介绍

位	名 称	功 能 说 明
15	ABD	自动波特率检测(ABD)位。 ① 0:自动波特率检测未完成,没有成功接收到字符"A"或"a"; ② 1:自动波特硬件已经在 SCI 接收寄存器检测到了字符"A"或"a",自动检测完成
14	ABD CLR	ABD 清零位。 ① 0:对 ABD 标志位无效,读取此位返回 0; ② 1:清除第 15 位的 ABD 标志

续表

位	名　称	功　能　说　明
13	CDC	CDC 校正检测位。 ① 0：禁用自动波特率调整； ② 1：使能自动波特率调整
12~8	Reserved	保留位
7~0	FFTXDL Y7-0	FIFO 传送延时位。这些位指定了每两个由 FIFO 发送缓冲器向发送移位寄存器的传输之间的延时。延时定义为 SCI 串行波特时钟的周期数。8 位的寄存器可定义为最小为 0 的延时，最大为 255 个波特时钟周期的延时。 在 FIFO 模式中，移位寄存器和 FIFO 之间的缓冲器（TXBUF）只有在移位寄存器完成最后一位移位后才能被加载。数据流传输之间需要延时，在 FIFO 模式中，TXBUF 不应该被当作一个附加级别的缓冲。这种延时发送特征有助于建立自动发送流程，无须 UART/CTS 的控制作用

SCI 优先级控制寄存器（SCIPRI）见表 11-31。

表 11-31　SCI 优先级控制寄存器（SCIPRI）

位	名　称	功　能　说　明
7~5	Reserved	读取为 0，写入无效
4~3	SOFT and FREE	这些位决定了当一个仿真挂起事件发生时（例如，当调试程序遇到一个断点）SCI 模块的操作。在自由模式时，外围设备都能继续运转；在停止模式时，外围设备会立即停止或者当前操作（当前的接收/发送序列）结束后停止。 ① 00：挂起时立即停止； ② 10：完成当前的接收/发送序列后停止； ③ x1：自由运行。无视挂起，继续 SCI 操作
2~0	Reserved	读取为 0，写入无效

11.2.4　应用实例

SCI 实现数据的接收或者发送都可以采用查询的方式，也可以采用中断的方式。

本次数据接收与发送数据的应用实例中需要用串口线将 SCIA 的串口和计算机上的串口连接起来，从而实现计算机和 DSP 之间的通信。由于笔记本大多自身不带有串口，所以使用笔记本做实验时需要配有 USB 转 RS-232 的线，将笔记本的 USB 口通过软件虚拟成串口。

这里 SCI 的程序主要实现的功能是：当计算机上的串口调试软件发送数据给 SCIA 时，SCIA 先接收数据，然后将这些数据又发送回计算机，此时可以通过串口调试软件来进行显示。SCIA 通信的数据格式设定为：波特率 19200，起始位 1 位，数据位 8 位，无校验位，结束位 1 位。在配置串口调试软件的参数时，上述的所有参数都必须与 SCIA 设置的完全一致。

SCI 无论采用查询方式还是中断方式来发送和接收数据，为了保证数据通信的准确性，必须遵守的原则是：如果是接收数据，那么在接收新的数据之前需要将旧的数据读取，否则会产生数据丢失；如果是发送数据，那么必须等旧的数据发送完毕之后，才能发送新的数据，否则也会产生数据丢失。

1. 查询方式实现数据的发送和接收

查询方式：即通过查询发送缓冲器的就绪标志位 TXRDY 和接收缓冲器的就绪标志位 RXRDY 来判断 SCI 是否做好了发送准备或者接收准备。

当发送缓冲寄存器 SCITXBUF 将数据发送给移位寄存器 TXSHF 后，SCITXBUF 为空，这时发送缓冲器的就绪标志位 TXRDY 被置 1，此时 CPU 可以发送新的数据。因此通过不断的查询，当 TXRDY 为 1 时就可以发送新的数据。

当移位寄存器 TXSHF 将数据发送给接收缓冲器 SCIRXBUF 后，SCIRXBUF 内部有数据，这时接收缓冲器的就绪标志位 RXRDY 置 1，此时 CPU 已经接收好了数据。因此通过不断地查询，当 RXRDY 为 1 时就可以发送新的数据。

例程如下：

```
#include "DSP28_Device.h"
unsigned int Sci_VarRx[50];              //存放接收的数据
unsigned int i;
unsigned int Send_Flag;                  //发送标志位.1:有数据需要发送 0:无数据需要发送
void main()
{
   InitSysCtrl();                        //初始化系统
   DINT;
IER=0x0000;
IFR=0x0000;                              //清除 CPU 中断标志
InitPieCtrl();                           //初始化 PIE 控制寄存器
InitPieVectTable();                      //初始化 PIE 中断向量表
InitGpio();                              //初始化 GPIO 口
InitPeripherals();                       //初始化 SCIA
For(i=0;i<50;i++)                        //初始化数据变量
{
Sci_VarRx[i]=0;
}
i=0;
send_Flag=0;                             //在 SCIA 还没有接收到数据时,没有数据需要发送
for(;;)
{
if((SciaTx_Ready()==1)&&(Send_Flag==1))        //发送准备就绪,有数据需要发送
{
SciaRegs.SCITXBUF=Sci_VarRx[i];          //发送数据
Send_Flag=0;                             //清标志位
i++;
if(i==50)
{
i=0
}
}
if(SciaRx_Ready()==1)                     //接收数据准备就绪
{
Sci_VarRx[i]=SciaRegs.SCITXBUF.all;      //接收数据
Send_Flag=1;                             //标志位置位,有数据等待发送
}
}
}
```

2. 中断方式实现数据的发送和接收

中断方式：需要启用相关的中断，通过开中断的方式来接收和发送数据。

如果引脚 SCIRXDA 上有数据传来，SCI 就开始将二进制数逐位移进 RXSHF，当 RXSHF 将接收到的完整字符发送给 SCIRXBUF 后，标志位 RXRDY 置位，同时产生一个接收中断的请求信号。如果 SCI 使能了接收中断，并相应使能了 PIE 中断和 CPU 中断，就会产生 SCI 的接收中断。在接收中断的子程序中通过程序读取 SCIRXBUF 中的数据后，标志位 RXRDY 被自动清除。

在发送中断过程中，当 SCITXBUF 将数据发送给 TXSHF 后，标志位 TXRDY 被置位，同时产生一个发送中断的请求信号，如果 SCI 使能了发送中断，并相应使能了 PIE 中断和 CPU 中断，就会产生 SCI 的接收中断。在接收中断的子程序中通过程序读取 SCIRXBUF 中的数据后，标志位 RXRDY 被自动清除。

此处要注意的是，发送一个数据之后才能进入发送中断，因此使用中断方式发送一个字符串时，必须要用其他方式发送第 1 个字符来启动一次 SCI 的发送中断，然后才可以使用发送中断来发送其余字符。

SCI 中断与其他外设中断的不同之处在于：SCI 接收中断标志位 RXRDY 在 CPU 读取 SCIRXBUF 数据时会自动清除，发送中断标志位 TXRDY 在 CPU 向 SCITXBUF 写入数据时也会自动清除，所以无须手动清除，这是 SCI 中断和 EV，ADC 中断不同的地方。这里讨论的是标准 SCI 模式下的中断，而非 FIFO 模式下。

例程如下。

主程序：

```
#include "DSP28_Device.h"
unsigned int Sci_VarRx[8];          //用于存放接收到的字符,最多8个
unsigned int i;
unsigned int j;
unsigned int Send_Flag;             //发送标志位.1:有数据需要发送;0:无数据需要发送
void main()
{
InitSysCtrl();                      //
DINT;
IER=0x0000;                         //禁止 CPU 中断
IFR=0x0000;                         //清除 CPU 中断标志
InitPieCtrl();                      //初始化 PIE 控制寄存器
InitPieVectTable();                 //初始化 PIE 中断向量表
InitGpio();                         //初始化 GPIO 口
InitPeripherals();                  //初始化 SCIA
for(i=0;i<8;i++)                    //初始化数据变量
{
    Sci_VarRx[i]=0;
}
i=0;j=1;
Send_Flag=0;
PieCtrl.PIETER9.bit.INTx1=1;        //使能 PIE 模块中的 SCI 接收中断
PieCtrl.PIETER9.bit.INTx2=1;        //使能 PIE 模块中的 SCI 发送中断
IER|=M_INT9;                        //开 CPU 中断
```

```
EINT;                              //开全局中断
ERTM;                              //开全局实时中断
for(;;)
    {                              //等待中断
    }
}
```

中断服务子程序：

```
interrupt void SCIRXINTA_ISR()     //SCIA 接收中断函数
{
    Sci_VarRx[i]=SciaRegs.SCIRXBUF.all;   //接收数据
    i++;
    if(i==8)
    {
        SciaRegs.SCIRXBUF=Sci_VarRx[0];              //启动第一次发送,启动中断
        Send_Flag=1;                //有数据需要发送,置位标志
        i=0;
    }
    PieCtrl.PIEACK.all=0x0100;      //使得同组其他中断得到响应
    EINT;                           //开全局中断
}
interrupt void SCITXINTA_ISR()     //SCIA 发送函数
{
    If(Send_Flag==1)
    {
        SciaRegs.SCITXBUF=Sci_VarRx[j];  //发送数据
        j++;
        if(j==8)
        {
                j=1;          //因为第一个数据中断中已经发送,这里从第二个数据开始发送
            Send_Flag=0;              //数据标志位完成,清标志位
        }
    }
    PieCtrl.PIEACK.all=0x0100;      //使得同组其他中断得到响应
    EINT;                           //开全局中断
}
```

习题与思考

11-1　同步串口 SPI 模块和异步串口 SCI 模块最大的区别是什么？

11-2　同步串口 SPI 模块有几种工作模式？有何异同？

11-3　在使用同步串口模块 SPI 的 FIFO 功能时,应注意哪些问题？

11-4　同步串口 SPI 模块可以产生哪几种中断？

11-5　异步串口 SCI 模块用哪些方式实现数据的发送和接收？

11-6　异步串口 SCI 模块有哪几种方式来识别地址？

11-7　异步串口 SCI 模块可以检测哪几种错误？

## 第 12 章

工程应用实例(一)

随着电力电子学、微电子学、传感技术、电机控制理论和微机控制技术的迅猛发展,尤其是先进控制策略的成功应用,自 20 世纪 80 年代末以来的短短二十几年间,交流伺服系统的研究和应用取得了举世瞩目的进步,目前已广泛应用于机器人、数控机床等领域,具备了宽调速范围、高稳态精度、快速动态响应及四象限运行等良好的技术性能。

由于交流电机本身具有非线性和强耦合性,采用常规的控制方法难以满足高性能控制系统的要求。为了完全实现三相电流解耦,必须使用磁场定向矢量控制方法。这种控制算法运算量大、实时性要求高,采用单片机难以实现良好的控制效果。TI 公司新推出的浮点数型 TMS320F2833x 系列数字信号处理器,在已有的 DSP 平台上增加了浮点运算内核,在保持了原有 DSP 芯片优点的同时,能够执行复杂的浮点运算,可以节省代码执行时间和存储空间,具有精度高、成本低、功耗小、外设集成度高、数据及程序存储量大和 A/D 转换更精确、快速等优点,易于实现复杂的矢量控制算法,可有效解决交流电机固有的强耦合特性。本章结合 TI 公司提供的应用实例和大量参考文献,重点介绍使用 TMS320F28335 实现永磁同步电机控制的一种解决方案。

12.1 永磁同步电机简介

12.1.1 永磁同步电机结构和原理

永磁同步电机出现于 20 世纪 50 年代,由绕线式同步电机发展而来,以永磁体励磁的转子取代绕线式的电励磁转子,进而省去了励磁绕组、电刷和集电环,实现同步电机的无刷化,克服了交流同步伺服电机的致命缺点,具有体积小、重量轻、惯量低、效率高、转子无发热的优点,同时相对于异步电机,具有起动和制动转矩大、调速性能好、过载能力强和无须从电网吸收滞后无功功率的优势,适应了高性能伺服系统的要求,已成为交流伺服电机的主流。

永磁同步电机的结构示意图如图 12-1 所示。其定子与异步电动机和绕线式同步电动机的定子相似,而永磁转子根据永磁体的安装位置,可分为表贴式转子和内置式转子两类。

表贴式转子是将永磁体安装在转子的表面,如图 12-2(a)所示。由于永磁材料的磁导率十分接近于

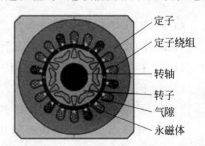

图 12-1　三相同步电机结构示意图

空气的磁导率,交轴(q轴)和直轴(d轴)电感基本相同($L_d = L_q$),且与转子位置无关,因此表贴式转子结构属于隐极式转子结构。内置式转子是将永磁体嵌入转子轴的内部,如图 12-2(b)所示,由于硅钢的磁导率几乎为 0,而永磁体材料具有很高的磁导率,因而交轴电感大于直轴电感($L_q > L_d$),属于凸极转子结构。由于转子磁路上的不对称,凸极同步电机除了电磁转矩之外还有磁阻转矩,其大小与交、直轴电感的差值有关。为了使永磁同步电机具有正弦波感应电动势,其转子磁钢形状呈抛物线形,使其气隙中产生的磁通密度尽量呈正弦分布;定子电枢绕组采用短距分布式绕组,能最大限度地消除谐波磁动势。

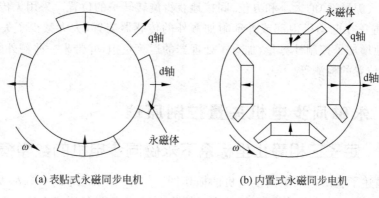

(a) 表贴式永磁同步电机　　　　　　(b) 内置式永磁同步电机

图 12-2　永磁同步电机转子结构图

永磁体转子产生恒定的转子磁场,当定子通三相正弦交流电时,产生旋转定子磁场。两种磁场之间产生相互作用的电磁力,形成电磁转矩,驱动转子旋转。旋转中的定子磁场的频率必须与转子永磁磁场的频率相同,否则将会产生转矩脉振,导致平均输出转矩减小,并且产生额外的机械振动、噪声和机械应力。为了获得最大输出转矩,必须尽可能地使转子磁场与定子磁场保持正交。由于转子磁场方向由转子位置决定,为了产生正确的定子磁场,必须时刻获取转子位置和速度反馈以适当地调整定子电压频率、幅值和相位。

12.1.2　永磁同步电机转子位置检测方法

永磁同步电机转子位置和速度的获取可通过传感器直接获得或者通过参数观测器估算得到。转子位置传感器一般都做成无接触式,有多种不同的类型,常用的主要有电磁式、磁敏式、光电式等几种。

1. 磁敏式转子位置检测方法

磁敏式检测方法是利用磁敏元件来反映转子的位置,它要求和同步电动机转子同轴相连的检测器转子为永磁结构,并和同步电动机的极对数相同,磁敏元件则安装在检测器定子上。目前用于位置检测的磁敏元件很多,如霍尔元件、磁敏电阻、磁敏二极管、晶体管等。霍尔元件与其他磁敏元件相比,具有体积小、灵敏度高、输出功率大、工作可靠、性能稳定等明显优点,并已做成集成芯片式,成为目前最常用的转子位置检测元件之一。

2. 光电式转子位置检测方法

光电式检测方法,就是利用光电元件,对带有槽口(或栅)的旋转圆盘的位置进行检测,其检测分辨率高,适用于检测高速运转的电动机。光电式转子位置检测方法又分为简单光电式、绝对式光电编码和增量式光电码器 3 种。光电式码盘对电动机转子的初始位置的检测,需要通过调整码盘位置,使检测装置的输出波形与定子感应电动势形成合适的对应关系来完成。

由于机械式的传感器存在安装、电缆连接和维护等问题,降低了系统的可靠性,近年来还出现了间接式的转子位置检测方法,即无传感器转子位置检测方法,采用检测电机出线端电量,经信号处理获得电机转子位置、速度,还可观测到电机内部的磁通、转矩等,进而构成无位置/速度传感器高性能调速控制系统。此方法又分为两种:一种是利用每相端电压在一个周期内两次过零点来检测转子的真实空间位置;另一种是通过模型计算出有关磁场(转子、定子或气隙磁通)的大小和方位,间接地获得旋转转子的位置。采用无传感器转子位置检测方法,避免在电动机内部或外部附加额外的传感器装置,大大减少了矢量控制的成本,但也相应地增加了控制计算量,加重了处理器的运算负担,并带来一些额外的问题,如电动机转子初始位置的检测等。

12.2 永磁同步电机矢量控制原理

12.2.1 定子三相静止坐标系下永磁同步电机的数学模型

图 12-3 描述了表贴式永磁同步电机的横切图。定子三相绕组 $as\text{-}as'$、$bs\text{-}bs'$ 和 $cs\text{-}cs'$ 是在圆周空间对称分布的分布式绕组,此处为了简化,以集中绕组的形式表示。电机转子电角速度 ω_r 和角位置 θ_r 定义为其相应机械量的 $P/2$ 倍(P 为电机极数)。

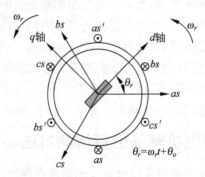

图 12-3 表贴式永磁同步电机横切图

为推导永磁同步电机动态模型,作如下假设:

(1) 定子三相绕组在空间呈 120°对称分布,所产生的磁动势沿气隙按正弦规律分布;

(2) 忽略磁路饱和,各绕组的自感和互感随转子位置作正弦变化;

(3) 忽略铁心损耗,忽略温度和频率变化对绕组电阻的影响。

基于上述电机定义和假设,$a\text{-}b\text{-}c$ 静止坐标系下的三相定子电压方程如下:

$$\begin{bmatrix} v_{as} \\ v_{bs} \\ v_{cs} \end{bmatrix} = \begin{bmatrix} R_s & 0 & 0 \\ 0 & R_s & 0 \\ 0 & 0 & R_s \end{bmatrix} \begin{bmatrix} i_{as} \\ i_{bs} \\ i_{cs} \end{bmatrix} + \frac{\mathrm{d}}{\mathrm{d}t} \begin{bmatrix} \psi_{as} \\ \psi_{bs} \\ \psi_{cs} \end{bmatrix} \tag{12-1}$$

式中,R_s 为永磁电机定子相绕组电阻。

定子磁链方程可以表示为:

$$\begin{bmatrix} \psi_{as} \\ \psi_{bs} \\ \psi_{cs} \end{bmatrix} = \begin{bmatrix} L_{ls}+L_A & -\frac{1}{2}L_A & -\frac{1}{2}L_A \\ -\frac{1}{2}L_A & L_{ls}+L_A & -\frac{1}{2}L_A \\ -\frac{1}{2}L_A & -\frac{1}{2}L_A & L_{ls}+L_A \end{bmatrix} \begin{bmatrix} i_{as} \\ i_{bs} \\ i_{cs} \end{bmatrix} + \frac{2}{3}\psi_m \begin{bmatrix} \sin(\theta_r+\varphi_1) \\ \sin\left(\theta_r+\varphi_1-\frac{2\pi}{3}\right) \\ \sin\left(\theta_r+\varphi_1+\frac{2\pi}{3}\right) \end{bmatrix} \tag{12-2}$$

式中，L_{ls} 和 L_s 分别为定子相漏感和激磁电感，ψ_m 为永磁体磁链，$\frac{2}{3}\psi_m$ 表示等效到定子的转子永磁体产生的磁链，θ_r 为转子永磁体 d 轴轴线正方向与定子 a 相绕组轴线正方向的夹角，φ_1 表示磁链的相位角。

电磁转矩方程如式(12-3)所示，永磁同步电机电动运行时公式中的电磁转矩为正值。

$$T_e = \frac{P}{2}\left\{\frac{2}{3}\psi_m\left[\left(i_{as}-\frac{1}{2}i_{bs}-\frac{1}{2}i_{cs}\right)\cos\theta_r - \frac{\sqrt{3}}{2}(i_{bs}-i_{cs})\sin\theta_r\right]\right\} \tag{12-3}$$

转矩和转速的关系由机电运动方程即式(12-4)描述：

$$T_e = J\frac{d\omega_m}{dt} - B_m\omega_m \tag{12-4}$$

式中，J 是转子的转动惯量，常数 B_m 是旋转电机的机械阻尼系数。

12.2.2 转子三相静止坐标系下永磁同步电机的数学模型

交流电机是一个非线性强耦合时变的多变量系统，为实现类似于直流电机的磁链与转矩解耦独立控制，常使用坐标变换简化电机模型，将定子 a-b-c 三相坐标系下的电机模型变换为转子 d-q 两相正交坐标系下的数学模型。电压和转矩方程在转子旋转坐标系中表述时，时变的变量可以转换为稳定的状态常量。本章采用恒幅值坐标变换矩阵，变换矩阵为：

$$C_{dq0}^{abc} = \frac{2}{3}\begin{bmatrix} \cos(\theta_r+\varphi) & \cos\left(\theta_r+\varphi-\frac{2}{3}\pi\right) & \cos\left(\theta_r+\varphi\,\frac{2}{3}\pi\right) \\ -\sin(\theta_r+\varphi) & -\sin\left(\theta_r+\varphi-\frac{2}{3}\pi\right) & -\sin\left(\theta_r+\varphi+\frac{2}{3}\pi\right) \\ \frac{1}{2} & \frac{1}{2} & \frac{1}{2} \end{bmatrix} \tag{12-5}$$

式中，φ 表示 d-q 轴的相位位置，若如图 12-3 中相位的定义，其值为 0。

经过坐标变换，电压方程和磁链方程变换为：

$$\begin{bmatrix} v_{ds}^r \\ v_{qs}^r \end{bmatrix} = \begin{bmatrix} R_s & 0 \\ 0 & R_s \end{bmatrix}\begin{bmatrix} i_{ds}^r \\ i_{qs}^r \end{bmatrix} + p\begin{bmatrix} \psi_{ds}^r \\ \psi_{qs}^r \end{bmatrix} + \omega_r\begin{bmatrix} 0 & 1 \\ -1 & 0 \end{bmatrix}\begin{bmatrix} \psi_{ds}^r \\ \psi_{qs}^r \end{bmatrix} \tag{12-6}$$

$$\begin{bmatrix} \psi_{ds}^r \\ \psi_{qs}^r \end{bmatrix} = \begin{bmatrix} L_{ls}+\frac{3}{2}L_A & 0 \\ 0 & L_{ls}+\frac{3}{2}L_A \end{bmatrix}\begin{bmatrix} i_{ds}^r \\ i_{qs}^r \end{bmatrix} + \sqrt{\frac{2}{3}}\psi_m\begin{bmatrix} \cos(\varphi-\varphi_1) \\ -\sin(\varphi-\varphi_1) \end{bmatrix} \tag{12-7}$$

式中，p 是微分算子 d/dt；v_{ds}^r 和 v_{qs}^r 是 d 轴和 q 轴绕组电压；i_{ds}^r 和 i_{qs}^r 是 d 轴和 q 轴定子电流；ψ_{ds}^r 和 ψ_{qs}^r 是 d 轴和 q 轴定子磁链。

对于表贴式的永磁同步电机，有 $L=L_d=L_q=L_{ls}+L_m=L_{ls}+\frac{3}{2}L_A$。参考方向和位置角度的定义如图 12-3 中所定义，此时 $\varphi=\varphi_1=0$。将磁链方程带入到电压方程中，可以得到：

$$\begin{bmatrix} v_{ds}^r \\ v_{qs}^r \end{bmatrix} = \begin{bmatrix} R_s + L_d p & -\omega_r L_q \\ \omega_r L_d & R_s + L_q p \end{bmatrix} \begin{bmatrix} i_{ds}^r \\ i_{qs}^r \end{bmatrix} + \begin{bmatrix} e_{ds}^r \\ e_{qs}^r \end{bmatrix} \tag{12-8}$$

$$\begin{bmatrix} e_{ds}^r \\ e_{qs}^r \end{bmatrix} = \omega_r \psi_m \begin{bmatrix} \sin(\varphi - \varphi_1) \\ \cos(\varphi - \varphi_1) \end{bmatrix} = \begin{bmatrix} 0 \\ \omega_r \psi_m \end{bmatrix} \tag{12-9}$$

将式(12-9)代入式(12-8)，可得到式(12-10)：

$$\begin{bmatrix} v_{ds}^r \\ v_{qs}^r \end{bmatrix} = \begin{bmatrix} R_s + L_d p & -\omega_r L_q \\ \omega_r L_d & R_s + L_q p \end{bmatrix} \begin{bmatrix} i_{ds}^r \\ i_{qs}^r \end{bmatrix} + \begin{bmatrix} 0 \\ \omega_r \psi_m \end{bmatrix} \tag{12-10}$$

电磁转矩方程经过坐标变换可以写为：

$$T_{em} = \frac{3}{2} \cdot \frac{P}{2} \{[\psi_m + (L_d - L_q) i_{ds}^r] i_{qs}^r\} \tag{12-11}$$

式中，第1项为定子三相旋转磁场和转子永磁磁场相互作用产生的电磁转矩，第2项为由凸极效应引起的磁阻转矩。

12.3　矢量控制系统结构

12.3.1　$i_d = 0$ 的矢量控制原理

从式(12-11)的电磁转矩方程可以看出，永磁同步电机电磁转矩的控制实际上是对 i_d 和 i_q 的控制。在永磁同步电机的矢量控制中最常用的是 $i_d = 0$ 的控制策略。

对于隐极式永磁同步电机由于 $L_d = L_q$，只有电磁转矩而不存在磁阻转矩，转矩方程可表示为式(12-12)，输出转矩由 i_q 独立控制。

$$T_{em} = \frac{3}{2} \times \frac{p}{2} \psi_m i_{qs}^r \tag{12-12}$$

对于凸极式永磁同步电机，$L_d < L_q$，电磁转矩和磁阻转矩同时存在，$i_d > 0$ 时产生弱磁效应，磁阻转矩对输出转矩有削弱作用，$i_d < 0$ 时产生助磁效应，磁阻转矩可以提高输出转矩。变频调速中，为简化控制算法，通常在基频以下恒转矩运行，控制 $i_d = 0$ 可以消除磁阻转矩，得到与隐极式同步电机相同的控制效果，实现转矩的独立控制；在基频以上恒功率运行，需要进行弱磁调节时，可通过 $i_d > 0$ 控制实现。

$i_d = 0$ 控制的最大优点在于电机的输出转矩与定子电流的幅值成正比，性能类似于他励直流电机，无去磁作用，控制简单，因此得到了广泛的应用。但使用 $i_d = 0$ 控制时电机功率因数稍差，逆变器容量得不到充分利用，除了 $i_d = 0$ 控制之外，常见的还有最大转矩控制、单位功率因数控制、最大效率控制等。

12.3.2　$i_d = 0$ 的矢量控制系统结构

永磁交流同步电机控制系统通过对定子三相电源电压的幅值、相位和频率控制，实现转子的转速和位置控制。系统由控制器、变频器和电机组成，其系统是一种典型的速度、电流双闭环调节系统，基本框图如图12-4所示。图中所示的所有调节器和坐标变换单元都可以通过 DSP 软件实现，从而实现永磁同步电机的全数字矢量控制。

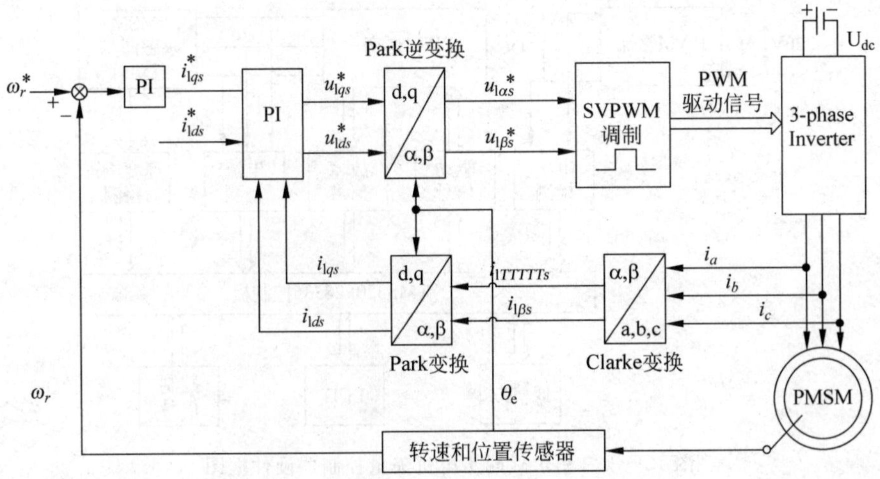

图 12-4 永磁同步电机矢量控制系统结构

电机转子轴上装有位置和速度传感器,用于检测电机的磁极位置与定子 a 相轴线的夹角 θ 和旋转速度。速度给定与反馈值进行比较,偏差送入 PI 调节器,输出为定子 q 轴电流给定值。q 轴电流给定值与坐标变换得到的反馈值进行比较,差值送入 PI 调节器得到 q 轴电压给定值;同理,d 轴电流给定值与反馈值进行比较,差值送到 PI 调节器得到 d 轴电压给定值。经 Park 逆变换得到三相电压给定值,经 SVPWM 调制输出 PWM 驱动信号给三相逆变器,实现电压斩波控制。

12.4 基于 DSP 的实现

TI 公司 F2833x 系列 DSP 是专门为电机控制设计的数字处理器,配有浮点处理单元,具有计算能力强、外设功能强大等优点。本节将使用 F28335 芯片实现三相交流永磁同步电机系统的控制,介绍程序主要结构,并结合程序对其中几个模块的实现做具体说明。本章设计的程序基于以下几个条件:

(1) 主电路使用两电平电压源型逆变器,共需 6 路控制脉冲;

(2) 三相永磁同步电机使用 Y 形接法,且不带中线;

(3) 使用 F28335 作为主控制器;

(4) 功率器件开关频率为 10kHz,即中断周期为 $100\mu s$;

(5) 使用增量式光电编码器作为位置和速度的传感器。

12.4.1 硬件结构设计

三相永磁同步电机的矢量控制器硬件框图如图 12-5 所示。该控制器主要由主回路、检测电路和以 DSP 为控制核心的控制器等构成。主回路包括 PWM 整流模块、PWM 逆变模块以及 PMSM。检测电路主要包括电压、电流信号检测电路、故障信号检测电路、速度位置检测电路等。控制器实现的主要功能有:矢量算法的实现,PWM 驱动信号的输出,输入信号的处理,键盘等控制信号的输入,LCD 的控制显示等。

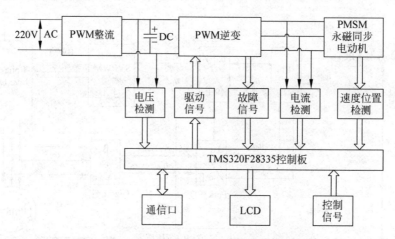

图 12-5　三相永磁同步电机矢量控制器硬件框图

1. 转速与位置检测电路

采用增量式光电编码器检测转速和位置时,常用的测速方法有 M 法、T 法和 M/T 法。其中,M/T 法兼顾高低转速,是综合性能最佳的一种。为了方便与光电编码器配合,TMS320F28335 配置了相应的增强型正交编码脉冲(EQEP)模块。只要将模块中相应的控制寄存器进行简单设置,利用其位置计数单元和捕捉单元可方便地实现以上 3 种测速方法。而 TMS320F2812 等采用的是事件管理器中的 QEP 单元,此时的捕获功能被禁止;其实现 M/T 法需要占用较多的程序资源。因此采用 TMS320F28335 较采用 TMS320F2812 大大简化了程序的复杂程度。

增量式光电编码器的输出信号如图 12-6 所示。增量式光电编码器一般输出 A、B、Z 这 3 个信号到 eQEP 模块。其中,QA、QB、QI 分别代表光电编码器的 A、B、Z 信号;QCLK 为 QA 与 QB 产生的正交编码脉冲;QDIR 为转子旋转方向。由于 EQEP 模块对双沿有效,所以 QCLK 为 QA(QB)信号的 4 倍频信号。在控制器中,光电编码器采用 5V 直流电源供电。为了减少干扰并与 TMS320F28335 的供电电平进行匹配,需将光电编码盘的输出信号经过光耦隔离电路变为 3.3V 电平后再引入 EQEP 模块的对应管脚。同时为保证输入信号的精确性,光耦隔离电路采用的光耦必须为 6N127 等型号的高速光耦。

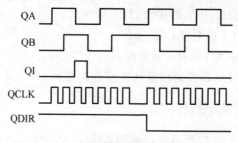

图 12-6　增量式光电编码器输出脉冲

2. 电流检测电路

TMS320LF2407、TMS320F2812、TMS320F28335 等均有 16 路 A/D 转换通道。其中,TMS320F2812 和 TMS320F28335 采样精度为 12 位,而 TMS320LF2407 的采样精度相对

较低,仅为 10 位。TMS320F28335 的内部 A/D 在 TMS320F2812 内部 A/D 的基础上进行了改进;能够提供更准确的采样基准,减小了增益误差并且能够内部纠正偏置误差。这提高了 TMS320F28335 内部 A/D 的采样精度,能够适用于采样精度要求较高的场合。为了保证控制器整体的采样精度,控制器采用高精度的 LAH 25-NP 型霍尔电流传感器测量定子电流。

由于 TMS320F28335 的 ADC 模块的输入电压范围为 0~3V,电流采样电路需将霍尔互感器输出的电流信号调整为大小在 0~3V 范围内的电压信号。电流检测电路如图 12-7 所示,R_1 为精密电阻,用于将电流霍尔传感器输出的电流信号转换为电压信号;运放 B 与相邻的电阻、电容组成二阶低通滤波器,对电流进行滤波处理,去除采样通道等的干扰;运放 C 的电压加法电路,用于提升电流检测信号的电压;3.0V 稳压管用于保护 DSP 的 ADC 模块的输入端。

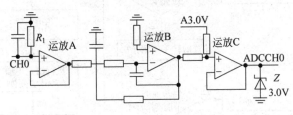

图 12-7 电流检测电路

12.4.2 软件结构设计

DSP 软件是整个控制器软件的核心组成部分,控制器的主要功能是由 DSP 程序实现的。由于 TMS320F28335 芯片为浮点构架,与其他 DSP 控制芯片相比,DSP 程序运算性能优越、编程结构简单、代码长度短、运算精度高。而且芯片在具体模块设计上更加细化,这不但增加了模块使用的灵活性,而且使得 DSP 程序的编写更加简单和灵活多样。

一个完整的控制程序包括主程序和中断服务程序两个部分。图 12-8 与图 12-9 分别给出了主程序和中断服务程序的流程图。通常在交流电机矢量控制系统中,主程序主要用来完成 DSP 外设的初始化以及调节器的初始化,而中断服务程序完成整个矢量控制系统的所

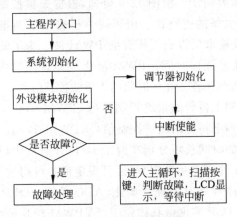

图 12-8 主控制程序流程图

有核心算法。中断可以由 DSP 内部的 CPU 定时器实现,也可以使用 ePWM 周期中断。本章设计的程序是由 CPU 定时器中断实现矢量控制的主体计算任务。值得注意的是:图 12-9 的中断服务程序实际上是由多个 CPU 定时器中断协同完成的,其中最重要的两个中断分别进行转速和电流调节,由于电机的机械时间常数远大于电磁时间常数,因此相应地转速调节中断周期也大于电流调节中断周期。

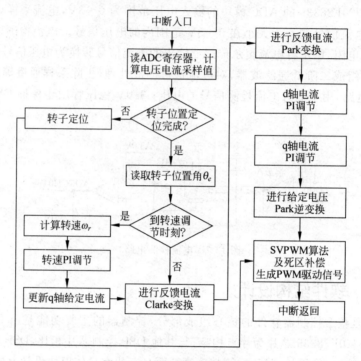

图 12-9 中断服务程序流程图

在 PMSM 矢量控制器中,PWM 信号的生成程序是最关键的 DSP 程序。PWM 信号的生成程序的基础是对 TMS320F28335 芯片的增强型 PWM(ePWM)模块的设置。与 TMS320F2812 不同,TMS320F28335 的 6 路 ePWM 模块是相互独立的。在 ePWM 模块初始化设置时,需将各路设置为同步。由图 12-9 可知,根据矢量控制算法可以计算得出相应的各个 PWM 波周期的高电平的占空比。由于同一桥臂上下两组 PWM 控制信号是相反的,可以将上桥臂的 PWM 波取反得到下桥臂的 PWM 波。为了防止同一桥臂发生上下直通的现象,PWM 波需要注入死区时间。PWM 波生成原理图如图 12-10 所示。由 ePWM 模块中的比较子模块可以得到未注入死区时间的上桥臂控制信号 ePWMxAin;ePWMxAin 信号经过上升沿延时可以得到上桥臂的最终控制信号 ePWMxAout,ePWMxAin 信号经过下降沿延时并取反后可以得到下桥臂的最终控制信号 ePWMxBout。与 TMS320F2812 不同,上升沿延时与下降沿延时的时间长短分别在两个 10 位计数器中设定。计数器设定值由死区时间与 EPWM 模块的工作频率运算得到,而且设定值不可超过 10 位。

接下来本节将结合具体程序对系统初始化、ADC 模块、eQEP 模块、Clarke 变换、Park 变换以及数字 PID 模块的 DSP 实现做具体说明,SVPWM 模块的程序实现详见第 10 章关于 ePWM 模块的介绍,此处不再赘述。

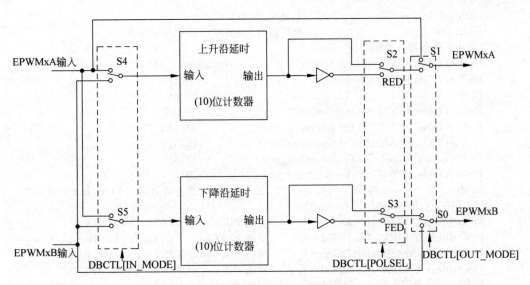

图 12-10　PWM 信号生成原理图

12.4.3　系统初始化

系统初始化例程如下。本例给出了对应于图 12-8 的 DSP 主程序,完成系统初始化、外设初始化、调节器初始化、中断使能,然后进入主循环等待中断。

```
#include "DSP2833x_Device.h"      //DSP2833x 头文件读入
#include "DSP2833x_Examples.h"    //DSP2833x 头文件读入
void main(void)
{
    InitSysCtrl();  //SYSCLKOUT=150M,HISPCP=75M,LOSPCP=37.5M,
                                  //系统初始化,设置系统时钟
    InitGpio();                   //初始化 GPIO:
    DINT;                         //清除所有中断
    InitPieCtrl();                //设置 PIE 控制寄存器默认状态

    IER=0x0000;                   //禁止所有 CPU 级中断
    IFR=0x0000;                   //清除所有 CPU 级中断标志
    InitPieVectTable();           //初始化 PIE 中断矢量表

    InitAdc();                    //初始化 ADC
    InitCpuTimers();              //初始化 CPU 定时器 0
    InitEPwm();                   //初始化 ePWM
    InitEPwmTimer();              //初始化 ePWM 定时器
    InitI2C();                    //初始化 I²C
    InitECap();                   //初始化 eCAP
    DMAInitialize();              //初始化 DMA
    InitMcbsp();                  //初始化 MCbsp
    InitSci();                    //初始化 SCI
    InitSpi();                    //初始化 SPI
    InitEQep();                   //初始化 eQEP,与光电编码器对接,测量转子位置和转速
    InitECan();                   //初始化 ECAN
```

```
    InitXintf();                                    //初始化 XINTF
    EALLOW;                                         //允许访问 EALLOW 保护的寄存器
//设置中断服务程序地址
    PieVectTable.XINT1=&xint1_isr;                                  //xint1_isr
    PieVectTable.XINT0=&time0int_isr;                              //TIME0
    PieVectTable.XINT13=&time1int_isr;                            //TIME1
    PieVectTable.TINT2=&time2int_isr;                            //TIME2
    PieVectTable.ECAP1_INT=&ecap1int_isr;                       //ECAP1
    PieVectTable.ECAP2_INT=&ecap1int_isr;                       //ECAP2
    PieVectTable.ECAP3_INT=&ecap1int_isr;                       //ECAP3
    PieVectTable.EPWM1_INT=&epwm1_timer_isr;               //EPWM1_INT
    EDIS;                                                         //禁止访问 EALLOW 保护的寄存器
//使能 PIE 级中断 Group 1 --Group 12
    PieCtrlRegs.PIEIER1.bit.INTx4=0;         //使能 PIE Group 1 INT1.4 //XINT1
    PieCtrlRegs.PIEIER1.bit.INTx7=0;         //使能 PIE Group 1 INT1.7 //TINT0
    PieCtrlRegs.PIEIER3.bit.INTx1=0;         //使能 PIE Group 3 INT3.1 //EPWM1_INT
    PieCtrlRegs.PIEIER4.bit.INTx1=0;         //使能 PIE Group 4 INT4.1 //ECAP1_INT
    PieCtrlRegs.PIEIER4.bit.INTx2=0;         //使能 PIE Group 4 INT4.2 //ECAP2_INT
    PieCtrlRegs.PIEIER4.bit.INTx3=0;         //使能 PIE Group 4 INT4.3 //ECAP3_INT


//从 I2C 读数据至数组 MCtrlPrm
    Init_I2CPrm();
    Init_MCtrlPrm();
    int DSPRd_E2ROM(Uint16 * RAMAddr, Uint32 E2ROMAddr, int trans_num)
                                            //写数据至 EEROM
FlashMemCopy();                             //从 Flash 读取程序至 RAM
    Init _Var();                            //初始化调节器参数
    ADC_DspZero();
    IGBT_check();                           //检查 IGBT 状态
    Check_Com();                            //检查 DSP 和 LCD 通信
EINT;                                       //使能中断
    IER |=(M_INT1 | M_INT4 | M_INT13 | M_INT14);
                                            //使能 INT1、INT4、INT13、M_INT14
while(1)
    {NOP;
    if(GpioDataRegs.GPBDAT.bit.GPIO50==0)
                                            //扫描启动/停止按键状态,输出 LCD 的显示状态
    {
        GpioDataRegs.GPCCLEAR.bit.GPIO67=1;
    }
    else
    {
        GpioDataRegs.GPCSET.bit.GPIO67=1;
    }
    }
    Opr_Loop();                             //进入主循环,等待中断
}
```

12.4.4　ADC 模块的配置

由图 12-9 可知,每次进入中断服务程序时,首先要对电机定子三相电流及直流母线电

压等进行采样,为后续矢量控制算法提供本次计算的参考值,所以可以使用 CPUTimer 定时器中断触发采样过程,通过相关寄存器的配置即可实现使用 CPUTimer 定时器周期性地启动 ADC 转换序列。

以下给出了 ADC 模块的相关配置以及采样程序,其中定子电流 i_a、i_b、i_c 分别由 ADCINB1、ADCINB2、ADCINB3 引脚采样,U_{ac} 通过 ADCINB4 采样,I_{dc} 通过 ADCINB5 采样,U_{dc} 通过 ADCINB6 采样,两个保护温度值 T_{m1}、T_{m2} 通过 ADCINA0 和 ADCINA1 采样。

ADC 模块相关子程序如下:

```
#include "DSP2833x_Device.h"          //DSP2833x 头文件读入
#include "DSP2833x_Examples.h"        //DSP2833x 头文件读入
#if (CPU_FRQ_150MHz)                  //Default - 150 MHz SYSCLKOUT
#define ADC_MODCLK 0x1
                    //HSPCLK=SYSCLKOUT/2 * ADC_MODCLK2=150/(2 * 1)=75.0 MHz
#endif
#if (CPU_FRQ_100MHz)
  #define ADC_MODCLK 0x1
                    //HSPCLK=SYSCLKOUT/2 * ADC_MODCLK2=100/(2 * 1)=50.0 MHz
#endif
#define ADC_CKPS 0x1
                    //ADC 模块时钟=HSPCLK/2 * ADC_CKPS=25.0MHz/(1×2)=12.5MHz
#define ADC_SHCLK 0xf                 //采样保持时间=16 ADC clocks
#define AVG 1000                      //平均采样限制
#define ZOFFSET 0x00                  //平均初始偏置
#define BUF_SIZE 40                   //采样缓存区大小


void InitAdc(void)
{
extern void DSP28x_usDelay(Uint32 Count);
    EALLOW;
    SysCtrlRegs.PCLKCR0.bit.ADCENCLK=1;ADC 时钟使能
    ADC_cal();
    EDIS;
AdcRegs.ADCTRL3.all=0x00E0;          //ADC 带隙和参考电路上电
    wait_one_ms();
AdcRegs.ADCTRL1.bit.CPS=0;           //设置 ADC 控制寄存器 1 的 CPS 参数,CPS=0,ADCCLK=
                                     //Fclk/1;CPS=1,ADCCLK=Fclk/2;ADCTRL1[7]=CPS
AdcRegs.ADCTRL3.bit.ADCCLKPS=3;
          //设置 ADC 模块时钟=HSPCLK/[6 * (CPS+1)]=75M/[6 * (0+1)]=25MHz
    AdcRegs.ADCTRL1.bit.ACQ_PS=2;    //设置 SOC 脉冲宽度,SOC 脉冲宽度=(ACQ_PS[3:0]
+1) * ADCCLK 周期
    AdcRegs.ADCTRL1.bit.CONT_RUN=0;                    //设置 ADC 工作于启停模式
    AdcRegs.ADCTRL1.bit.SUSMOD=0;
                //设置 ADC 模块在仿真挂起时的应对反应,0 为仿真挂起被忽略
    AdcRegs.ADCTRL1.bit.SEQ_OVRD=0;  //允许序列发生器在完成 MAX_CONVn 个后回绕
    AdcRegs.ADCTRL3.bit.SMODE_SEL=0;                   //设置顺序采样模式
    AdcRegs.ADCTRL1.bit.SEQ_CASC=1;                    //建立级联序列器模式
    AdcRegs.ADCTRL2.bit.RST_SEQ1=0x1;                  //ADC 序列 1 复位
    AdcRegs.ADCMAXCONV.all=7;        //8 个通道分别采样 Ia、Ib、Ic、Uac、Idc、Udc、Tm1、Tm2
```

```
AdcRegs. ADCCHSELSEQ1. all＝0xCBA9;
                                    //ia 在第一通道,排序器排在第 1,对应 Result0 寄存器,以下同理
    AdcRegs. ADCCHSELSEQ2. all＝0x01ED;
AdcRegs. ADCREFSEL. bit. REF_SEL＝0;   //选择内部参考电压
}
```

12.4.5 eQEP 模块的配置

本章设计的永磁同步电机矢量控制系统使用了 2500 线的增量式光电编码器与 DSP 的 eQEP1 模块对接,实现电机转子位置和转速的采样,下面结合具体程序介绍 eQEP 模块的配置。

eQEP 模块的配置例程如下:

```
#include "DSP2833x_Device. h"              //DSP2833x 头文件读入
#include "DSP2833x_Examples. h"            //DSP2833x 头文件读入
#include "math. h"                         //DSP2833x 头文件读入
void InitEQep(void)
{
    InitEQep1Gpio();                       //初始化 eQEP1 对应的 GPIO 外设接口
    EQep1Regs. QDECCTL. bit. QSRC＝00;      //设置 eQEP1 的计数模式

    EQep1Regs. QDECCTL. bit. QAP＝1;        //设置 eQEP1 模块的 QEPA 的信号为反相输入
    EQep1Regs. QDECCTL. bit. QBP＝1;        //设置 eQEP1 模块的 QEPB 的信号为反相输入
    EQep1Regs. QDECCTL. bit. QIP＝1;        //设置 eQEP1 模块的 QEPI 的信号为反相输入

    EQep1Regs. QEPCTL. bit. FREE_SOFT＝2;   //设置仿真挂起对 eQEP1 无影响
    EQep1Regs. QEPCTL. bit. PCRM＝0;        //设置 eQEP1 在索引事件发生时复位
    EQep1Regs. QEPCTL. bit. IEI＝2;         //设置在 eQEP1 上升初始化位置计数器
    EQep1Regs. QEPCTL. bit. UTE＝1;         //使能定时器基准单元
    EQep1Regs. QEPCTL. bit. QCLM＝0;        //设置在 CPU 读位置计数器时锁存
    EQep1Regs. QPOSINIT＝0;                 //索引信号事件发生时位置计数器的置 0
    EQep1Regs. QPOSMAX＝2500;               //2500 线的编码器,设置位置计数器最大值为 2500
    EQep1Regs. QEPCTL. bit. QPEN＝1;        //使能 eQEP1 位置计数器
    EQep1Regs. QDECCTL. bit. SWAP＝0;       //设置不改变输入信号的方向,0-正常,1-反方向
}


///////////////////////////////////////////////////////////////////////////////////
void InitEQep1Gpio(void)                   //设置 eQEP1 模块对应的 GPIO 外设接口
{
    EALLOW;

    GpioCtrlRegs. GPBPUD. bit. GPIO50＝0;   //使能 GPIO50 (EQEP1A)上拉电平
    GpioCtrlRegs. GPBPUD. bit. GPIO51＝0;   //使能 GPIO51 (EQEP1B)上拉电平
    GpioCtrlRegs. GPBPUD. bit. GPIO53＝0;   //使能 GPIO53 (EQEP1I)上拉电平

    GpioCtrlRegs. GPBQSEL2. bit. GPIO50＝0;  //GPIO50 (EQEP1A)与系统时钟同步
    GpioCtrlRegs. GPBQSEL2. bit. GPIO51＝0;  //GPIO51 (EQEP1B)与系统时钟同步
    GpioCtrlRegs. GPBQSEL2. bit. GPIO53＝0;  //GPIO53 (EQEP1I)与系统时钟同步

    GpioCtrlRegs. GPBMUX2. bit. GPIO50＝1;   //分配 GPIO50 为 EQEP1A 信号输入引脚
```

```
GpioCtrlRegs.GPBMUX2.bit.GPIO51=1;      //分配 GPIO51 为 EQEP1B 信号输入引脚
GpioCtrlRegs.GPBMUX2.bit.GPIO53=1;      //分配 GPIO53 为 EQEP1I 信号输入引脚
EDIS;
}
```

12.4.6 Clarke 变换和 Park 变换的实现

Clarke 变换即通常所说的 3/2 变换,是三相静止坐标系(ABC 坐标系)与两相静止坐标系(αβ 坐标系)之间的转换。为了方便起见,通常将 A 轴与 α 轴重合。Clarke 变换有恒幅值变换和恒功率变换,两种变换矩阵的系数不同。

Park 变换即通常所说的两相旋转—两相静止坐标系变换。两相旋转坐标系有多种称谓,通常以磁链定向的坐标系统称为 MT 坐标系,此时旋转坐标系的 M 轴定位于磁链方向上,T 轴超前 M 轴 90°;而以转子磁极位置定向的坐标系通常称为 dq 坐标系,此时旋转坐标系的 d 轴与转子磁极的 d 轴重合,q 轴超前 90°。无论是 MT 坐标系还是 dq 坐标系,都与 αβ 坐标系之间的变化矩阵相同,只是两坐标系夹角的求取方式不同。

F28335 具有的浮点运算单元,在浮点运算方面有很强的处理能力,并且由于变换矩阵固定不变,可以将矩阵中的分数转换成小数形式,然后参与计算,以节省开根号及除法运算带来的额外运算量。

Clake 变换和 Park 变换的 DSP 实现例程如下:

```
#define PI23 2.0943951024//120 degree           //2 * PI/3=2 * 3.1415926/3=2.09439507
void CATabcTo2s(float Ia,float Ib,float Ic)      //静止三相到静止两相,恒幅值 Clarke 变换
{
    Var.ialfa=0.666667 * (Ia-0.5 * Ib-0.5 * Ic); //
    Var.ibeta=0.666667 * (0.8660254 * Ib-0.8660254 * Ic);  //
}


/////////////////////////////////////////////////////////////////////////////
void CATabcTodq(float Ia,float Ib,float Ic,float wt)
                        //静止三相到转子速度的旋转两相,恒幅值 Clarke+Park 变换
{
    Var.Id=0.666667 * (cos(wt) * Ia+cos(wt-PI23) * Ib+cos(wt+PI23) * Ic);
    Var.Iq=-0.666667 * (sin(wt) * Ia+sin(wt-PI23) * Ib+sin(wt+PI23) * Ic);
}


/////////////////////////////////////////////////////////////////////////////
void CATdqToabc(float Ud,float Uq,float wt)   //旋转两相到静止三相,恒幅值 Park+Clake 逆变换
{
    Var.Ua=Ud * cos(wt)-Uq * sin(wt);
    Var.Ub=Ud * cos(wt-PI23)-Uq * sin(wt-PI23);
    Var.Uc=Ud * cos(wt+PI23)-Uq * sin(wt+PI23);
}


/////////////////////////////////////////////////////////////////////////////
void CPTabcTodq(float Ia,float Ib,float Ic,float wt)
                        //静止三相到转子速度的旋转两相,恒功率 Park+Clake 变换
{
```

```
    Var.Id=0.8165 * (cos(wt) * Ia+cos(wt−PI23) * Ib+cos(wt+PI23) * Ic);
    Var.Iq=−0.8165 * (sin(wt) * Ia+sin(wt−PI23) * Ib+sin(wt+PI23) * Ic);
}


//////////////////////////////////////////////////////////////////////////
void CPTdqToabc(float Ud,float Uq,float wt)    //旋转两相到静止三相,恒功率 Park+Clake 逆变换
{
    Var.Ua=0.8165 * (Ud * cos(wt)−Uq * sin(wt));
    Var.Ub=0.8165 * (Ud * cos(wt−PI23)−Uq * sin(wt-PI23));
    Var.Uc=0.8165 * (Ud * cos(wt+PI23)−Uq * sin(wt+PI23));
}


//////////////////////////////////////////////////////////////////////////
void i2sTodq(float ialfa,float ibeta,float wt)        //静止两相到旋转两相的 Park 变换
{
    Var.Id=cos(wt) * ialfa+sin(wt) * ibeta;
    Var.Iq=−sin(wt) * ialfa+cos(wt) * ibeta;
}


//////////////////////////////////////////////////////////////////////////
void dqTo2s(float Ud,float Uq,float wt)        //旋转两相到静止两相的 Park 逆变换
{
    Var.Ualfa=cos(wt) * Ud−sin(wt) * Uq;
    Var.Ubeta=sin(wt) * Ud+cos(wt) * Uq;
}
```

12.4.7 数字 PID 的实现

PID 调节器是连续系统中技术成熟、应用最为广泛的一种调节器,结构简单,参数易于调整,实际运行经验及理论分析证明,PID 调节器在大多数工业控制系统中能取得较满意的控制效果。工业设计中通常根据系统需要整定好模拟 PID 调节器的参数,然后采用离散化算法对模拟 PID 调节器进行离散化处理,最后在计算机上实现。下面介绍数字 PID 的实现方法,并给出几种数字 PID 的实现程序。

在模拟系统中,PID 控制算法的模拟表达式为

$$u(t) = K_p\left[e(t) + \frac{1}{T_i}\int_0^t e(t)\mathrm{d}t + T_d\frac{\mathrm{d}e(t)}{\mathrm{d}t}\right] \tag{12-13}$$

式中,为调节器的输出信号 $e(t)$ 为偏差信号,即给定量与反馈量之差;K_p 为比例系数;T_i 为积分时间常数;T_d 为微分时间常数。

将式(12-13)写成传递函数形式,得

$$U(s) = \left(K_p + \frac{K_i}{s} + K_d s\right)E(s) \tag{12-14}$$

式中,$K_p=K_p,K_i=K_p/T_i,K_d=K_pT_d$。

简单来说,PID 调节器各校正环节的作用如下:

(1) 比例环节:成比例地反映控制系统的偏差信号 $e(t)$,偏差一旦产生,控制器立即输出一个结果,从而保证系统的快速性。

(2) 积分环节:积分作用的强弱主要取决于积分时间常数 T_i。T_i 越大,积分作用越弱,

反之越强。积分环节主要用于消除静态误差,提高系统的控制精度。

(3) 微分环节:该环节能反映偏差信号的变化趋势,并在偏差信号变得过大或过小之前,在系统中引入一个有效的早期修正信号,从而加快系统的动作速度,缩短调节时间。

计算机系统是一种离散化系统,它只能根据采样时刻的偏差值计算控制量。因此,为了使计算机能够实现式(12-14)所示的功能,必须先将其离散化,用离散化的差分方程代替连续系统中的方程,然后编程实现相应的差分方程。

模拟调节器的离散化方法有多种,由于数字处理器是在线进行控制,对实时性要求较高,所以必须采用简单、可靠和足够精确的方法。常用的离散化方法有多种,主要有差分变化法、零阶保持器法与双线性变化法。在对模拟调节器进行离散化时,可直接对微分方程进行离散处理,也可对模拟调节器的传递函数进行离散。这里采用较为常见的后向差分法,对式(12-14)所示的传递函数进行离散化处理。使用后向差分法时,频域与 Z 域的转换公式为

$$s = \frac{z-1}{zT} \tag{12-15}$$

式中,T 为采样周期。

将式(12-15)代入式(12-14)中,可得

$$U(z) = \left[K_p + \frac{K_i Tz}{z-1} + \frac{K_d(z-1)}{zT} \right] E(z) \tag{12-16}$$

式中,$K_p = K_p$,$K_i = K_p/T_i$,$K_d = K_p T_d$。

将式(12-16)以差分方程的形式表示,即

$$u(k) - u(k-1) = K_p[e(k) - e(k-1)] + K_i Te(k) + \frac{K_d}{T}[e(k) - 2e(k-1) + e(k-2)] \tag{12-17}$$

整理得

$$u(k) = u(k-1) + \left(K_p + K_i T + \frac{K_d}{T} \right) e(k) - \left(K_p + \frac{2K_d}{T} \right) e(k-1) + \frac{K_d}{T} e(k-1)$$

$$= u(k-1) + a_0 e(k) - a_1 e(k-1) + a_2 e(k-2) \tag{12-18}$$

式中,a_0、a_1、a_2 的定义如下:

$$\begin{cases} a_0 = K_p + K_i T + \dfrac{K_d}{T} = K_p \left(1 + \dfrac{T}{T_i} + \dfrac{T_d}{T} \right) \\[3mm] a_1 = K_p + \dfrac{2K_d}{T} = K_p \left(1 + \dfrac{2T_d}{T} \right) \\[3mm] a_2 = \dfrac{K_d}{T} = K_p \dfrac{T_d}{T} \end{cases} \tag{12-19}$$

式(12-19)即为数字 PID 的后向差分法的增量式模型,是编程的常用形式之一。当 $T_d = 0$ 时,该式变为数字 PI 调节器的后向差分法的增量式模型。

下面给出数字 PID 的 DSP 实现的例程。数字 PID 在实际工程应用中针对不同的应用场合和需求,具有不同的改进形式,本例列举了防饱和积分、积分分离和带阻尼 3 种 PID 的 DSP 实现子程序。

```c
float PIDCalc1(struct PID_Var * Var,float WErr)          //防积分饱和
{
```

```
        float dErr;
        float Res;
        Var->SumErr=Var->SumErr+WErr * Var->Ki;        //积分
        if( Var->SumErr> Var->maxLim)                    //防积分饱和
            { Var->SumErr=Var->maxLim; }
        if( Var->SumErr< Var->minLim)
            { Var->SumErr=Var->minLim; }

        dErr=WErr-Var->LastErr;                          //当前微分
        Var->LastErr=WErr;
        Res=Var->SumErr+WErr * Var->Kp+dErr * Var->Kd;

        if(Res>Var->maxLim)
            {Res=Var->maxLim;}
        if(Res<Var->minLim)
            {Res=Var->minLim;}
        return(Res);
}


//////////////////////////////////////////////////////////////////////////////
float PIDCalc2(struct PID_Var * Var,float WErr)          //积分分离
{
        float dErr;
        float Res;
        if( WErr > Var->maxLim)                           //积分分离
            Var->SumErr=0.;
        else if( WErr < Var-> minLim)
            Var->SumErr=0.;
        else
            Var->SumErr=Var->SumErr+WErr * Var->Ki;//积分

        dErr=WErr-Var->LastErr;                          //当前微分
        Var->LastErr=WErr;
        Res=Var->SumErr+WErr * Var->Kp+dErr * Var->Kd;

        return(Res);
}


//////////////////////////////////////////////////////////////////////////////
float PIDCalc3(struct ZZ_Var * Var,float WErr)           //带阻尼 PID
{
float Res;

        Res=Var->AA * Var->Lastout+Var->BB * WErr+Var->CC * Var->LastErr;
        Var->LastErr=WErr;

        if(Res>Var->maxLim)                               //总输出限幅
            {Res=Var->maxLim;}
        if(Res<Var->minLim)
            {Res=Var->minLim;}
        Var->Lastout=Res;
```

```
    return(Res);
}
```

习题与思考

12-1 永磁同步电机转子位置和速度检测的手段有哪几种？它们各有什么优缺点？

12-2 隐极永磁同步电机和凸极永磁同步电机的输出转矩构成有何区别？

12-3 永磁同步电机矢量控制系统主要由哪几个模块构成？它们分别实现什么功能？

12-4 实现永磁同步电机控制的 DSP 软件由哪些部分组成？简述每部分软件逻辑。

12-5 DSP 如何实现 PID 调节？常用的 PID 离散化方法有哪几种？

## 第 13 章

工程应用实例（二）

在我国的工业化和城镇化进程中，电力事业取得了长足的发展。伴随着各种电力电子设备的使用，在输配电环节和用电终端出现了各种各样的谐波污染源，对电力系统的电能质量造成了较大影响，电网的谐波污染治理已成为当下亟须解决的重要问题。并联型有源电力滤波器(Shunt Active Power Filter，SAPF)作为一种有效的电能质量综合治理装置，因此得到了广泛的重视和研究。

由于有源电力滤波器需要对多个不同频率的谐波电流进行治理，常规的电流控制方法(如 PI 控制)将难以满足高性能谐波治理的要求。为了实现对各次电流信号的精确调控，工程上通常先采用一定的谐波电流检测方法，提取出各次谐波电流的具体分量，再针对各次谐波分量进行独立控制。这种电流控制算法治理精度高，但涉及谐波检测、坐标变换、电流调控等多个步骤，运算量大，对实时性的要求较高，市面上常见的单片机难以实现较好的控制效果。因此，本章结合 TI 公司提供的应用实例和大量参考文献，重点介绍了一种使用TMS320F28335 实现并联型有源电力滤波器电流控制的解决方案。

13.1 并联型有源电力滤波器简介

13.1.1 并联型有源电力滤波器结构和原理

有源电力滤波器最早出现于 20 世纪 70 年代，但当时只局限于实验室理论研究阶段。直到 20 世纪 80 年代，随着瞬时功率理论、脉宽调制技术和新型大功率电力电子器件的发展，有源电力滤波器才进入实际工业应用阶段。1982 年，首个商业应用的视在功率为800kV·A 有源电力滤波器在日本投入运行。与传统的无源电力滤波器相比，有源电力滤波器的滤波特性好、体积小，应用灵活，不易与电网产生谐振，同时还能实现无功补偿、电压闪变抑制、负荷平衡调节等功能。基于上述优点，有源电力滤波器目前已成为电能质量治理领域内的研究热点。按照电路连接方式的不同，有源电力滤波器可以分为并联型有源电力滤波器、串联型有源电力滤波器和串并联型有源电力滤波器三种。本章以并联型有源电力滤波器为例，讲述其结构原理与数字实现。

并联型有源电力滤波器的结构示意图如图 13-1 所示。其主电路由电压源型逆变器和输出滤波器构成，与非线性负载相并联，共同连接于电网的公共耦合点处。其中，输出滤波器作为 APF 与电网的接口，用于滤除开关频率处的纹波。常见的输出滤波器有单 L 型滤波器和 LCL 型滤波器。与传统的单 L 型滤波器相比，LCL 型滤波器能以较小的电感实现理想的开关纹波滤除效果,在大功率应用场合中的成本优势明显。但 LCL 型滤波器易出现谐振现象,工程上通常在滤波电容支路上串联电阻,从而保证系统稳定。

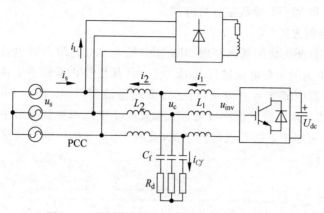

图 13-1 并联型有源电力滤波器的结构示意图

并联型有源电力滤波器的工作原理如图 13-2 所示,它可等效为一个受控电流源,通过它可以向电网注入一个与负载电流谐波分量 i_{Lh} 大小相等、相位相反的补偿电流 i_c。该补偿电流将与负载电流中的谐波成分相互抵消,使得电网公共汇流点处的电流 i_g 不再包含谐波分量,从而实现谐波抑制。在实际的数字控制系统中,APF 的电流控制需要实时检测电网电压、负载电流 i_L 和补偿电流 i_c 的瞬时值,通过锁相环得到电网基波角频率,然后通过谐波检测环节提取出负载电流中的谐波成分与直流电压控制器输出的充电指令电流叠加,生成 APF 的补偿电流参考信号。电流控制器则根据该参考信号和反馈的补偿电流瞬时值,输出实时的控制电压给定值。PWM 模块则将给定的参考控制电压瞬时值转换为对应的 IGBT 开关信号。

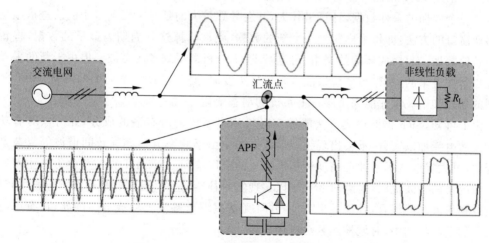

图 13-2 并联型有源电力滤波器工作原理图

13.1.2 并联型有源电力滤波器谐波检测方法

有源电力滤波器进行实时谐波补偿的前提是实时地提取出负载电流中的谐波分量,因此谐波检测策略的优劣直接关系到实际补偿效果。目前,谐波检测策略可分为时域检测方法和频域检测方法。时域检测方法主要包括基于瞬时功率理论的 PQ 理论法,以及基于同步旋转坐标变换的同步坐标变换法(Synchronous Rotation Frame,SRF);频域检测方法主要包括 DFT、FFT 和 RDFT 等数字分析方法。

1. SRF 谐波检测方法

SRF 谐波电流检测方法的基本原理如图 13-3 所示。以提取负载电流的全部谐波分量为例,首先对采样得到的负载电流进行 Park 变换,将其从静止坐标系变换到基波同步旋转坐标系上。此时基波电流变为直流量,可通过低通滤波器(Low Pass Filter,LPF)滤波得到,然后再将该直流量从负载电流中减去,经 Park 反变换即可得到负载电流中的所有谐波分量。SRF 方法也可用于提取某次谐波电流,此时 Park 变换后的旋转坐标系转速要与该次谐波频率保持一致。

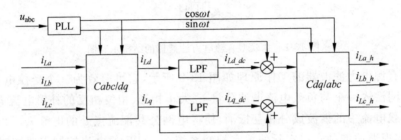

图 13-3　SRF 谐波电流检测方法的工作原理图

2. FFT 谐波电流检测方法

FFT 谐波电流检测方法的原理比较简单,其原理是对检测到的一个周期的电流信号进行 FFT 频域分解,计算出该电流信号中各次谐波的幅值和相位,从而可以得到各次谐波的表达式。采用 FFT 检测方法可以很快地检测到测量波形中的各次谐波,但这种方法的缺点是需要一个周期的采样数据,计算量较大,并会导致较大的延时。目前常用的改进措施是采用移动窗口的方法,即每采样得到一个新的数据,则剔除掉这一周期内最早的数据,将新数据与其他数据一起构成新的数据组,再进行 FFT 分析即得到各次谐波。但由于新的采样点是逐步增加进来的,所以当系统谐波含量发生突变时,必须经过一个周期的测量,FFT 分析得到的基波和谐波量才能完全跟得上系统的动态变化。

由上可知,SRF 谐波检测方法能够实时检测出系统的所有谐波成分,并可以对有功电流和无功电流加以区分,不会出现频域谐波方法中由于频率分辨率导致间谐波等复杂谐波的问题,可大幅度地提高补偿精度和拓展装置的应用范围。而 FFT 谐波检测方法主要针对稳态情况下的谐波提取,对瞬时变化难以实现实时补偿,这将导致 APF 动态响应速度较慢,在负载频繁波动的场合,补偿效果不佳,并且无法提取出基波无功成分。因此,在有源电力滤波器的谐波检测中,时域检测方法应用较多。

13.2　并联型有源电力滤波器的电流控制原理

13.2.1　三相静止坐标系下并联型有源电力滤波器的数学模型

根据如图 13-1 所示的并联型有源电力滤波器结构,可建立基于 *a-b-c* 三相静止坐标系的 APF 数学模型如下。

首先,假设三相系统各相参数一致,并忽略死区等非线性因素的影响,根据等效电路可以得到:

$$
\begin{cases}
L_1 \dfrac{\mathrm{d}i_{1a}}{\mathrm{d}t} = S_a U_{dc} - \left[u_{ca} + (i_{1a} - i_{2a})R_d \right] + u_{OcN} \\[2mm]
L_1 \dfrac{\mathrm{d}i_{1b}}{\mathrm{d}t} = S_b U_{dc} - \left[u_{cb} + (i_{1b} - i_{2b})R_d \right] + u_{OcN} \\[2mm]
L_1 \dfrac{\mathrm{d}i_{1c}}{\mathrm{d}t} = S_c U_{dc} - \left[u_{cc} + (i_{1c} - i_{2c})R_d \right] + u_{OcN}
\end{cases}
\tag{13-1}
$$

式中,u_{OcN} 为滤波电容中点与逆变器直流母线负端之间的电压差,$S_k (k=a,b,c)$ 为各相功率桥臂的开关状态。当 $S_k = 1$ 时,k 相桥臂的上开关管为导通状态,下开关管为关断状态;当 $S_k = 0$ 时,表示下管为导通状态,上管为关断状态。

其次,考虑到三相三线制系统中,$i_{1a} + i_{1b} + i_{1c} = 0$,$i_{2a} + i_{2b} + i_{2c} = 0$,$u_{ca} + u_{cb} + u_{cc} = 0$,因此,式(13-1)可简化为:

$$
\begin{cases}
L_1 \dfrac{\mathrm{d}i_{1a}}{\mathrm{d}t} = u_{Ia} - (i_{1a} - i_{2a})R_d - u_{ca} \\[2mm]
L_1 \dfrac{\mathrm{d}i_{1b}}{\mathrm{d}t} = u_{Ib} - (i_{1b} - i_{2b})R_d - u_{cb} \\[2mm]
L_1 \dfrac{\mathrm{d}i_{1c}}{\mathrm{d}t} = u_{Ic} - (i_{1c} - i_{2c})R_d - u_{cc}
\end{cases}
\tag{13-2}
$$

式中,

$$
\begin{cases}
u_{Ia} = \left(S_a - \dfrac{1}{3} \displaystyle\sum_{k=a,b,c} s_k \right) U_{dc} \\[4mm]
u_{Ib} = \left(S_b - \dfrac{1}{3} \displaystyle\sum_{k=a,b,c} s_k \right) U_{dc} \\[4mm]
u_{Ic} = \left(S_c - \dfrac{1}{3} \displaystyle\sum_{k=a,b,c} s_k \right) U_{dc}
\end{cases}
$$

类似地,通过网侧滤波电感 L_2 的并网电流 i_{2a}、i_{2b}、i_{2c} 的动态方程可表示为:

$$
\begin{cases}
L_2 \dfrac{\mathrm{d}i_{2a}}{\mathrm{d}t} = u_{ca} + (i_{1a} - i_{2a})R_d - u_{sa} \\[2mm]
L_2 \dfrac{\mathrm{d}i_{2b}}{\mathrm{d}t} = u_{cb} + (i_{1b} - i_{2b})R_d - u_{sb} \\[2mm]
L_2 \dfrac{\mathrm{d}i_{2c}}{\mathrm{d}t} = u_{cc} + (i_{1c} - i_{2c})R_d - u_{sc}
\end{cases}
\tag{13-3}
$$

同理,根据基尔霍夫电流定律,可得到滤波电容支路的动态方程为:

$$
\begin{cases}
C \dfrac{\mathrm{d}}{\mathrm{d}t} u_{ca} = i_{1a} - i_{2a} \\[2mm]
C \dfrac{\mathrm{d}}{\mathrm{d}t} u_{cb} = i_{1b} - i_{2b} \\[2mm]
C \dfrac{\mathrm{d}}{\mathrm{d}t} u_{cc} = i_{1c} - i_{2c}
\end{cases}
\tag{13-4}
$$

针对直流母线电压 U_{dc},其需要满足直流母线电压平衡方程:

$$C_{dc} \frac{\mathrm{d}}{\mathrm{d}t} U_{dc} = -(S_a i_{1a} + S_b i_{1b} + S_c i_{1c}) - \frac{U_{dc}}{R_{dc}} \tag{13-5}$$

最终,结合式(13-1)~式(13-5),可得到基于 a-b-c 三相静止坐标系的并联型有源电力滤波器电压电流方程如下:

$$\frac{\mathrm{d}x_{abc}}{\mathrm{d}t} = \boldsymbol{A}_{abc} \boldsymbol{x}_{abc} + \boldsymbol{B}_{abc} \boldsymbol{u}_{abc} \tag{13-6}$$

式中,

$$\boldsymbol{A}_{abc} = \begin{bmatrix} \frac{-R_d}{L_1} & 0 & 0 & -\frac{1}{L_1} & 0 & 0 & \frac{R_d}{L_1} & 0 & 0 \\ 0 & \frac{-R_d}{L_1} & 0 & 0 & -\frac{1}{L_1} & 0 & 0 & \frac{R_d}{L_1} & 0 \\ 0 & 0 & \frac{-R_d}{L_1} & 0 & 0 & -\frac{1}{L_1} & 0 & 0 & \frac{R_d}{L_1} \\ \frac{1}{C} & 0 & 0 & 0 & 0 & 0 & -\frac{1}{C} & 0 & 0 \\ 0 & \frac{1}{C} & 0 & 0 & 0 & 0 & 0 & -\frac{1}{C} & 0 \\ 0 & 0 & \frac{1}{C} & 0 & 0 & 0 & 0 & 0 & -\frac{1}{C} \\ \frac{R_d}{L_2} & 0 & 0 & \frac{1}{L_2} & 0 & 0 & -\frac{R_d}{L_2} & 0 & 0 \\ 0 & \frac{R_d}{L_2} & 0 & 0 & \frac{1}{L_2} & 0 & 0 & -\frac{R_d}{L_2} & 0 \\ 0 & 0 & \frac{R_d}{L_2} & 0 & 0 & \frac{1}{L_2} & 0 & 0 & -\frac{R_d}{L_2} \end{bmatrix}, \quad \boldsymbol{x}_{abc} = \begin{bmatrix} i_{1a} \\ i_{1b} \\ i_{1c} \\ u_{ca} \\ u_{cb} \\ u_{cc} \\ i_{2a} \\ i_{2b} \\ i_{2c} \end{bmatrix}$$

$$\boldsymbol{B}_{abc} = \begin{bmatrix} \frac{1}{L_1} & 0 & 0 & 0 & 0 & 0 \\ 0 & \frac{1}{L_1} & 0 & 0 & 0 & 0 \\ 0 & 0 & \frac{1}{L_1} & 0 & 0 & 0 \\ 0 & 0 & 0 & 0 & 0 & 0 \\ 0 & 0 & 0 & 0 & 0 & 0 \\ 0 & 0 & 0 & 0 & 0 & 0 \\ 0 & 0 & 0 & \frac{-1}{L_2} & 0 & 0 \\ 0 & 0 & 0 & 0 & \frac{-1}{L_2} & 0 \\ 0 & 0 & 0 & 0 & 0 & \frac{-1}{L_2} \end{bmatrix}, \quad \boldsymbol{u}_{abc} = \begin{bmatrix} u_{Ia} \\ u_{Ib} \\ u_{Ic} \\ u_{sa} \\ u_{sb} \\ u_{sc} \end{bmatrix}$$

13.2.2　同步旋转坐标系下并联型有源电力滤波器的数学模型

为了方便地实现谐波提取和电流控制,一般可以通过坐标变换,将 APF 的数学模型从三相静止坐标系变换到同步旋转坐标系下。图 13-4 给出了 a-b-c 静止坐标系、α-β 静止坐标系和 d-q 同步旋转坐标系之间的关系。

首先,由 a-b-c 静止坐标系到 α-β 静止坐标系的 Clarke 变换矩阵为:

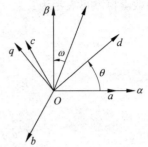

$$T_{abc/\alpha\beta} = \sqrt{\frac{2}{3}} \begin{bmatrix} 1 & -\dfrac{1}{2} & -\dfrac{1}{2} \\ 0 & \dfrac{\sqrt{3}}{2} & -\dfrac{\sqrt{3}}{2} \end{bmatrix} \tag{13-7}$$

利用式(13-7)的 Clarke 变换矩阵,对式(13-6)进行坐标变换。由于三相对称系统中,0 轴分量可以忽略,可得到 α-β 静止坐标系下并联型有源电力滤波器的数学模型如下:

图 13-4 各坐标系相互间的关系

$$\begin{cases} L_1 \dfrac{\mathrm{d}i_{1\alpha}}{\mathrm{d}t} = u_{I\alpha} - (i_{1\alpha} - i_{2\alpha})R_d - u_{c\alpha} \\[2mm] L_1 \dfrac{\mathrm{d}i_{1\beta}}{\mathrm{d}t} = u_{I\beta} - (i_{1\beta} - i_{2\beta})R_d - u_{c\beta} \\[2mm] L_2 \dfrac{\mathrm{d}i_{2\alpha}}{\mathrm{d}t} = u_{c\alpha} + (i_{1\alpha} - i_{2\alpha})R_d - u_{s\alpha} \\[2mm] L_2 \dfrac{\mathrm{d}i_{2\beta}}{\mathrm{d}t} = u_{c\beta} + (i_{1\beta} - i_{2\beta})R_d - u_{s\beta} \\[2mm] C \dfrac{\mathrm{d}u_{c\alpha}}{\mathrm{d}t} = i_{1\alpha} - i_{2\alpha} \\[2mm] C \dfrac{\mathrm{d}u_{c\beta}}{\mathrm{d}t} = i_{1\beta} - i_{2\beta} \end{cases} \tag{13-8}$$

对式(13-5)进行坐标变换,得到 α-β 静止坐标系下的直流母线电压平衡方程为:

$$C_{dc} \frac{\mathrm{d}}{\mathrm{d}t} U_{dc} = -(S_\alpha i_{1\alpha} + S_\beta i_{1\beta}) - \frac{U_{dc}}{R_{dc}} \tag{13-9}$$

其次,由 α-β 静止坐标系到 d-q 同步旋转坐标系的 Park 变换矩阵为:

$$T_{\alpha\beta/dq} = \begin{bmatrix} \cos\theta & \sin\theta \\ -\sin\theta & \cos\theta \end{bmatrix} \tag{13-10}$$

式中,$\theta = \int \omega \mathrm{d}t + \theta_0$ 为 Park 变换的相角,也即 d-q 同步旋转坐标的 d 轴与 a-b-c 静止坐标系 a 轴之间的夹角。在有源滤波器应用中,一般采用电网电压定向方式,即 θ 是电网电压相位,θ_0 为电网电压相位的初相角,此时 d 轴的定位在电压相量 U 上。若电压相量 U 三相对称时,其在 q 轴上的投影为 0,此时 $\theta_0 = 0$,从而简化了系统的控制和分析。

根据式(13-7)和式(13-10),可以得到 a-b-c 静止坐标系到 d-q 同步旋转坐标系的变换矩阵为:

$$T_{abc/dq} = T_{abc/\alpha\beta} \cdot T_{\alpha\beta/dq} = \sqrt{\frac{2}{3}} \cdot \begin{bmatrix} \cos(\omega t) & \cos(\omega t - 2\pi/3) & \cos(\omega t + 2\pi/3) \\ -\sin(\omega t) & -\sin(\omega t - 2\pi/3) & -\sin(\omega t + 2\pi/3) \end{bmatrix} \tag{13-11}$$

利用如式(13-11)所示的变换矩阵,得到并联型有源电力滤波器在 $d\text{-}q$ 同步旋转坐标系下的数学模型可表示为:

$$\begin{cases} L_1 \dot{i}_{1d} = u_{ld} - (i_{1d} - i_{2d})R_d - u_{cd} + \omega L_1 i_{1q} \\ L_1 \dot{i}_{1q} = u_{lq} - (i_{1q} - i_{2q})R_d - u_{cq} - \omega L_1 i_{1d} \\ L_2 \dot{i}_{2d} = u_{cd} + (i_{1d} - i_{2d})R_d - u_{sd} + \omega L_2 i_{2q} \\ L_2 \dot{i}_{2q} = u_{cq} + (i_{1q} - i_{2q})R_d - u_{sq} - \omega L_2 i_{2d} \\ C \dot{u}_{cd} = i_{1d} - i_{2d} + \omega C u_{cq} \\ C \dot{u}_{cq} = i_{1q} - i_{2q} - \omega C u_{cd} \end{cases} \tag{13-12}$$

相应地,在 $d\text{-}q$ 同步旋转坐标系下的直流母线电压平衡方程为:

$$C_{dc} \frac{\mathrm{d}}{\mathrm{d}t} U_{dc} = -(S_d i_{1d} + S_q i_{1q}) - \frac{U_{dc}}{R_{dc}} \tag{13-13}$$

式中,S_{dq} 为 $d\text{-}q$ 同步旋转坐标下的开关函数。

因此,结合式(13-12)和式(13-13),可得到并联型有源电力滤波器在 $d\text{-}q$ 同步旋转坐标下的电流电压方程为:

$$\frac{\mathrm{d}x_{dq}}{\mathrm{d}t} = \boldsymbol{A}_{dq}\boldsymbol{x}_{dq} + \boldsymbol{B}_{dq}\boldsymbol{u}_{dq} \tag{13-14}$$

式中,

$$\boldsymbol{A}_{dq} = \begin{bmatrix} -\dfrac{R_d}{L_1} & 0 & -\dfrac{1}{L_1} & 0 & \dfrac{R_d}{L_1} & 0 \\ 0 & -\dfrac{R_d}{L_1} & 0 & -\dfrac{1}{L_1} & 0 & \dfrac{R_d}{L_1} \\ \dfrac{1}{C} & 0 & 0 & \omega & -\dfrac{1}{C} & 0 \\ 0 & \dfrac{1}{C} & -\omega & 0 & 0 & -\dfrac{1}{C} \\ \dfrac{R_d}{L_2} & 0 & \dfrac{1}{L_2} & 0 & -\dfrac{R_d}{L_2} & 0 \\ 0 & \dfrac{R_d}{L_2} & 0 & \dfrac{1}{L_2} & 0 & -\dfrac{R_d}{L_2} \end{bmatrix}, \quad \boldsymbol{x}_{dq} = \begin{bmatrix} i_{1d} \\ i_{1q} \\ u_{cd} \\ u_{cq} \\ i_{2d} \\ i_{2q} \end{bmatrix}$$

$$\boldsymbol{B}_{dq} = \begin{bmatrix} \dfrac{1}{L_1} & 0 & 0 & 0 \\ 0 & \dfrac{1}{L_1} & 0 & 0 \\ 0 & 0 & 0 & 0 \\ 0 & 0 & 0 & 0 \\ 0 & 0 & -\dfrac{1}{L_2} & 0 \\ 0 & 0 & 0 & -\dfrac{1}{L_2} \end{bmatrix}, \quad \boldsymbol{u}_{dq} = \begin{bmatrix} u_{ld} \\ u_{lq} \\ u_{sd} \\ u_{sq} \end{bmatrix}$$

最后,对式(13-14)进行拉普拉斯变换,可得到并联型有源电力滤波器在 d-q 同步旋转坐标下的 s 域数学模型框图,如图 13-5 所示。

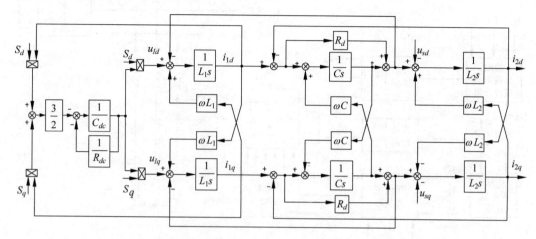

图 13-5　d-q 同步旋转坐标下并联型有源电力滤波器的 s 域数学模型框图

13.2.3　基于比例谐振的电流控制方法

APF 电流控制的目标是对含有谐波分量的补偿电流参考信号实现精确跟踪,而常规的 PI 控制方法仅能消除直流指令信号的稳态误差,对于频率较高的周期指令信号,效果不够理想,存在较大的跟踪误差。比例谐振控制(Proportional Resonant,PR)能够无差跟踪正弦信号,因此在有源电力滤波器中得到广泛应用。

理想 PR 控制器的一般表达式如下:

$$G_{PR}(s) = K_p + \frac{K_i s}{s^2 + \omega_r^2} \tag{13-15}$$

式中,K_p 为比例系数,K_i 为谐振系数,ω_r 为谐振频率。可以看出,PR 控制器在谐振频率 ω_r 处的增益为无穷大,在其余频率处则有很强的抑制能力。

式(13-15)中的谐振部分属于理想状态下的谐振控制器,在实际控制系统中无穷大增益难以实现;其次,由于理想的谐振控制器带宽很小,对于除谐振频率外的其他信号基本上都呈衰减作用,但考虑到实际电网频率会出现波动,并且谐波的频率波动范围是基波频率波动范围的整数倍,因此必须增大谐振控制器的带宽从而增大系统的抗干扰能力。通常,对理想的谐振控制器进行改进,改进后谐振控制器的表达式如下:

$$G_R(s) = \frac{2K_i \omega_c s}{s^2 + 2\omega_c s + \omega_r^2} \tag{13-16}$$

式中,ω_c 为带宽截止频率。在实际应用中,将根据负载电流包含的谐波频次,选取多个谐振单元构成最终的电流控制器,从而实现对多个频次电流信号的准确跟踪。

基于上述比例谐振控制器,三相并联型有源电力滤波器的电流控制框图如图 13-6 所示。

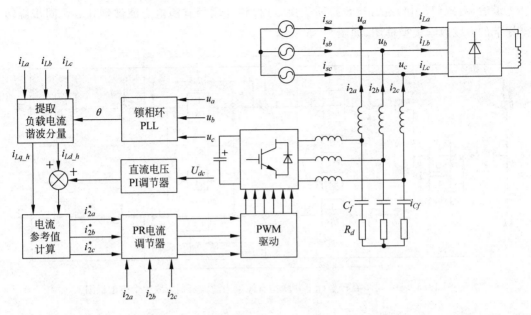

图 13-6 三相并联型有源电力滤波器的电流控制框图

13.3 基于 DSP 的实现

TI 公司 TMS320F2833x 系列 DSP 配有浮点处理单元,具有强大的计算能力,外设功能齐备。本节将使用 TMS320F28335 DSP 芯片实现三相并联型有源电力滤波器系统的控制,介绍程序主要结构,并结合程序对其中几个模块的实现进行具体说明。这些程序基于以下几个条件:

(1) 主电路使用两电平电压源型逆变器,共需 6 路控制脉冲;

(2) 三相并联有源电力滤波器采用三线制结构,不含中性线;

(3) 使用 TMS320F28335 DSP 作为主控制器;

(4) 功率器件开关频率为 15kHz,即中断周期为 66.67μs;

(5) 使用交流电压、电流传感器和直流电压传感器,分别采集三相电网电压、三相负载电流、三相补偿电流和直流母线电压。

13.3.1 硬件结构设计

三相并联型有源电力滤波器控制器的硬件框图如图 13-7 所示。该控制器主要由主电路、检测电路和以 DSP 为控制核心的控制器构成。主电路包括电压源型逆变器、LCL 输出滤波器、非线性负载和电网。检测电路主要包括交流电压、交流电流检测电路、直流电压检测电路、故障信号检测电路等。控制器实现的主要功能包括:输入信号的处理,比例谐振电流控制算法的实现,PWM 驱动信号的输出,继电保护电路的输出,键盘等控制信号的输入等。

1. 电压电流检测电路

有源电力滤波器的数字实现需要对三相电网电压进行实时采样,通过获得电网电压的

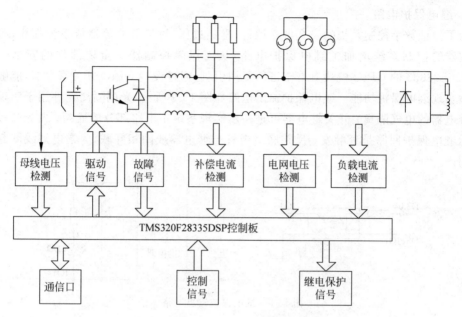

图 13-7 三相并联型有源电力滤波器控制器的硬件框图

相位信息进行同步坐标变换,因此对数字控制器的采样精度要求较高。TMS320F28335 DSP 有 16 路 A/D 采样通道,采样精度为 12 位。相较于常见的 TMS320F2812 DSP, TMS320F28335 DSP 的内部 A/D 能够提供更准确的采样基准,降低了增益误差,从而可以满足三相有源电力滤波器数字控制的要求。为了保证控制系统的采样精度,控制器选用高精度的 LV28-NP 型霍尔电压传感器用于测量三相电网电压。

由于 TMS320F28335 DSP 的 ADC 模块输入电压范围为 $0\sim3V$,电压采样电路需将霍尔互感器输出的电流信号调整为 $0\sim3V$ 范围内的电压信号。电压检测电路如图 13-8 所示, R_1 为精密电阻,用于将电压霍尔传感器输出的电流信号转换成电压信号;运放 B 与相邻的电阻、电容组成二阶低通滤波器,对电流进行滤波处理,去除采样通道等引入的干扰;运放 C 的电压加法电路用于提升电流检测信号的电压;而最后的 3.0V 稳压管用于保护 DSP 的 ADC 模块的输入端,避免因电压过高引起 DSP 芯片的损坏。

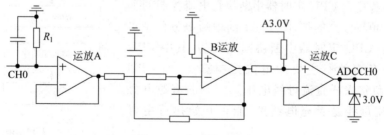

图 13-8 电压检测电路

此外,有源电力滤波器同样需要对三相负载电流、三相补偿电流进行实时采样,选用高精度的 LA28-NP 型霍尔电流传感器用于电流测量。霍尔电流传感器输出的电流信号经电流检测电路后,调整为 $0\sim3V$ 范围内的电压信号。其中,电流检测电路的结构与电压检测电路相同。

2. 继电保护电路

为了保证数字控制系统的安全可靠运行,避免过压、过流等故障造成系统损坏,有源电力滤波器的控制系统增加了继电保护电路,从而保障控制器等重要部件的安全。由于TMS320F28335 的 GPIO 模块有着丰富的复用引脚,通过设置 GPIO 开关寄存器,能够十分方便地实现继电保护功能。继电保护输出电路如图 13-9 所示,光耦隔离元件用于实现控制器与继电器的电气隔离;开关继电器可进一步实现系统主电路部分的通断;发光二极管用于提示继电保护回路是否触发;反并联二极管与继电器线圈相并联,为继电器线圈起到续流作用。

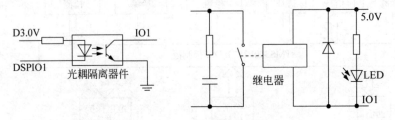

图 13-9 继电保护输出电路

13.3.2 软件结构设计

DSP 软件是整个控制器软件的核心组成部分,控制器的主要功能由 DSP 程序实现。由于 TMS320F28335 DSP 芯片为浮点架构,运算性能优越,并且芯片外设模块功能强大,这些特点使得采用该芯片编写 DSP 程序更加简单和灵活。

在三相并联型有源电力滤波器的电流控制程序中,同样包括主程序和中断服务程序两个部分。图 13-10 和图 13-11 分别给出了主程序和中断服务程序的流程图。其中,主程序用来完成 DSP 外设的初始化和控制器参数的初始化;而中断服务程序则是完成整个电流控制器的所有核心算法,包括谐波电流检测、比例谐振控制等。中断可以由 DSP 内部的 CPU 定时器实现,也可以用 ePWM 实现中断。本程序由 CPU 定时器中断执行电流控制的主要计算任务。值得注意的是,图 13-11 的中断服务程序实际上是由两个 CPU 定时器中断协同完成的,其中 CPU Timer 0 中断负责执行主要的电流控制算法,而 CPU Timer 1 中断负责采样直流母线电压 U_{dc},判断有源电力滤波器的直流母线是否充电结束,能否开始执行主要算法。

在有源电力滤波器的电流控制中,PWM 信号的生成程序至关重要。由于主电路采用两电平电压源型逆变器的结构,TMS320F28335 的 6 路 ePWM 模块都需要进行设置。由图 13-11 所知,根据电流控制算法可以计算得到

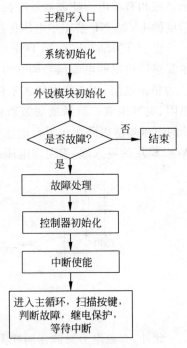

图 13-10 主程序流程图

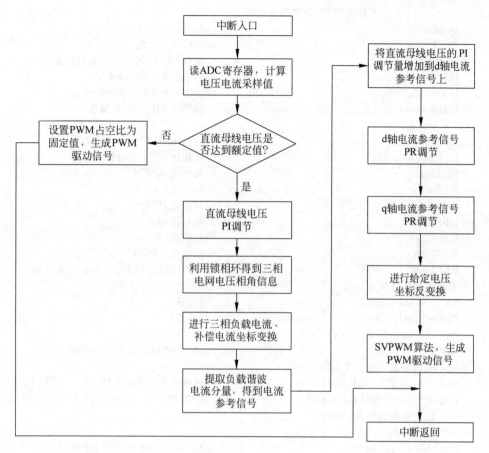

图 13-11 中断服务程序流程图

相应的各 PWM 波周期的高电平占空比。考虑到同一桥臂上的上下两组 PWM 控制信号是相反的,因此,对上桥臂的 PWM 信号取反可直接得到下桥臂的信号。为避免上下桥臂直通,在上下桥臂的 PWM 信号中加入死区。死区的实现如下:由 ePWM 模块中的比较子模块可以得到未注入死区时间的上桥臂控制信号 ePWMxAin;ePWMxAin 信号经过上升沿延时可以得到上桥臂的最终控制信号 ePWMxAout;相似地,ePWMxAin 信号经过下降沿延时并取反后可以得到下桥臂的最终控制信号 ePWMxBout。关于 PWM 信号产生的原理已在第 10、11 章进行了说明,此处不再赘述。接下来将结合具体程序对系统初始化、ADC模块、同步旋转坐标变换、谐波检测方法以及数字 PR 的 DSP 实现做具体说明。

13.3.3 系统初始化

系统初始化例程如下。本例给出了对应于图 13-10 的 DSP 主程序,完成系统初始化、外设初始化、调节器初始化、中断使能,然后进入主循环等待中断。

```
# include "DSP2833x_Device.h"              //DSP2833x 头文件读入
# include "DSP2833x_Examples.h"            //DSP2833x 头文件读入
void main(void)
{
    InitSysCtrl();                          //SYSCLKOUT=150M, HISPCP=75M, LOSPCP=37.5M,
```

```
                    //系统初始化,设置系统时钟
    InitGpio();                                  //初始化 GPIO
    DINT;                                        //清除所有中断
    InitPieCtrl();                               //设置 PIE 控制寄存器默认状态
    IER = 0x0000;                                //禁止所有 CPU 级中断
    IFR = 0x0000;                                //清除所有 CPU 级中断标志
    InitPieVectTable();                          //初始化 PIE 中断矢量表

    InitAdc();                                   //初始化 ADC
    InitCpuTimers();                             //初始化 CPU 定时器 0
    InitEPwm();                                  //初始化 ePWM
    InitI2C();                                   //初始化 I2C
    InitECap();                                  //初始化 eCAP
    InitSci();                                   //初始化 SCI
    InitSpi();                                   //初始化 SPI
    InitXintf();                                 //初始化 XINTF
    EALLOW;                                      //允许访问 EALLOW 保护的寄存器
//设置中断服务器地址
    PieVectTable.TINT0 = &time0int_isr;          //TIME0
    PieVectTable.XINT13 = &time1int_isr;         //TIME1
    PieVectTable.ECAP1_INT = &ecap1int_isr;      //ECAP1
    EDIS;                                        //禁止访问 EALLOW 保护的寄存器
//使能 PIE 级中断 Group 1~Group 12
    PieCtrlRegs.PIEIER1.bit.INTx7 = 0;           //使能 PIE Gropu 1 INT1.7 //TINT0
    PieCtrlRegs.PIEIER4.bit.INTx1 = 0;           //使能 PIE Gropu 4 INT4.1 //ECAP1_INT
//从 I2C 读数据至数组 MCtrlPrm
    Init_I2CPrm();
    FlashMemCopy();                              //从 Flash 读取程序至 RAM
    Init_APF_Var();                              //初始化有源电力滤波器 APF 控制器参数
    ADC_DspZero();
    IER |= M_INT13;                              //使能 INT13 TIME1
    EINT;                                        //使能中断
    GpioDataRegs.GPBCLEAR.bit.GPIO53 = 1;        //强制 GPIO53 引脚输出锁存为低电平
    wait_one_second();
    IER |= (M_INT1 | M_INT4);                    //使能 INT1,INT4
    Opr_Loop();                                  //进入中循环
}
```

13.3.4 ADC 模块的配置

由图 13-11 可知,每次进入中断服务程序时,首先要对三相电网电压、三相负载电流、三相补偿电流及直流母线电压进行采样,为后续有源电力滤波器的电流控制算法提供本次计算的参考值。因此,可以使用 CPUTimer 定时器中断触发采样过程,通过相关寄存器的配置即可使用 CPUTimer 定时器周期性地启动 ADC 转换序列。

以下给出了 ADC 模块的相关配置以及采样程序,其中三相负载电流 i_{La}、i_{Lb}、i_{Lc} 分别由 ADCINA0、ADCINA1、ADCINA2 采样,三相补偿电流 i_{2a}、i_{2b}、i_{2c} 分别通过 ADCINA3、ADCINA4、ADCINA5 采样,三相电网电压 u_a、u_b、u_c 分别由 ADCINB2、ADCINB1、ADCINB0 引脚采样,直流母线 U_{dc} 通过 ADCINA7 采样。

ADC 模块相关子程序如下:

```
# include "DSP2833x_Device.h"                 //DSP2833x 头文件读入
# include "DSP2833x_Examples.h"               //DSP2833x 头文件读入
# define ADC_usDELAY   5000L
# if (CPU_FRQ_150MHz)                         //Default - 150 MHz SYSCLKOUT
# define ADC_MODCLK 0x1
    //HSPCLK = SYSCLKOUT/2 * ADC_MODCLK2 = 150/(2 * 1) = 75.0MHz
# endif
# if (CPU_FRQ_100MHz)
# define ADC_MODCLK 0x1
    //HSPCLK = SYSCLKOUT/2 * ADC_MODCLK2 = 100/(2 * 1) = 50.0MHz
# endif
# define ADC_CKPS   0x1
    //ADC 模块时钟= HSPCLK/2 * ADC_CKPS = 25.0MHz/(1 * 2) = 12.5MHz
# define ADC_SHCLK   0xf              //采样保持时间 = 16 ADC clocks
# define AVG         1000             //平均采样限制
# define ZOFFSET     0x00             //平均初始偏置
# define BUF_SIZE    40               //采样缓存大小


void InitAdc(void)
{
    extern void DSP28x_usDelay(Uint32 Count);
    EALLOW;
    SysCtrlRegs.PCLKCR0.bit.ADCENCLK = 1; //ADC 时钟使能
    ADC_cal();
    EDIS;
    AdcRegs.ADCTRL3.all = 0x00E0;            //ADC 带隙和参考电路上电
    wait_one_ms();
    AdcRegs.ADCTRL1.bit.CPS = 0;
    //设置 ADC 控制寄存器 1 的 CPS 参数,CPS=0, ADCCLK = Fclk/1; CPS=1, ADCCLK =
    //Fclk/2; ADCTRL1[7]=CPS
    AdcRegs.ADCTRL3.bit.ADCCLKPS = 3;
    //设置 ADC 模块时钟= HSPCLK/[6 * (ADCTRL1[7] + 1)]=75M/[6 * (0 + 1)] = 25MHz
    AdcRegs.ADCTRL1.bit.ACQ_PS = 2;     //设置 SOC 脉冲宽度,SOC 脉冲宽度 =(ACQ_PS
                                        //[3:0]) + 1) * ADCCLK
    AdcRegs.ADCTRL1.bit.CONT_RUN = 0;       //设置 ADC 工作于启停模式
    AdcRegs.ADCTRL1.bit.SUSMOD = 0;         //设置 ADC 模块在仿真挂起时的应对反应,0 位仿
                                            //真挂起被忽略
    AdcRegs.ADCTRL1.bit.SEQ_OVRD = 0;//允许序列发生器在完成 MAX_CONVn 个后回绕
    AdcRegs.ADCTRL3.bit.SMODE_SEL = 0;      //设置顺序采样模式
    AdcRegs.ADCTRL1.bit.SEQ_CASC = 1;       //建立级联序列器模式
    AdcRegs.ADCMAXCONV.all = 15;    //16 个通道使用 13 个,分别采样 iLa, iLb, iLc, i2a,
                                    //i2b, i2c, Udc,uc,ua, ub
    AdcRegs.ADCCHSELSEQ1.all = 0x3210;   //ila 在第一通道,排序器排在第 1,对应 Result 0
                                         //寄存器,以下同理
    AdcRegs.ADCCHSELSEQ2.all = 0x7654;
    AdcRegs.ADCCHSELSEQ3.all = 0xBA98;
    AdcRegs.ADCCHSELSEQ4.all = 0xFEDC;
    AdcRegs.ADCREFSEL.bit.REF_SEL = 0;      //选择内部参考电压
}
```

13.3.5 同步旋转坐标变换的实现

三相并联型有源电力滤波器的控制通常要采用 Park 变换和 Clarke 变换,将采集到的电流、电压信号从 a-b-c 三相静止坐标系变换到 d-q 同步旋转坐标系上,以便执行谐波检测算法和电流控制算法,相关内容已在 13.2 节中进行了详细介绍。TMS320F28335 DSP 在浮点运算方面有很强的处理能力,考虑到 Park 变换和 Clarke 变换的矩阵固定不变,因此将矩阵中的分数转换成小数形式,然后参与计算,以节省开根号及除法运算带来的额外运算量。

三相负载电流从三相静止坐标系到基波同步旋转坐标系的 DSP 实现例程如下:

```
# define PI23 2.0943951024 // 120 degree // 2 * PI/3 = 2 * 3.1415926 = 2.09439507
APF_Var.ip = 0.8164966 * (sin(APF_Var.wt) * APF_Var.ila + sin(APF_Var.wt-PI23) *
APF_Var.ilb + sin(APF_Var.wt+PI23) * APF_Var.ilc);
APF_Var.iq = 0.8164966 * (cos(APF_Var.wt) * APF_Var.ila + cos(APF_Var.wt-PI23) *
APF_Var.ilb + cos(APF_Var.wt+PI23) * APF_Var.ilc); //从三相静止坐标系到基波同步旋转
                                                    //坐标系的恒功率变换
```

三相负载电流从基波同步旋转坐标系到三相静止坐标系的 DSP 实现例程如下:

```
APF_Var.ila = 0.8164966 * (sin(APF_Var.wt) * APF_Var.ip + cos(APF_Var.wt) * APF_
Var.iq);
APF_Var.ilb = 0.8164966 * (sin(APF_Var.wt−PI23) * APF_Var.ip + cos(APF_Var.wt−
PI23) * APF_Var.iq);
APF_Var.ilc = 0.8164966 * (sin(APF_Var.wt+PI23) * APF_Var.ip + cos(APF_Var.wt+
PI23) * APF_Var.iq); // 从基波同步旋转坐标系到三相静止坐标系的恒功率变换
```

有源电力滤波器的实际应用中,存在某次谐波含量过大的情况。此时,通常选择单独提取该次谐波分量,再加以单独调制。以 5 次谐波电流为例,三相负载电流从三相静止坐标系到 5 次同步旋转坐标系的 DSP 实现例程如下:

```
APF_Var.ip = 0.8164966 * (sin(5 * APF_Var.wt) * APF_Var.ila + sin(5 * APF_Var.wt+
PI23) * APF_Var.ilb + sin(5 * APF_Var.wt−PI23) * APF_Var.ilc);
APF_Var.iq = 0.8164966 * (cos(5 * APF_Var.wt) * APF_Var.ila + cos(5 * APF_Var.wt+PI23) *
APF_Var.ilb + cos(5 * APF_Var.wt−PI23) * APF_Var.ilc);   //从三相静止坐标系到 5 次
                                                         //同步旋转坐标系的恒功率
                                                         //变换
```

同理,5 次负载谐波电流从 5 次同步旋转坐标系到三相静止坐标系的 DSP 实现例程如下:

```
APF_Var.ila5 = 0.8164966 * (sin(5 * APF_Var.wt) * APF_Var.ip5 + cos(5 * APF_Var.wt) *
APF_Var.iq5);
APF_Var.ilb5 = 0.8164966 * (sin(5 * APF_Var.wt−PI23) * APF_Var.ip5 + cos(5 * APF_
Var.wt−PI23) * APF_Var.iq5);
APF_Var.ilc5 = 0.8164966 * (sin(5 * APF_Var.wt+PI23) * APF_Var.ip5 + cos(5 * APF_Var.
wt+PI23) * APF_Var.iq5);   //从 5 次同步旋转坐标系到三相静止坐标系的恒功率变换
```

13.3.6 谐波检测方法的实现

有源电力滤波器需要实时地提取出负载电流中的谐波分量,谐波检测策略的优劣直接关系到实际补偿效果,常见的谐波检测策略有 SRF 时域检测方法和 FFT 频域检测方法,相关内容已在 13.1.2 节中进行了详细阐述。

SRF 谐波检测方法的 DSP 实现例程如下:

```
# define PI23 2.0943951024 // 120 degree // 2 * PI/3 = 2 * 3.1415926 = 2.09439507
APF_Var.ip = 0.8164966 * (sin(APF_Var.wt) * APF_Var.ila + sin(APF_Var.wt-PI23) *
APF_Var.ilb + sin(APF_Var.wt+PI23) * APF_Var.ilc);

APF_Var.iq = 0.8164966 * (cos(APF_Var.wt) * APF_Var.ila + cos(APF_Var.wt-PI23) *
APF_Var.ilb + cos(APF_Var.wt+PI23) * APF_Var.ilc); //从三相静止坐标系到基波同步旋转
                                                    //坐标系的恒功率变换

//初始化 LPF 参数,Fc = 5Hz,Fs = 15kHz
LPF_IP.K1=0.00000109500006981147453;
LPF_IP.K2=0.00000219000013962294906;
LPF_IP.K3=1.9970381259918213;
LPF_IP.K4=0.99704247713088989;

LPF_IQ.K1=0.00000109500006981147453;
LPF_IQ.K2=0.00000219000013962294906;
LPF_IQ.K3=1.9970381259918213;
LPF_IQ.K4=0.99704247713088989;              //Fc = 5Hz, Fs = 15kHz

APF_Var.ipf = LPF(& LPF_IP, APF_Var.ip);
APF_Var.iqf = LPF(& LPF_IQ, APF_Var.iq);    //采用低通滤波器滤波得到基波分量

APF_Var.iph = APF_Var.ip - APF_Var.ipf;
APF_Var.iqh = APF_Var.iq - APF_Var.iqf;     //得到谐波分量

APF_Var.ilah = 0.8164966 * (sin(APF_Var.wt) * APF_Var.iph + cos(APF_Var.wt) * APF_
Var.iqh);

APF_Var.ilbh = 0.8164966 * (sin(APF_Var.wt-PI23) * APF_Var.iph + cos(APF_Var.wt-
PI23) * APF_Var.iqh);

APF_Var.ilch = 0.8164966 * (sin(APF_Var.wt+PI23) * APF_Var.iph + cos(APF_Var.wt+
PI23) * APF_Var.iqh);                       //从基波同步旋转坐标系到三相静止坐标系的恒功率变换

////////////////////////////////////////////////////////////////////////////////
float LPF(struct LPF_Var * Var, float In)
{
    float Res;
    Var->X_k=In;
    Var->Y_k = Var->K3 * Var->Y_k_1 - Var->K4 * Var->Y_k_2 + Var->K1 *
Var->X_k + Var->K2 * Var->X_k_1 + Var->K1 * Var->X_k_2;
    Res = Var->Y_k;

    Var->X_k_2 = Var->X_k_1;
    Var->X_k_1 = Var->X_k;
    Var->Y_k_2 = Var->Y_k_1;
```

```
        Var->Y_k_1 = Var->Y_k;
        return(Res);
    }
```

13.3.7 数字 PR 的实现

有源电力滤波器需要采用谐振控制器来实现对谐波电流信号的准确跟踪,式(13-16)已给出谐振控制器的表达式。在数字实现时,需要进行离散化处理。常见的离散化方法有后向欧拉法、零阶保持器法与双线性变换法。但上述离散方法在谐振控制器的谐振频率较大时会降低精度,因此在工程上一般采用修正的双线性变换对谐振控制器进行离散化处理。修正的双线性变换表达式如下:

$$s = \frac{\omega_r}{\tan(\omega_r/2)} \cdot \frac{z-1}{z+1} \tag{13-17}$$

式中,T 为采样周期,ω_r 为谐振控制器的谐振频率。采用修正项 $\omega_r/\tan(\omega_r/2)$ 替代了普通双线性变换中的系数 $2/T_s$,从而确保了离散域控制器的谐振频率与连续域设定值一致。

将式(13-17)代入式(13-16)中,可得到:

$$U(z) = \left(\frac{a_0 z^2 + a_1}{b_0 z^2 + b_1 z + b_2} \right) E(z) \tag{13-18}$$

式中,

$$\begin{cases} a_0 = 2K_i \omega_c \tan(\omega_r/2) \\ a_1 = -a_0 \\ b_0 = \omega_r + 2\omega_c \tan(\omega_r/2) + \omega_r \tan^2(\omega_r/2) \\ b_1 = -2\omega_r + 2\omega_r \tan^2(\omega_r/2) \\ b_2 = \omega_r - 2\omega_c \tan(\omega_r/2) + \omega_r \tan^2(\omega_r/2) \end{cases}$$

将式(13-18)以差分方程的形式表示,即:

$$b_0 u(k) + b_1 u(k-1) + b_2 u(k-2) = a_0 e(k) + a_1 e(k-2) \tag{13-19}$$

整理得:

$$u(k) = \frac{a_0}{b_0} e(k) + \frac{a_1}{b_0} e(k-2) - \frac{b_1}{b_0} u(k-1) - \frac{b_2}{b_0} u(k-2) \tag{13-20}$$

式(13-20)即为数字谐振控制器的修正双线性变换模型,是编程的常用形式之一。

下面给出数字 PR 控制器的 DSP 实现的例程。

```
float PRCtrl(struct PR_Var * Var, float WErr)
{
float Res;
Var->X_k = WErr;
Var->Y_k = Var->BB0 * Var->X_k + Var->BB1 * Var->X_k_1 + Var->BB2 *
Var->X_k_2 - Var->AA1 * Var->Y_k_1 - Var->AA2 * Var->Y_k_2;
Res = Var->Y_k;

if(Res > Var->Max)
{Res = Var->Max;}
if(Res < Var->Min)
{Res = Var->Min;}                                    // 限幅输出
```

```
Var->X_k_2 = Var->X_k_1;
Var->X_k_1 = Var->X_k;
Var->Y_k_2 = Var->Y_k_1;
Var->Y_k_1 = Res;

return(Res);
}
```

习题与思考

13-1　并联型有源电力滤波器的谐波补偿功能是如何实现的?

13-2　并联型有源电力滤波器谐波检测的方法有哪几种?它们各有什么优缺点?

13-3　并联型有源电力滤波器控制系统主要由哪几个模块构成?它们分别实现什么功能?

13-4　并联型有源电力滤波器电流控制的 DSP 软件由哪些部分组成?简述每部分软件的逻辑。

13-5　DSP 如何实现 PR 调节?工程上常用的 PR 离散化方法是什么?

参 考 文 献

[1] TMS320F2833x/F28334/F28332/F28235/F28234/F28232 Digital Signal Controllers(Rev. M),Data Manual. Texas Instruments,2012,8.

[2] Programming TMS320xF2833xx and F2833xxxx Peripherals in C/C++ Application Note. Texas Instruments,2012,2.

[3] Hardware Design Guidelines for TMS320xF2833xx and TMS320xF2833xxx DSCs Application Note. Texas Instruments,2011,8.

[4] TMS320xF2833xx FPU Primer Application Note. Texas Instruments,2010,9.

[5] Common Object File Format(COFF) Application Note. Texas Instruments,2009,4.

[6] TMS320F2833x Optimizing C/C++ Compiler v6.1 User's Guide. Texas Instruments,2012,6.

[7] TMS320F2833x Assembly Language Tool v6.1 User's Guide. Texas Instruments,2012,6.

[8] TMS320F2833x,2833x Direct Memory Access(DMA) Reference Guide. Texas Instruments,2011,4.

[9] TMS320F2833x,F2833xxx DSP Peripherals Reference Guide. Texas Instruments,2011,4.

[10] TMS320F2833x,2823x System Control and Interrupts Reference Guide. Texas Instruments,2010,3.

[11] TMS320F2833x,2823x External Interface(XINTF) Reference Guide. Texas Instruments,2011,1.

[12] TMS320F2833x,2823x Serial Communications Interface(SCI) Reference Guide. Texas Instruments, 2009,7.

[13] TMS320F2833x,2823x Enhanced Width Modulator(ePWM) Reference Guide. Texas Instruments, 2009,7.

[14] TMS320F2833x,2823x Enhanced Capture(ECAP) Module Reference Guide. Texas Instruments, 2009,6.

[15] TMS320F2833x DSP CPU and Instruction Set Reference Guide. Texas Instruments,2009,2.

[16] Using the TMS320C2000 DMC to Build Control System User Guide. Texas Instruments,2011,1.

[17] Sensorless Field Oriented Control of 3-Phase Permanent Magnet Synchronous Motors Using TMS320F2833x,Texas Instruments,2013.

[18] 刘陵顺,高艳丽,张树团,等.TMS320F2833x DSP 原理及开发编程[M].北京:北京航空航天大学出版社,2011.

[19] Texas Instruments Incorporated. TMS320F2833x 系列 DSP 指令和编程指南[M].刘和平,等译.北京:清华大学出版社,2005.

[20] Texas Instruments Incorporated. TI DSP 集成化开发环境 CCS 使用手册——TI DSP 系列中文手册[M].彭启琮,张诗雅,常冉,等译.北京:清华大学出版社,2005.

[21] 顾卫刚.手把手教你学 DSP——基于 TMS320X281x[M].北京:北京航空航天大学出版社,2011.

[22] 苏奎峰,吕强,常天庆,等.TMS320X281x DSP 原理及 C 程序开发[M].北京:北京航空航天大学出版社,2008.

[23] 孙丽明.TMS320F2812 原理及其 C 语言程序开发[M].北京:清华大学出版社,2008.

[24] 苏奎峰,吕强,邓志东,等.TMS320x28xxx 原理与开发[M].北京:电子工业出版社,2009.

[25] 智泽英,杨晋岭,刘辉.DSP 控制技术实践[M].北京:中国电力出版社,2009.

[26] 宋莹,高强,徐殿国,等.新型浮点型 DSP 芯片 TMS320F283xx[J].微处理机,2010,1:20-22.

[27] 许加凯.应用于轮胎吊的飞轮储能控制系统的研究[D].杭州:浙江大学,2013.

[28] 贺益康,许大中.电机控制[M].杭州:浙江大学出版社,2010.

图 书 资 源 支 持

感谢您一直以来对清华版图书的支持和爱护。为了配合本书的使用,本书提供配套的资源,有需求的读者请扫描下方的"清华电子"微信公众号二维码,在图书专区下载,也可以拨打电话或发送电子邮件咨询。

如果您在使用本书的过程中遇到了什么问题,或者有相关图书出版计划,也请您发邮件告诉我们,以便我们更好地为您服务。

我们的联系方式:

教学交流、课程交流

地　　址:北京市海淀区双清路学研大厦 A 座 701

邮　　编:100084

电　　话:010－62770175－4608

资源下载:http://www.tup.com.cn

客服邮箱:tupjsj@vip.163.com

QQ:2301891038(请写明您的单位和姓名)

清华电子

扫一扫,获取最新目录

用微信扫一扫右边的二维码,即可关注清华大学出版社公众号"清华电子"。